Java Web 及其框架技术

陈振兴　主　编

彭少斌　谭　瑛　冯　涛　副主编

电子工业出版社

Publishing House of Electronics Industry

北京·BEIJING

内 容 简 介

本书采用基础性和实用性的原则，循序渐进地介绍 Java Web 开发领域的常用技术和开发框架。在 Java Web 开发基础部分，介绍了 Java Web 基础知识与 Web 开发环境配置，详细讲解了 JSP、JavaBean 和 Servlet 技术的基础知识，以及过滤器、监听器、EL 表达式和 JSTL 标准标签库等 Web 开发相关的内容。在 Java Web 开发框架部分，以基础应用为主介绍了 Spring、Spring MVC、MyBatis 三个框架的开发知识，并实现了 SSM 整合应用案例。

本书语言流畅、图文并茂，富含大量实例和案例，各个知识点的展开符合读者的认知规律，可以作为高等院校 Java Web 开发技术课程的教材或教学参考书，也适合广大 Java Web 开发人员阅读与使用。

图书在版编目（CIP）数据

Java Web 及其框架技术 / 陈振兴主编. —北京：电子工业出版社，2024.1

ISBN 978-7-121-46823-0

Ⅰ. ①J… Ⅱ. ①陈… Ⅲ. ①JAVA 语言—程序设计 Ⅳ. ①TP312.8

中国国家版本馆 CIP 数据核字（2023）第 233022 号

责任编辑：李筱雅

印　　刷：北京捷迅佳彩印刷有限公司

装　　订：北京捷迅佳彩印刷有限公司

出版发行：电子工业出版社

　　　　　北京市海淀区万寿路 173 信箱　邮编　100036

开　　本：787×1 092　1/16　　印张：19.75　字数：506 千字

版　　次：2024 年 1 月第 1 版

印　　次：2025 年 1 月第 5 次印刷

定　　价：78.00 元

凡所购买电子工业出版社图书有缺损问题，请向购买书店调换。若书店售缺，请与本社发行部联系，联系及邮购电话：（010）88254888，88258888。

质量投诉请发邮件至 zlts@phei.com.cn，盗版侵权举报请发邮件至 dbqq@phei.com.cn。

本书咨询联系方式：（010）88254134，lixy@phei.com.cn。

前　言

随着互联网的飞速发展，Java Web 已成为主流的 Web 开发技术，广泛应用于企业级 Web 应用开发。Java Web 是指所有可用于 Web 开发的 Java 技术的总称，主要包括 JSP、JavaBean、Servlet、JDBC 等基本技术，以及在这些技术基础上发展而来的各种开发框架。Java Web 技术是有志于在 Java 开发领域发展的人员必须掌握的技能。

本书详细讲解了 Java Web 开发中 JSP、Servlet 的基础知识和实际应用，同时介绍了 Spring 框架、Spring MVC 框架及 MyBatis 框架的基础知识，设计实现了 SSM 整合应用案例。通过本书的学习，读者可以实现从 Java Web 入门级开发到运用 Spring 框架、Spring MVC 框架和 MyBatis 框架进行进阶开发的跨越。

全书分为两部分，共 11 章。

第一部分为 Java Web 开发基础，包括第 1～7 章。

第 1 章为 Java Web 基础知识与 Web 开发环境配置，主要包括 Web 应用程序的基本概念、工作原理等。

第 2 章为 JSP 技术，主要包括 JSP 标准语法、JSP 编译指令、JSP 动作等。

第 3 章为 JSP 与 JavaBean，主要包括 JavaBean 的定义、JavaBean 在 JSP 中的使用等。

第 4 章为 Servlet 编程基础，主要包括 Servlet 的定义及作用、Servlet 开发入门、Servlet 部署、请求与响应等。

第 5 章为 Servlet 的会话技术，主要包括会话跟踪技术概述、浏览器会话 Cookie 技术等。

第 6 章为过滤器与监听器，主要包括过滤器概述、过滤器实现统一全站编码、监听器概述。

第 7 章为 EL 表达式与 JSTL 标准标签库，主要包括表达式语言（EL 表达式）、JSTL 标准标签库。

第二部分为 Java Web 开发框架，包括第 8～11 章。

第 8 章为 Spring 框架基础，主要包括 Spring 框架的简介、Spring IoC 容器、依赖注入的 3 种方式、bean 的作用域和装配方式、Spring 框架的 AOP。

第 9 章为 Spring MVC 框架的使用，主要包括 MVC 设计模式、Spring MVC 框架的介绍、Spring MVC 框架的工作机制与应用示例、基于注解的 Spring MVC 框架开发等。

第 10 章为 MyBatis 框架的使用，主要包括 DAO 层技术简介、MyBatis 框架概述、MyBatis 框架的工作原理、MyBatis 框架的配置与映射开发等。

第 11 章为 SSM 整合应用案例，综合前面各章知识，通过 Maven 进行配置管理，结合 Spring、Spring MVC、MyBatis、MySQL、JSP、JSTL 等技术来设计一个客户管理系统。

本书由陈振兴担任主编，彭少斌、谭瑛和冯涛担任副主编。各章编写分工如下：第 1～3 章由谭瑛编写，第 4～6 章由彭少斌编写，第 8～9 章由冯涛编写，第 7、10、11 章由陈振兴编写。全书由陈振兴统稿。本书的编写得到了云南财经大学信息学院的大力支持，在此表示衷心的感谢！

参加本书编写的教师都从事"Java 语言程序设计"与"JavaEE 开发技术"课程教学工作多年，有丰富的教学经验，教学电子课件可在华信教育资源网（https://www.hxedu.com.cn）下载。在编写过程中，我们力求做到严谨细致、精益求精，但由于编者水平有限，书中难免有疏漏之处，敬请广大读者指正。作者联系邮箱：ahxing@126.com。

编　者
2023 年 10 月

目　　录

第二部分　Java Web开发框架

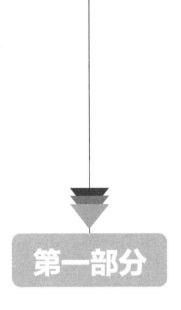

第一部分

Java Web开发基础

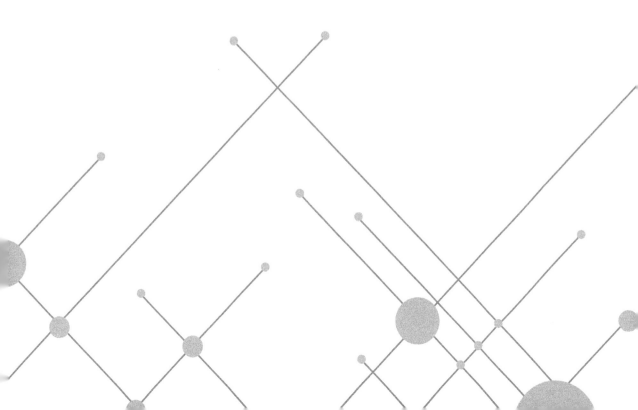

第 1 章　Java Web 基础知识与 Web 开发环境配置

📰 **学习目标**

- 了解 Web 应用程序中的静态网站、动态网站、前端、后端的基本概念
- 了解 Web 开发中的 B/S 架构、C/S 架构
- 了解 HTTP 协议的基本概念
- 掌握 HTTP 请求报文及响应报文的格式
- 掌握获取 HTTP 请求报头的方法
- 掌握设置 HTTP 响应报头的方法
- 掌握 Tomcat 服务器的安装及启动
- 掌握在 Eclipse 中配置 Tomcat 服务器及创建 Web 应用程序
- 掌握在 IDEA 中配置 Tomcat 服务器及创建 Web 应用程序

1.1　Web 应用程序的基本概念

一个 Web 应用程序由完成特定任务的各种 Web 组件（Web Components）构成并通过 Web 页面将服务展示给外界。在实际应用中，Web 应用程序由 Servlet、JSP 页面、HTML 文件及图像文件等多种元素组成。简单来说，Web 应用程序就是各种网站，网站由一系列的网页构成，网站又分为静态网站与动态网站。

1.1.1　静态网站与动态网站

静态网站的所有网页直接用 HTML（Hyper Text Markup Language，超文本标记语言）编写，所有的网页均是标准的 HTML 文件，一般文件名以 htm、html 或 shtml 等为后缀。在网页中，我们可以看到各种视觉动态效果的展现，如 GIF 动画、FLASH 动画、滚动字幕等，但是展示的内容一般是固定不变的，用户在不同时间、不同地点访问网站的同一静态网页时，其显示出来的内容是一样的。

动态网站是指网站内容可根据不同情况动态变更的网站，在相同的网站、相同的时间，不同的用户访问时展示出来的内容是不同的，即使同一用户在不同时间或不同地点访问同一动态网页，其展示出来的内容也可以是不同的。动态网站通过数据库进行架构，网页中变化的内容主要来自数据库中数据的变化。动态网页的技术主要有 ASP、PHP、JSP 等。

1.1.2　Web 前端与 Web 后端

Web 前端是在 Web 应用程序中用户看得见的部分，包括 Web 页面的结构、Web 的外观视觉展现及 Web 层面的交互实现。Web 前端主要涉及的技术有 DIV+CSS、HTML、JS 和 jQuery 等。

Web 后端主要指服务器端的工作，通常负责对数据库进行交互以处理相应的业务逻辑，需要考虑的是如何实现功能、数据的存取、平台的稳定性与性能等。

1.1.3　C/S 架构与 B/S 架构

在进行软件开发时，通常有两种架构模式，一种是基于客户端/服务器（Client/Server）的 C/S 架构模式，另一种是基于浏览器/服务器（Browser/Server）的 B/S 架构模式。

C/S 架构是一种早期的分布式架构，在这种架构中，客户端需要安装专门的客户端程序，服务器端通常为高性能的 PC 或工作站，并采用大型数据库系统，严格意义上它是一个数据库服务器，多个客户端程序可以同时访问这个数据库服务器，如图 1-1 所示。这种结构可以充分利用两端硬件环境的优势，将任务合理分配到客户端和服务器端，从而降低系统的通信开销。

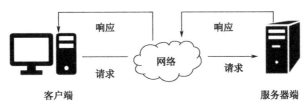

图 1-1　C/S 架构模式

B/S 架构借助 IE 等浏览器来运行，它是 Web 兴起后的一种网络架构模式。在这种模式中，客户端不需要安装专门的客户端程序，而是使用浏览器向 Web 服务器发送请求，Web 服务器对请求进行处理后将处理结果返回给客户端，如图 1-2 所示。此时的 Web 服务器不仅是数据库服务器，还是应用服务器。这种结构能够利用现在普及的浏览器技术实现原来需要复杂专用软件才能实现的强大功能，能有效节约开发成本，是一种全新的软件体系结构，也是目前应用软件的首选体系结构。

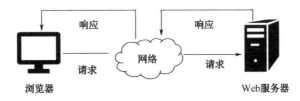

图 1-2　B/S 架构模式

1.2　Web 的工作原理

在使用 B/S 架构模式进行 Web 开发时，浏览器向 Web 服务器发送一个请求，Web 服务器会对请求做出处理，并将处理结果返回给客户端。在这个交互过程中，数据的传输需要遵循 HTTP 协议。

1.2.1 HTTP 协议

HTTP 是 Hypertext Transfer Protocol 的缩写，即超文本传输协议，是浏览器与 Web 服务器进行数据交互时需要遵守的规范。当客户端与服务器端建立连接后，客户端就可以向服务器端发送 URL（Uniform Resource Locator，统一资源定位符）请求，这个过程被称为 HTTP 请求，服务器端在接收到请求后会做出响应，这个过程被称为 HTTP 响应。客户端与服务器端基于 HTTP 协议的交互过程如图 1-3 所示。

图 1-3　客户端与服务器端基于 HTTP 协议的交互过程

基本运行过程如下。

（1）当客户端向服务器端发送请求时，服务器端会开启一个新的连接，通过这个连接，客户端可以将 HTTP 请求传送给服务器端。

（2）当服务器端收到 HTTP 请求时，将对该 HTTP 请求进行解析与处理，并将处理结果包装成 HTTP 响应。

（3）服务器端会将 HTTP 响应传送给客户端，当客户端接收到 HTTP 响应时，服务器端就会关闭这个连接。

1.2.2 HTTP 报文格式

当用户在浏览器中访问某个网址、单击某个链接或提交网页上的表单时，浏览器会向服务器端发送请求数据，即 HTTP 请求报文。服务器端接收到请求数据时，会将处理后的数据传送给客户端，即 HTTP 响应报文。HTTP 请求报文和 HTTP 响应报文统称为 HTTP 报文。

1. HTTP 请求报文

在 HTTP 中，一个完整的 HTTP 请求报文由 3 个部分组成：请求行、请求头、请求正文，如图 1-4 所示。

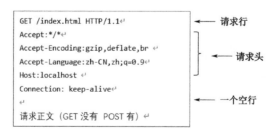

图 1-4　HTTP 请求报文

（1）请求行。

请求行位于请求报文的第一行，它由请求方式、资源路径（URL）和所使用的 HTTP 版本（协议版本）三个部分组成，格式如下。

请求方式URL协议版本

对于图 1-4 中的 GET /index.html HTTP/1.1，GET 是请求方式，index.html 是请求资源路径，HTTP/1.1 是通信使用的 HTTP 协议版本。注意请求行中的每个部分均用空格分隔，以回车换行结束。常用请求方式有 GET、POST、HEAD、OPTIONS、PUT、DELETE、TRACE 和 CONNECT 共 8 种，每种方式都指明了操作服务器中指定的 URI 资源的方式，HTTP 的常用请求方式如表 1-1 所示。

表 1-1　HTTP 的常用请求方式

请求方式	含义
GET	请求获取请求行的 URI①所标识的资源
POST	向指定资源提交数据，请求服务器进行处理（如提交表单或上传文件）
HEAD	请求获取由 URI 所标识资源的响应消息头
OPTIONS	请求查询服务器的性能，或者查询与资源相关的选项和需求
PUT	将网页最新内容放置到指定 URL 位置
DELETE	请求服务器删除 URI 所指定的资源，是与 PUT 相反的方法
TRACE	请求服务器端将之前的请求通信环回给客户端
CONNECT	该请求方式预留给能够将连接改为管道方式的代理服务器

（2）请求头。

在 HTTP 请求报文中，在请求行之后便是若干请求头。请求头主要用于向服务器端传递附加消息，如客户端可以接收的数据类型、压缩方法、语言及发送请求的超链接所属页面的 URL 地址等信息。请求头由一个头字段名称和一个值构成，头字段名称和值之间用冒号（:）和空格分隔，格式如下。

头部字段名:值

需要注意的是，头字段名称不区分大小写，但习惯上将单词的首字母大写。常用的请求头字段如表 1-2 所示。

表 1-2　常用的请求头字段

头字段	说明
Accept	用于指定客户端接收哪些类型的信息
Accept: image/gif	表明客户端希望接收 GIF 图像格式的资源
Accept: text/html	表明客户端希望接收 HTML 文本
Accept: image/*	表明客户端可以接收所有 image 格式的子类型
Accept: */*	表明客户端可以接收所有格式的内容
Accept-Charset	用于告知服务器端客户端所使用的字符集
Accept-Language	用于指定客户端期望服务器端返回哪个国家语言的文档
Accept-Encoding	用于指定客户端能够进行解码的数据编码方式，编码方式通常指某种压缩方式
Authorization	当客户端访问受口令保护的网页时，服务器端会发送 401 响应状态码和 WWW-Authenticate 响应头，要求客户端使用 Authorization 请求头应答
Connection	处理完本次请求/响应后，确认客户端与服务器端是否继续保持连接，默认值为 Keep Alive
Proxy-Authorization	其用法与作用与 Authorization 头字段基本相同，只不过它的请求头是服务器向代理服务器发送的验证信息

① URI（Uniform Resource Identifier）即统一资源标识符，用来表示 Web 上的每种可用资源。

续表

头字段	说明
Host	用于指定资源所在的主机号和端口号
If-Match	当客户端再次向服务器端请求这个网页时,可以使用该头字段附带以前缓存的实体标签内容,这个请求被视为一个条件请求
If-Modified-Since	其作用和 If-Match 类似,只不过它的值为 GMT 格式的时间
Range	用于指定服务器端只需要返回文档中的部分内容及内容范围,这对较大文档的断点续传非常有用
If-Range	该头字段只能伴随 Range 头段一起使用,其设置值可以是实体标签或 GMT 格式的时间
Refer	常被网站管理人员用于追踪网站的访问者是如何导航进入网站的,同时还可以用于网站的防盗链
User-Agent	用户代理,简称 UA,用于指定浏览器或其他客户端程序使用的操作系统及版本、浏览器及版本、浏览器渲染引擎、浏览器语言等,以便 Web 服务器针对不同类型的浏览器返回不同的内容

2. HTTP 响应报文

当 Web 服务器收到浏览器的请求后,会将响应报文传给浏览器。一个完整的响应报文由 3 个部分组成:响应状态行、响应头、响应实体,如图 1-5 所示。

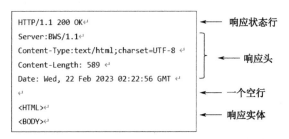

图 1-5　HTTP 响应报文

(1)响应状态行。

响应状态行位于响应报文的第一行,它包含 3 个部分,即 HTTP 版本(协议版本)、一个表示成功或错误的整数代码(状态码),以及对状态码进行描述的文本信息(状态码描述)。格式如下。

协议版本　状态码　状态码描述

对于图 1-5 中的 HTTP/1.1 200 OK, HTTP/1.1 是通信使用的协议版本,OK 是状态描述(说明客户端请求成功),200 是状态码。需要注意的是,请求行的每个部分都要用空格分隔,最后以回车换行结束。

响应状态行中的状态码通常由 3 位数字组成,表示请求是否被处理,第一个数字定义了响应的类别,如 1 表示请求已接收,需要继续处理;2 表示请求已成功被服务器接收、理解并接受;3 表示要完成请求,需要客户端进一步操作,通常用来重定向;4 表示客户端的请求有错误;5 表示服务器端出现错误。常用的状态码如表 1-3 所示。

表 1-3　常用的状态码

状态码	说明
101(切换协议)	如果客户端发送的请求使用另一种协议与服务器端进行对话,那么服务器端发送 101 响应状态码就表示自己将遵从客户端请求,切换使用另一种协议

续表

状态码	说明
200（正常）	客户端的请求成功，响应消息返回正常的请求结果
201（已创建）	服务器端已经根据客户端的请求创建了文档，文档的 URL 为响应消息中 Location 响应头的值
302（找到）	表示请求的资源临时从不同的 URL 响应请求，由于这样的重定向是临时的，所以客户端应继续向原有位置发送以后的请求
305（使用代理）	客户端应通过 Location 响应头所指定的代理服务器获得请求的文档
404（找不到）	表示服务器端不存在客户端请求的资源
408（请求超时）	在服务器端等待的时间内，客户端没有发出任何请求
500（内部服务器错误）	表示服务器端发生错误，无法处理客户端的请求
503（服务不可用）	由于服务器端目前过载或者处于维护状态，所以不能处理客户端的请求

（2）响应头。

在 HTTP 响应报文中，在响应状态行之后便是若干响应头。服务器端通过响应头向客户端传递附加信息，包括服务程序名、被请求资源需要的方式、客户端请求资源的最后修改时间、重定向地址等。当服务器端向客户端回送响应消息时，根据情况不同，发送的响应头也不相同，常用的响应头字段如表 1-4 所示。

表 1-4　常用的响应头字段

头字段	说明
Accept-Range	用于说明服务器端是否接收客户端使用 Range 请求头字段请求的资源
Age	用于指出当前网页文档可以在客户端或代理服务器中缓存的有效时间，以秒为单位
Content-Length	表示内容长度
Content-Type	表示后面的文档属于什么类型。Servlet 默认为 text/plain，但通常需要显式地指定为 text/html
Date	当前的 GMT 时间
Etag	用于向客户端传送代表实体内容特征的标记信息
Location	用于通知客户端获取请求文档的新地址，其值为一个使用绝对路径的 URL 地址
Retry-After	可以与 503 状态码配合使用，告诉客户端在什么时间可以重新发送请求
Server	用于指定服务器软件产品的名称
Vary	用于通知 Cache 服务器在什么条件下能用本响应返回的对象响应后续的请求
Refresh	用于告知浏览器自动刷新页面的时间，以秒为单位

（3）响应实体。

响应实体用于存放需要返回给客户端的数据信息。

在客户端和服务器端之间进行请求和响应时，两种常用方法是 GET 方法和 POST 方法。GET 方法用于从指定的资源中请求数据；POST 方法用于向指定的资源提交要被处理的数据。

1.2.3　GET 方法

当客户端要从服务器端读取文档时，使用 GET 方法。使用 GET 方法时，请求的参数和对应的值被附加在 URL 地址后面，一起被发送到服务器端。举例如下。

```
/test/form.jsp? id=1001&name=zhang
```

从这个例子中我们可以看到，问号（?）代表 URL 的结尾与请求参数的开始，参数由参数名和参数值组成，中间用等号（=）连接。如果有多个参数，参数之间用&分隔。因此，GET 方法在通过 URL 提交数据时，数据在 URL 中是可以被看到的，若用户输入的数据是非敏感数据，则可以使用 GET 方法。

当浏览器向 Web 服务器发送请求时，上述 URL 的参数部分会附加在需要访问的 URI 资源后面，如 GET /test/form.jsp? id=1001&name=zhang HTTP/1.1。

GET 方法的特点如下。

（1）以 GET 方法获取的数据能够被缓存。

（2）以 GET 方法获取的数据会保存在浏览器的浏览记录中。

（3）以 GET 方法请求的 URL 能够保存为浏览器书签。

（4）以 GET 方法获取的数据有长度限制。

（5）GET 方法主要用于获取数据。

（6）GET 方法不应在处理敏感数据时使用。

1.2.4　POST 方法

当客户端向服务器端发送请求时可以使用 POST 方法，比如当用户提交表单时，浏览器将使用 POST 方法提交表单内容。POST 方法将请求参数放置在 Request Body 内，可以传输大量数据，也可以用来传送文件。举例如下。

```
POST / form.jsp HTTP/1.1
Host: test.com
id=1001&name=zhang
```

POST 方法不会像 GET 方法那样将参数显示在地址栏中，因此，如果用户输入的数据是敏感数据，那么还是使用 POST 方法为好。

POST 方法的特点如下。

（1）以 POST 方法提交的数据不会被缓存。

（2）以 POST 方法提交的数据不会保留在浏览器历史记录中。

（3）以 POST 方法提交的数据不能被收藏至书签。

（4）POST 方法对提交的数据长度没有要求。

1.3　Tomcat 服务器

在搭建 Web 应用程序的开发环境时，首先需要安装开发工具包 JDK，其次安装 Web 服务器和数据库。关于 JDK 的安装此处不再赘述。下面我们将介绍如何安装一台 Web 服务器。

1.3.1　Servlet 容器介绍

Servlet（Server Applet）是 Java Servlet 的简称，称为小服务程序或服务连接器，是用 Java 语言编写的运行在服务器端的程序，主要功能为交互式地浏览和修改数据，生成动态 Web 内容。其主要作用包括：①通过请求对象读取用户程序发送来的显式数据（如表单数据）；②通过请求对象读取用户程序发送来的隐式数据（如请求报头）；③处理数据并生成响应内容或设置响应报头。

1.3.2　Tomcat 简介

Tomcat 是由 Apache 软件基金会下属的 Jakarta 项目开发的一个重要子项目，按照 Sun 公司（已被 Oracle 收购）提供的技术规范，实现了对 Servlet 和 JavaServer Page（JSP）的支持，是一个免费的开放源代码的 Web 应用服务器。

1.3.3　Tomcat 服务器的安装配置

本书介绍的 Web 服务器是 Tomcat 9.0，读者可以到 Tomcat 官方网站中下载，具体步骤如下。

（1）进入 Tomcat 官方网站，在 Download 列表中选择需要下载的 Tomcat 服务器版本，进入下载页面。

（2）在 Core 节点下包含了不同平台下不同版本的 Tomcat 服务器，此处单击"64-bit Windows zip (pgp, sha512)"，即可将 Tomcat 的安装文件下载到本地计算机中。

（3）将已下载的压缩包解压到指定目录即可完成 Tomcat 服务器的安装。

1.3.4　测试 Tomcat 服务器

在 bin 子目录中存放了许多脚本文件，其中 startup.bat 就是启动 Tomcat 服务器的脚本文件，双击该文件便可启动 Tomcat 服务器。

当启动 Tomcat 服务器后，在浏览器的地址栏中输入 http://localhost:8080 或 http://127.0.0.1:8080，即可访问 Tomcat 服务器。若浏览器中显示出 Tomcat 首页，则说明 Tomcat 服务器已经安装成功。

1.3.5　在 Eclipse 中配置 Tomcat 服务器

Eclipse 是一款强大的软件集成开发工具，对 Web 服务器也提供了很好的支持，可以集成各种 Web 服务器，以方便程序员进行 Web 开发。在 Eclipse 中配置 Tomcat 服务器的步骤如下。

（1）启动 Eclipse，单击 Window→Preferences 选项，在弹出的 Preferences 窗口左侧菜单中单击 Server 选项。之后，在展开的菜单中选择 Runtime Environments，并单击"Add"按钮，如图 1-6 所示。

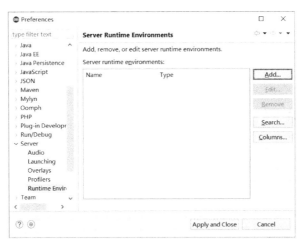

图 1-6　Server Runtime Environments 选项卡

（2）在弹出的 New Server Runtime Environment 窗口中，显示出了可在 Eclipse 中配置的各种版本的服务器，如图 1-7 所示，在这里我们选择 Apache Tomcat V9.0，单击"Next"按钮。

（3）在弹出的窗口中单击"Browser"按钮，选择 Tomcat 服务器的安装目录，如图 1-8 所示，再单击"Finish"按钮。

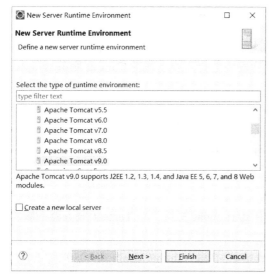

图 1-7　New Server Runtime Environment 窗口

图 1-8　选择 Tomcat 服务器的安装目录

（4）Eclipse 下侧窗口的 Servers 选项卡中有一个"No Servers are available.Click this link to create a new server..."链接，如图 1-9 所示，单击此链接，会弹出一个 New Server 窗口，如图 1-10 所示。

图 1-9　Servers 选项卡

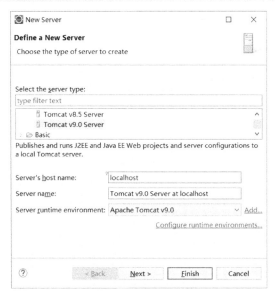

图 1-10　New Server 窗口

（5）单击"Finish"按钮，即可完成 Tomcat 服务器的创建。此时在 Servers 选项卡中会出现一个 Tomcat v9.0 Server at localhost 的选项，如图 1-11 所示。

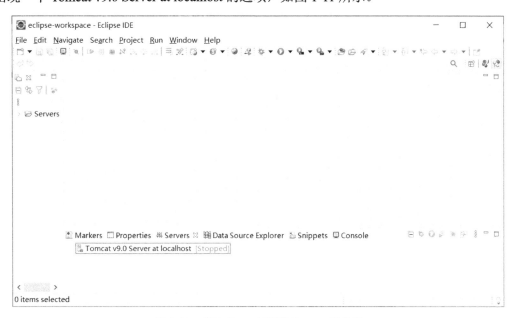

图 1-11　在 Eclipse 中配置 Tomcat 服务器

（6）双击创建好的 Tomcat 服务器，在打开的 Overview 页面中，选择 Server Locations 选项中的 Use Tomcat installation，并将 Deploy path 文本框内容修改为 webapps，如图 1-14 所示，此时就完成了 Tomcat 服务器的所有配置。单击图 1-12 中工具栏上的 ❍ 按钮，即可启动 Tomcat 服务器。

（7）在浏览器地址栏中输入 http://localhost:8080，若浏览器可以正常显示 Tomcat 的首页页面，则说明 Tomcat 服务器在 Eclipse 中已配置成功。

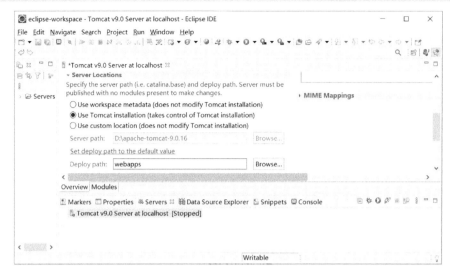

图 1-12　Overview 页面

1.3.6　在 IDEA 中配置 Tomcat 服务器

IDEA 的全称为 IntelliJ IDEA，是可以用于 Java 语言开发的集成环境，是公认最好的 Java 开发工具之一。IDEA 使用项目驱动的形式，创建 Web 项目后可配置 Tomcat 服务器。在 IDEA 中配置 Tomcat 服务器的步骤如下。

（1）启动 IDEA，单击 Run→Edit Configurations...选项，或在 IDEA 界面的右上角单击 "Add Configuration..."，如图 1-13 所示。

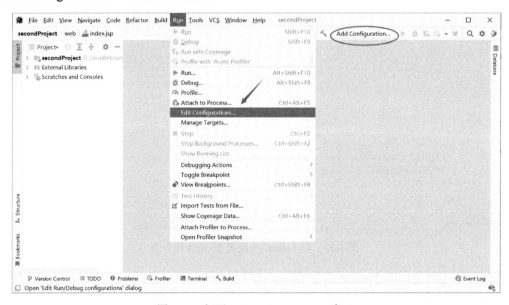

图 1-13　打开 Edit Configurations...窗口

（2）打开 Run/Debug Configurations 窗口，在此窗口中点击左上角的 "+"，选择 Tomcat Server→Local，如图 1-14 所示。

（3）在打开的窗口中"Name"处填入 Tomcat 的名称，在"Application server"处，单击"configure..."按钮，在打开的 Tomcat Server 窗口中选择要添加的 Tomcat 服务器的路径，单击"OK"按钮，如图 1-15 所示。

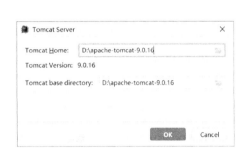

图 1-14　Run/Debug Configurations 窗口　　　　　图 1-15　Tomcat Server 的设置

（4）再次回到"Run/Debug Configurations"界面，选择"Deployment"选项卡，单击下方的"+"，选择"Artifact..."，如图 1-16 所示。

图 1-16　选择"Artifact..."

（5）对此 Web 项目的部署如图 1-17 所示，单击"OK"按钮，即可完成在 IDEA 中的

Tomcat 服务器配置。

图 1-17　Web 项目的部署

（6）选择菜单 Run→Run 'Tomcat 9.0.16' 或单击工具栏上的按钮，如图 1-18 所示，即可进行运行测试。

图 1-18　测试 Tomcat 服务器

1.4　创建 Web 项目示例

1.4.1　在 Eclipse 中创建 Web 项目

在 Eclipse 中创建一个名为 firstProject 的 Web 项目的过程如下。

（1）启动 Eclipse，在菜单栏中选择 File→New→Dynamic Web Project。

（2）打开 New Dynamic Web Project 窗口，在 Project name 文本框中输入项目的名称 "firstProject"，其他采用默认配置，并依次单击 "Next" 按钮，打开如图 1-19 所示的界面，在此界面中，Context root 用于指定 Web 项目的根目录，此处我们设置为 chap1，Content directory 用于指定存放 Web 资源的目录，我们采用默认的设置，单击"Finish"按钮。

图 1-19　Configure web module settings 界面

此时，在 Eclipse 左侧的项目资源管理器中将显示我们刚刚创建的 Web 项目 firstProject，可以依次展开各节点，显示其目录结构。

1.4.2　在 IDEA 中创建 Web 项目

以 IDEA2021.3.2 版本为例，在 IDEA 中创建一个名为 secondProject 的 Web 项目的过程如下。

（1）打开 IDEA，单击菜单 File→New→Project，打开"New Project"窗口，在窗口左侧选择"Java"，右侧选择项目 SDK 版本（Project SDK），再依次单击"Next"按钮，如图 1-20、图 1-21 所示。

图 1-20　New Project 窗口 1

图 1-21　New Project 窗口 2

（2）在打开的窗口中，输入项目名称"secondProject"，并设置好项目存放路径，单击"Finish"按钮，如图 1-22 所示。

图 1-22　设置项目名称及位置

（3）项目建立后，在打开的主界面中，选中左侧的项目名称"secondProject"，单击右键，在打开的菜单中选择"Add Framework Support..."，如图 1-23 所示。

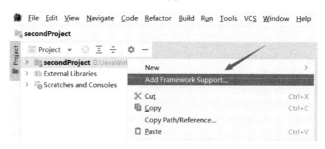

图 1-23　选择"Add Framework Support..."

在之后的界面中选中"Web Application(4.0)"，如图 1-24 所示，单击"OK"按钮。

（4）完成上述操作后，在项目中会生成 Web 文件夹，即 Web 项目结构，如图 1-25 所示。

（5）选择菜单 File→Project Structure，打开 Project Structure 窗口，在该窗口左侧选择 Modules，右侧选择 Dependencies 选项卡，如图 1-26 所示。

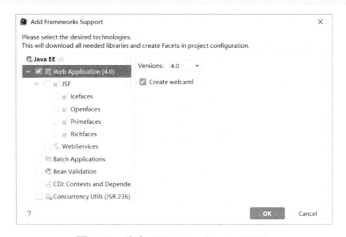

图 1-24　选中"Web Application(4.0)"

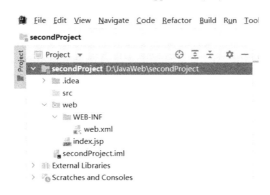

图 1-25　Web 项目结构

图 1-26　Dependencies 选项卡

（6）单击界面中的"+"，并选择"2 Library..."，如图 1-27 所示。

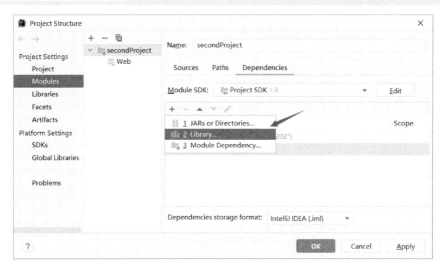

图 1-27　选择"2 Library..."

（7）打开 Choose Libraries 窗口，在此窗口中选择 Application Server Libraries 下配置好的 Tomcat 服务器版本，如图 1-28 所示，单击"Add Selected"按钮，再次返回到如图 1-26 所示的窗口。

图 1-28　选择配置好的 Tomcat 服务器版本

选中窗口中将要添加的 Tomcat 选项，如图 1-29 所示，依次单击"Apply"按钮及"OK"按钮。至此，一个完整的 Web 项目创建完成。

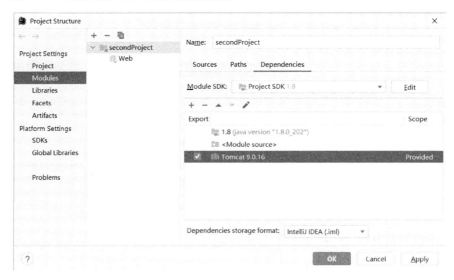

图 1-29　选中窗口中将要添加的 Tomcat 选项

1.5　本章小结

本章首先介绍了 Web 应用程序的基本概念、工作原理，其次介绍了 Tomcat 服务器，包括安装、配置及测试，最后详细描述了在 Eclipse 及 IDEA 中创建 Web 应用程序的过程。

1.6　习题

1．什么是 Web 应用程序？
2．什么是静态网站？什么是动态网站？它们的区别是什么？
3．什么是 C/S 架构？什么是 B/S 架构？
4．什么是 Web 前端？什么是 Web 后端？
5．创建一个自己的 Web 项目。

第 2 章　JSP 技术

📰 学习目标

- 掌握 JSP 的基本语法
- 掌握 JSP 注释与 JSP 脚本使用的方法
- 掌握 JSP 与 HTML 混合使用的方法
- 掌握 JSP 几种编译指令的运用
- 掌握 JSP 几种动作标签的运用
- 掌握 JSP 的隐含对象

2.1　JSP 简介

2.1.1　什么是 JSP

JSP 是由 Sun 公司（现被 Oracle 收购）提出，并于 1999 年推出的一款建设动态网页的方法，是建立在 Servlet 规范上的动态网页开发技术，全称为 Java Server Page。JSP 页面实际上是由在 HTML 文件中加入 Java 代码及 JSP 的特殊标记（如 "<%" "%>" 等）构成的，其中，HTML 代码用于实现网页中静态内容的显示，Java 代码用于实现网页中动态内容的显示。JSP 文件的扩展名为 ".jsp"。

2.1.2　JSP 的特点

JSP 的特点如下。

（1）当用户通过浏览器访问 JSP 页面时，Web 服务器将对 JSP 页面代码进行且仅进行一次编译。当 JSP 页面首次被加载时需要编译，编译好的代码将会被保存起来，在用户下一次访问时会直接执行编译好的代码，这样不仅会使响应的速度更快，而且节约了 Web 服务器的 CPU 资源。

（2）由于 JSP 基于 Java 语言，而 Java 语言本身就有跨平台的特性，因此 JSP 也是跨平台的。当更换服务平台时，JSP 几乎可以不做任何变动或只进行少量修改就可以完成服务平台的迁移；当需要更换 Web 服务器时，JSP 也可以做到几乎不做任何变动就可以在新的 Web 服务器中编译、运行。

（3）在项目开发过程中可以进行分工，即界面设计与业务逻辑分离，网页设计师专注于页面的美化工作，JSP 程序开发人员则负责页面动态部分的开发工作。

2.1.3　JSP 的工作模式

JSP 的工作模式是请求/响应模式。

客户端向 Web 服务器发出请求，请求访问 JSP 文件。JSP 文件在收到请求后，会首先转换成一个 Java 源文件，并将其编译成相应的字节码文件，即*.class；其次将此 class 文件加载到内存中执行，最后由 Web 服务器将处理结果返回给客户端。在此过程中，如果 JSP 第一次编译后，再重复调用此 JSP 页面时，发现此 JSP 页面没有被改动，那么就会直接使用编译后的 class 文件；如果 JSP 页面被修改过，那么需要重新加载编译。JSP 的工作流程如图 2-1 所示。

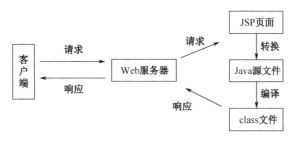

图 2-1　JSP 的工作流程

2.2　JSP 标准语法

2.2.1　一个简单的 JSP 程序

我们先来创建一个简单的 JSP 程序。

例 2-1　创建一个 JSP 程序，用于显示系统当前时间。

在第 1 章中，我们在 IDEA 中创建了一个 Web 工程 secondProject，在该工程的 web 目录下自动创建了一个名为 index.jsp 的 JSP 文件，如图 2-2 所示。

图 2-2　secondProject 项目

在此处双击 index.jsp 文件，输入如下代码。

```
    <%@ page contentType="text/html;charset=UTF-8" language="java" %>
<html>
<head>
    <title>一个简单的JSP页面——显示系统当前时间</title>
</head>
<body>
当前访问时间是:
<%
    out.print(new java.text.SimpleDateFormat("yyyy-MM-dd hh:mm:ss").format
```

```
(new java.util.Date()));
   %>
</body>
</html>
```

运行该文件，在页面中会显示系统当前时间，如图 2-3 所示。

图 2-3　页面中显示系统当前时间

在这个代码中，我们可以看到，在 HTML 代码中嵌入了 Java 代码，Java 代码包含在"<%"和"%>"之间。

当我们过几分钟再次刷新浏览器时，浏览器显示的时间会变为此时刷新页面时的系统时间。可见在两次不同的时间访问此页面时，显示的访问时间发生了改变，因此 JSP 技术可以实现网页的动态内容显示。

2.2.2　JSP 注释

注释是对程序代码的解释和说明，JSP 也有自己的注释方式，可以归纳为以下 3 种。

（1）HTML 中的注释。

由于 JSP 文件中可以包含 HTML 代码，所以 HTML 中的注释同样可以在 JSP 文件中使用。HTML 中的注释的语法格式如下。

```
<!-- 注释内容 -->
```

例 2-2　给例 2-1 增加 HTML 注释，代码如下。

```
    <%@ page contentType="text/html;charset=UTF-8" language="java" %>
<html>
<head>
    <title>一个简单的JSP页面——显示系统当前时间</title>
</head>
<body>
当前访问时间是:
<!--获取当前时间-->
<%
    out.print(new java.text.SimpleDateFormat("yyyy-MM-dd hh:mm:ss").format
(new java.util.Date()));
%>
</body>
</html>
```

访问该 JSP 页面，客户端浏览器显示的当前系统时间如图 2-4 所示。

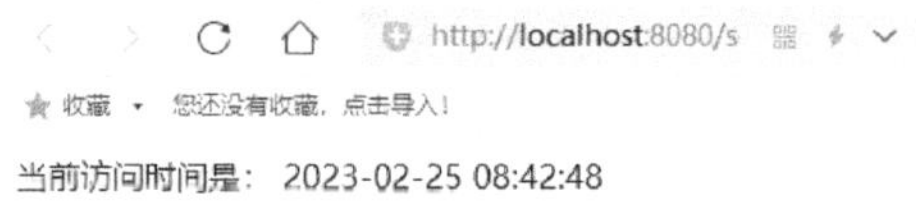

图 2-4　客户端浏览器显示的当前系统时间

这个代码中的 HTML 注释内容是不会在客户端浏览器中显示的。接下来,在打开的页面中单击鼠标右键,在弹出的菜单中选择"查看网页源代码"选项,显示结果如图 2-5 所示。

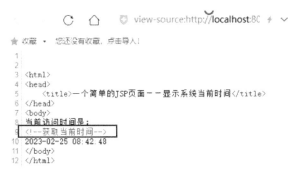

图 2-5　查看例 2-2 的网页源代码

由图 2-5 可见,HTML 注释的信息会被发送到客户端。

(2) JSP 中的注释。

JSP 中的注释的语法格式如下。

```
<%--注释内容--%>
```

例 2-3　给例 2-1 增加 JSP 注释,代码如下。

```
<%@ page contentType="text/html;charset=UTF-8" language="java" %>
<html>
<head>
    <title>一个简单的JSP页面——显示系统当前时间</title>
</head>
<body>
当前访问时间是:
<%--获取当前时间--%>
<%
    out.print(new java.text.SimpleDateFormat("yyyy-MM-dd hh:mm:ss").format
(new java.util.Date()));
%>
</body>
</html>
```

访问该 JSP 页面,客户端浏览器中的显示效果与图 2-4 相同,注释的内容也不会显示在页面中,接下来查看网页源代码,结果如图 2-6 所示。

图 2-6　查看例 2-3 的网页源代码

从图 2-6 中可以看出，注释的信息没有显示出来，可见在 JSP 页面中格式为 "<%--注释内容--%>" 的内容不会被发送到客户端。

（3）JSP 脚本程序中的注释。

在 JSP 脚本程序中包含 Java 代码，所以 JSP 脚本程序中的注释与 Java 中的注释是相同的，即有 3 种注释方法，分别为单行注释、多行注释、文档注释。

① 单行注释的格式如下。

```
//注释内容
```

② 多行注释的格式如下。

```
/*
    注释内容1
    注释内容2
    …
*/
```

③ 文档注释的格式如下。

```
/**
    提示信息1
    提示信息2
    …
*/
```

2.2.3　JSP 脚本

JSP 脚本是指嵌套在 "<%" 和 "%>" 中的一条或多条 Java 代码，这些 Java 代码需要严格遵守 Java 语法规范，通过 JSP 脚本可以将 Java 代码嵌入 HTML 页面。

在一个 JSP 页面中，可以有多个脚本，两个或多个脚本之间可以嵌入 HTML 标记、文本、其他 JSP 元素，并且这些脚本中的代码可以互相访问。举例如下。

```
<% int x=10 %>
<h1>JSP脚本<h1>
<%
    out.println(x);
%>
```

在这个代码中，第一个脚本中定义的变量 x 可以在第二个脚本中输出。

JSP 脚本主要有 3 种类型，分别为代码脚本、表达式脚本、声明脚本。

1）代码脚本

代码脚本是一段 Java 代码，它以 "<%" 开始，以 "%>" 结束，语法格式如下。

```
<% Java代码 %>
```

2）表达式脚本

表达式脚本主要用于将程序数据输出到客户端，它以 "<%=" 开始，以 "%>" 结束，语法格式如下。

```
<%=表达式 %>
```

在上述语法格式中，需要注意的是，JSP 表达式后不能有分号，"<%" 和 "=" 之间不能有空格。举例如下。

```
<%=5+5 %>
<%=new Date() %>
<%="hello" %>
```

JSP 表达式中的变量或表达式的计算结果将被转换成一个字符串，插入 JSP 页面输出结果的相应位置。

3）声明脚本

声明脚本主要用于声明变量、方法和类，它以"<%!"开始，以"%>"结束，语法格式如下。

```
<%!  定义变量/定义方法/定义类 %>
```

在编写 JSP 声明代码时，要注意"<%"与"!"之间不可以有空格，而"!"与后面的代码之间可以有空格。

（1）声明变量。

在"<%!"和"%>"之间声明的变量，可以是 Java 允许的任何数据类型，声明的变量在整个 JSP 页面都有效，因为当 JSP 文件转化成 Java 文件时，会将这些变量作为类的成员变量，这些变量的内存空间直到服务器关闭才被释放。举例如下。

```
<%! int i = 0;%>
<%! int x,y,z;%>
```

（2）声明方法。

在"<%!"和"%>"之间声明的方法在整个 JSP 页面都有效，但是在方法内定义的变量只在该方法内有效。

例 2-4 声明方法，统计访问该网页的人数。

在 secondProject 工程的 web 目录下创建一个名为 count.jsp 的 JSP 文件，代码如下。

```
<%@ page contentType="text/html;charset=UTF-8" language="java" %>
<%!
int count = 0;
synchronized void add(){
    count++;
}
%>
<% add(); %>
<html>
<body>您是第<%=count%>位访者! </body>
</html>
```

重启 Tomcat 服务器，在浏览器的地址栏中输入 http://localhost:8080/count.jsp，运行结果如图 2-7 所示。

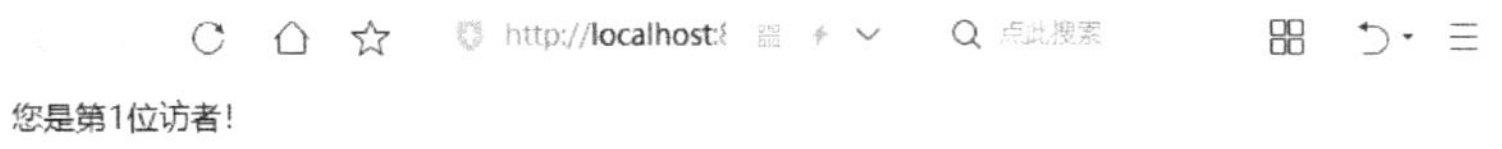

您是第1位访者!

图 2-7　例 2-4 的运行结果

在例 2-4 中，我们声明了一个 count 变量和 add()方法，实现对 count 变量的累加操作。第一个用户访问该页面后，变量 count 被初始化为 0，通过执行<% add(); %>，调用 add()方法，count 值增加 1。第二个用户访问该页面后，再次调用 add()方法，count 值再增加 1，变为 2。

（3）声明类。

可以在"<%!"和"%>"之间声明一个类，该类在 JSP 页面内有效，即在 JSP 页面的 Java 程序段部分均可以使用该类创建对象。

2.2.4　JSP 与 HTML 的混合使用

JSP 与 HTML 可以混合使用，下面我们来了解它们是如何混合使用的。

例 2-5　求 n!。

（1）在 secondProject 项目的 web 文件夹中创建名为 calculate.jsp 的 JSP 文件，用于展示计算结果，代码如下。

```
<%@ page language="java" contentType="text/html; charset=UTF-8"
pageEncoding="UTF-8"%>
<html>
<head>
    <meta http-equiv="Content-Type" content="text/html; charset= UTF-8">
    <title>Insert title here</title>
</head>
<body>
<% int x;
    try{
        x= Integer.parseInt(request.getParameter("n"));
        int result=1;
        for (int i=1;i<=x;i++){
            result*=i;
        }
        out.print("n!="+result);
    }catch (Exception e){}
%>
</body>
</html>
```

（2）在 web 文件夹中创建名为 jiecheng.html 的 HTML 文件，代码如下。

```
<!DOCTYPE html>
<html>
<head>
    <meta charset="UTF-8">
    <title>Insert title here</title>
</head>
<body>
<form action = "calculate.jsp" method="post">
    <p> 请输入n的值: </p>
    <input type="text" name = "n">
    <input type = "submit" value = "提交">
    <input type = "reset" value = "取消">
</form>
</body>
</html>
```

（3）启动 Tomcat 服务器，在浏览器的地址栏中输入 http://localhost:8080/jiecheng.html，打开的页面如图 2-8 所示。

（4）在此页面的文本框中输入一个整数，如 5，单击"提交"按钮，跳转到 calculate.jsp 页面，并显示出计算结果，如图 2-9 所示。

图 2-8　jiecheng.html 页面

图 2-9　n!的运行结果

在此例中，n 的值在 jiecheng.html 文件中输入，其计算过程、结果及结果的显示在 calculate.jsp 文件中完成。

2.3　JSP 编译指令

JSP 编译指令用来设置整个 JSP 页面相关的属性，如网页的编码方式和脚本语言，JSP 常见的 3 个编译指令为 include、page、taglib。

2.3.1　include 指令

在 JSP 页面中，如果要把其他资源文件包含到当前 JSP 页面中，那么可以通过 include 指令来实现，被包含的资源文件可以是 JSP 文件、HTML 文件或文本文件。这些包含的文件就好像是该 JSP 文件的一部分，会被同时编译执行。include 指令的语法格式如下。

```
<%@ include file="被包含的文件地址" %>
```

其中 file 属性用于指定包含到 JSP 页面的文件资源，一般该文件资源的路径为相对路径。下面我们通过例 2-6 来了解 include 指令的用法。

例 2-6 在工程 secondProject 的 web 目录下创建两个 JSP 文件：circle.jsp 和 include.jsp，在 include.jsp 文件中使用 include 指令将 circle.jsp 文件包含其中。

文件 circle.jsp 的内容如下。

```
<%@ page contentType="text/html;charset=UTF-8" language="java" %>
<html>
<head>
<title></title>
</head>
<body>
<p>
<font size="4">圆的半径: <br></font>
</p>
<form action="" method="get" name="form" id="form">
```

```
<font size="4"><input type="text" name="radius" value="1">
        <input type="submit" value="计算" name="submit"></font>
</form>
<%
String str = request.getParameter("radius");
double r;
if(str != null){
    r = Double.parseDouble(str);
}
else{
    r = 1;
}
%>
<p>
<font size="4">圆的面积是: <%=3.14*r*r%></font>
</p>
</body>
</html>
```

文件 include.jsp 的内容如下。

```
<%@ page contentType="text/html;charset=UTF-8" language="java" %>
<html>
<head>
    <title>include指令测试</title>
</head>
<body>
<%@include file="circle.jsp"%>
</body>
</html>
```

启动 Tomcat 服务器，在浏览器地址栏中输入 http://localhost:8080/include.jsp，运行结果如图 2-10 所示。

图 2-10　include 指令运行结果

该例中 include.jsp 文件中的 include 指令将 circle.jsp 文件成功地包含到 include.jsp 文件中。

2.3.2　page 指令

在 JSP 页面中，当需要对页面的某些特性进行描述时，可以通过 page 指令来实现。其语法格式如下。

```
<%@ page 属性名="属性值" %>
```

一个 JSP 页面可以包含多个 page 指令，page 指令的常用属性如表 2-1 所示。

表 2-1 page 指令的常用属性

属性名	说明
Buffer	指定 out 对象使用缓冲区的大小
autoFlush	控制 out 对象的缓冲区
contentType	指定当前 JSP 页面的文档类型
errorPage	指定当 JSP 页面发生异常时需要转向的错误处理页面
isErrorPage	指定当前页面是否可以作为另一个 JSP 页面的错误处理页面
Extends	指定 Servlet 继承自哪一个类
import	导入要使用的 Java 类
Info	定义 JSP 页面的描述信息
isThreadSafe	指定对 JSP 页面的访问是否为线程安全
Language	定义 JSP 页面所用的脚本语言，默认为 Java 语言
Session	指定 JSP 页面是否内置 Session
isELIgnored	指定是否执行 EL 表达式
isScriptingEnabled	确定脚本元素能否被使用
pageEncoding	指定页面编码格式

下面给出一个简单的 page 指令。

```
<%@ page contentType="text/html;charset=UTF-8" language="java" %>
```

2.3.3 taglib 指令

在 JSP 页面中不仅可以使用 JSP 标准标签库[①]，还允许用户自定义新的标签在页面中执行，taglib 指令的语法格式如下。

```
<%@ taglib uri="uri" prefix="prefixOfTag" %>
```

其中，属性 uri 用来表示自定义标签库存放的地址，属性 prefix 指定标签的前缀，此处要注意不要用 jsp、jspx、java、javax、servlet、sun 和 sunw 作为前缀。

2.4 JSP 动作

利用 JSP 动作可以动态地插入文件、把用户重定向到另外的页面、为 Java 插件生成 HTML 代码等。

2.4.1 forward 动作

<jsp:forward>动作（以下简称"forward 动作"）用于把请求转发给另一个 JSP 目标页面，目标页面可以通过 HttpServletRequest 类的 getParameter()方法获得参数，并进行下一步处理。forward 动作的语法格式如下。

```
<jsp:forward page="相对URL地址" />
```

或

---

① JSP 标准标签库（JSTL）是一个 JSP 标签集合，它封装了 JSP 应用的通用核心功能，关于 JSTL 的相关内容将在后面的章节进行详细介绍。

```
<jsp:forward page="相对URL地址" />
        <jsp:param name="参数" value="参数值"/>
    </jsp:forward>
```

属性 page 是一个相对 URL 地址，<jsp:param>用于向转向的目标页面传递参数。接下来我们通过一个实例了解 forward 动作的用法。

例 2-7 在工程 secondProject 的 web 目录下创建一个 JSP 文件：forward.jsp，并在该文件中使用 forward 动作将页面重定向到例 2-6 中的 circle.jsp 页面。

文件 forward.jsp 的内容如下。

```
<%@ page contentType="text/html;charset=UTF-8" language="java" %>
<html>
<head>
    <title>forward 测试</title>
</head>
<body>
<jsp:forward page="circle.jsp" />
</body>
</html>
```

启动 Tomcat 服务器，在浏览器地址栏中输入 http://localhost:8080/forward.jsp，运行结果如图 2-11 所示。

图 2-11　例 2-7 的运行结果

从上述代码的运行结果可见，虽然浏览器的地址栏仍然是 http://localhost:8080/forward.jsp，但是页面已经重定向到了 circle.jsp 页面。

2.4.2　include 动作

JSP 的<jsp:include>动作（以下简称"include 动作"）与前面介绍过的 include 指令十分相似，它们都引入文件到目标页面中，但是它们之间还是有所区别的。首先，include 指令在编译时完成包含，属于静态包含，而 include 动作在页面被请求时完成包含，即在运行时完成包含，属于动态包含；其次，include 指令中被包含的文件会和主页面合并在一起，JSP 编译器对这个合并的文件进行编译，编译的文件只有一个，而 include 动作包含的文件与主页面则是两个相对独立的文件，JSP 编译器会分别对这两个文件进行编译。

include 动作的语法格式如下。

```
<jsp:include page="相对URL地址" flush="true/false" />
```

或

```
<jsp:include page="相对URL地址" flush="true/false" />
        <jsp:param name="参数" value="参数值"/>
</jsp:include>
```

属性 page 用于指定包含文件的相对路径，属性 flush 是可选项，用于设置在包含文件前是否刷新缓存区，默认值为 false。<jsp:param>用于向被包含的页面传递参数。

例 2-8 在工程 secondProject 的 web 目录下创建两个 JSP 文件：include2.jsp 和 login.jsp，在 include2.jsp 文件中使用 include 动作将 login.jsp 文件包含到 include2.jsp 文件中。

login.jsp 文件的内容如下。

```
<%@ page contentType="text/html;charset=UTF-8" language="java" %>
<html>
<head>
    <title>Title</title>
</head>
<body>
<form  method="post">
    <table>
        <tr>
            <td><label>用户名: </label></td>
            <td><input type="text" name="username" id="username" value=
<%=request.getParameter("username")%>></td>
        </tr>
        <tr>
            <td><label>密码: </label></td>
            <td><input type="password" name="password" id="password" value=
<%=request.getParameter("password")%>></td>
        </tr>
        <tr>
            <td>
                <button>登录</button>
            </td>
            <td>
                <button type="reset">取消</button>
            </td>
        </tr>
    </table>
</form>
</body>
</html>
```

include2.jsp 文件的内容如下。

```
<%@ page language= "java" contentType="text/html;charset=UTF-8" %>
<html>
<head>
    <meta charset="utf-8">
    <title>include动作</title>
</head>
<body>
<jsp:include page="login.jsp" flush="true">
    <jsp:param name="username" value="zhang" />
    <jsp:param name="password" value="123456" />
</jsp:include>
</body>
</html>
```

启动 Tomcat 服务器，在浏览器地址栏中输入 http://localhost:8080/include2.jsp，运行结果如图 2-12 所示。

由运行结果可见，虽然浏览器的地址栏中的内容是 http://localhost:8080/include2.jsp，但是显示的是 login.jsp 页面的内容，且<jsp:param>将"username"的值"zhang"及"password"

的值"123456"传递给了被包含的页面 login.jsp。

图 2-12　例 2-8 的运行结果

2.5　JSP 的隐含对象

JSP 隐含对象是指在 JSP 页面系统中已经默认内置的 Java 对象，这些对象不需要开发人员声明即可在脚本代码和表达式中随意使用。JSP 提供的这些隐含对象，不仅可以简化开发，而且可以用来实现更多的 JSP 应用。

2.5.1　输出对象 out

out 对象主要用来向客户端浏览器输出内容，同时管理应用服务器上的输出缓冲区。out 对象的常用方法及说明如表 2-2 所示。

表 2-2　out 对象的常用方法及说明

方法	说明
void println()	向客户端打印字符串。默认会自动刷新缓冲区
void flush()	将缓冲区的内容输出到客户端
void clear()	清除输出缓冲区的内容，若在 flush 之后调用则会抛出异常
void clearBuffer()	清除输出缓冲区的内容，若在 flush 之后调用则不会抛出异常
int getBufferSize()	取得目前缓冲区的大小，单位为 KB
int getRemaining()	取得目前使用后还剩下的缓冲区大小，单位为 KB
boolean isAutoFlush()	缓冲区满时，是否自动清空缓冲区；false 表示不会自动清空缓冲区并且产生异常
void close()	关闭输出流，清除所有的内容

例如，使用代码<% out.println("Hello world!"); %>，能够在客户端浏览器中显示"Hello world!"，如果将代码变为如下形式，那么之前向客户端写入的"Hello world!"将被清除。

```
<%
    out.println("Hello world!");
    out.clear();
%>
```

2.5.2　请求对象 request

客户端每次向 JSP 服务器发送请求时，JSP 引擎都会创建一个 request 对象，request 对象封装了客户端请求参数及客户端信息，包括 HTTP 头信息、传递的参数及参数值、系统信息等。request 对象的常用方法及说明如表 2-3 所示。

表 2-3　request 对象的常用方法及说明

方法	说明
getParameter()	获取请求中指定的参数值，返回 String 类型
getParameterValues()	获取客户端提交页面中一组控件的值，返回一个 String 数组
getParameterName()	获取参数名
getHeader()	获取 HTTP 头文件中的指定值
getHeaders()	获取表头信息
getRemoteAddr()	获取客户主机 IP
getRemoteHost()	获取客户主机名称
getRemotePort()	获取客户主机端口
getMethod()	获取客户提交信息的方式
getServerPort()	获取服务器端口
getServerName()	获取服务器名称

例 2-9　创建 getInfo.jsp 文件，用于获取客户主机及服务器信息，其内容如下。

```jsp
<%@ page contentType="text/html;charset=UTF-8" language="java" %>
<html>
<head>
    <title>Title</title>
</head>
<body>
<%
    out.println("客户主机IP:"+request.getRemoteAddr()+"<br>");
    out.println("客户主机名称:"+request.getRemoteHost()+"<br>");
    out.println("客户主机端口:"+request.getRemotePort()+"<br>");
    out.println("服务器IP: "+request.getServerName()+"<br>");
    out.println("服务器端口: "+request.getServerPort()+"<br>");
%>
</body>
</html>
```

获取客户主机及服务器信息的运行结果如图 2-13 所示。

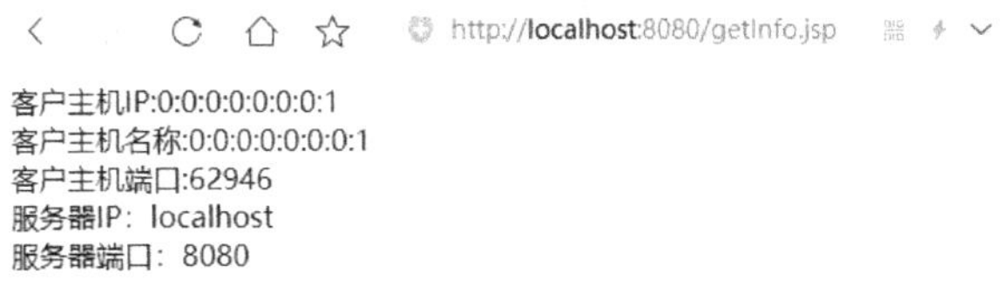

图 2-13　获取客户主机及服务器信息的运行结果

例 2-10　获取网页请求参数。

（1）将例 2-8 中 login.jsp 文件中的代码进行如下修改。

将代码 `<form method="post">` 改为 `<form action="showInfo.jsp" method="post">`。

（2）在工程 secondProject 的 web 目录下创建一个 JSP 文件 showInfo.jsp，其内容如下。

```jsp
<%@ page contentType="text/html;charset=UTF-8" language="java" %>
<html>
<head>
    <title>Title</title>
```

```
</head>
<body>
用户名:<%=request.getParameter("username")%><br>
密码:<%=request.getParameter("password")%><br>
</body>
</html>
```

（3）启动 Tomcat 服务器，在浏览器地址栏中输入 http://localhost:8080/login.jsp，打开如图 2-14 所示的登录界面。

图 2-14　登录界面显示结果

（4）在用户名及密码处输入"admin"及"123"，单击"登录"按钮，进入 showInfo.jsp 页面，如图 2-15 所示。

图 2-15　showInfo.jsp 页面显示结果

2.5.3　响应对象 response

response 对象是对 request 对象请求的响应对象，主要将 JSP 处理数据后的结果传回客户端。response 对象的常用方法及说明如表 2-4 所示。

表 2-4　response 对象的常用方法及说明

方法	说明
sendRedirect(String uri)	页面重定向
setStatus(int code)	设置页面的响应状态代码
addCookie(Cookie cookie)	添加 Cookie 信息
addHeader(String name,String value)	新增 String 类型的值到 HTTP 的响应头字段
setHeader(String name, String value)	指定 String 类型的值到 HTTP 的响应头字段
addIntHeader(String name, int value)	新增 int 类型的值到 HTTP 的响应头字段
setIntHeader(String name, int value)	指定 int 类型的值到 HTTP 的响应头字段

例如，在工程 secondProject 的 web 目录下修改 index.jsp 文件，增加代码<% response. sendRedirect("login.jsp"); %>，此时启动 Tomcat 服务器，默认打开的是 index.jsp 页面，但由于该页面重定向到 login.jsp 页面，所以此时浏览器的地址栏中显示的是重定向后的地址，即浏览器页面显示 login.jsp 登录页面。

2.5.4 会话对象 session

HTTP 是无状态协议，这意味着每次客户端请求网页时，服务器端收到请求并返回响应后，连接就结束了，服务器端不会记录下先前客户端请求的任何信息。如果用户的浏览器没有关闭但是又两次发起请求，那么网站就应该能识别出该用户的信息。此时 session 对象就能解决这一问题。

用户打开浏览器直到关闭浏览器的整个过程称为一次会话，服务器端在运行时可以为每个用户浏览器创建一个会话对象，即 session 对象，通常一个浏览器独占一个 session 对象。服务器程序可以把用户数据写到用户浏览器独占的 Session 中，当用户使用浏览器访问其他程序时，其他程序可以从用户的 Session 中取出该用户的数据，为用户服务。因此，使用 Session 可以轻易地识别每个用户，然后针对每个用户的要求，给予正确的响应。

session 对象的常用方法及说明如表 2-5 所示。

表 2-5　session 对象的常用方法及说明

方法	说明
void setAttribute(String key,Object value)	以 key/value 的形式保存对象值
Object getAttribute(Sring key)	通过 key 获取对象值
long getCreationTime()	取得 Session 产生的时间，单位为毫秒
String getId()	取得会话 ID（SessionID）
int getMaxInactiveInterval()	取得最大 Session 不活动的时间
void invalidate()	取消 session 对象，并将对象存放的内容完全抛弃
boolean isNew()	判断 Session 是否为"新"
void setMaxInactiveInterval(int interval)	设定最大 Session 不活动的时间，若超过这个时间，Session 将会失效

例 2-11 在例 2-8 的 login.jsp 页面中，输入用户名，在 welcome.jsp 页面中，将用户名保存到 session 对象中，在页面中显示欢迎该用户。

（1）在工程 secondProject 的 web 目录下找到例 2-8 的 login.jsp 文件，并将表单提交代码 <form action="showInfo.jsp" method="post">修改为<form action="welcome.jsp" method="post">。

（2）在 web 目录下创建名为 welcome.jsp 的 JSP 文件，代码如下。

```
<%@ page contentType="text/html;charset=UTF-8" language="java" %>
<html>
<head>
    <title>Title</title>
</head>
<body>
<% String name=request.getParameter("username");
    session.setAttribute("username",name);%>
欢迎您，<%= session.getAttribute("username"%>!
</body>
</html>
```

（3）启动 Tomcat 服务器，在浏览器地址栏中输入 http://localhost:8080/login.jsp，在打开的页面中用户名处随便输入一个字符串，如这里输入"CHINA"，单击"登录"按钮。

（4）打开的 welcome.jsp 页面显示结果如图 2-16 所示。

欢迎您，CHINA!

图 2-16　welcome.jsp 页面显示结果

2.5.5　Web 服务器对象 application

application 对象是服务器启动时由服务器自动创建的，一旦创建了 application 对象，那么这个对象将一直保存下去，直到服务器关闭。application 对象用于保存所有应用程序中的公有数据。application 对象的常用方法及说明如表 2-6 所示。

表 2-6　application 对象的常用方法及说明

方法	说明
getInitParameter(String name)	返回已命名的参数值
setAttribute(String name,Object obj)	将关键字 name 的指定对象 obj 放进 application 对象中
getAttribute(String name)	获取存放在 application 中的含有关键字 name 的对象
removeAttribute(String name)	移除 application 对象中 name 指定的参数值
getServletInfo()	获取 Servlet 的当前版本信息

例 2-12　实现一个页面访问计数器。

（1）在工程 secondProject 的 web 目录下创建一个名为 count2.jsp 的文件，代码如下。

```
<%@ page contentType="text/html;charset=UTF-8" language="java" %>
<html>
<head>
    <title>Title</title>
</head>
<body>
<%
    if(application.getAttribute("num")==null){
        application.setAttribute("num","1");
        out.println("欢迎您，您是第1位访客！");
    }else {
        int i=Integer.parseInt((String)application.getAttribute("num"));
        i++;
        application.setAttribute("num",String.valueOf(i));
        out.println("欢迎您，您是第"+i+"位访客！");
    }
%>
</body>
</html>
```

（2）运行程序，计数器将记录并显示访问本网页的次数，即使将页面关闭再重新打开，或者从不同客户端的浏览器打开网页，计数器仍然有效，与是否是同一个客户端无关，直到服务器重启停止计数。

2.6　编程示例：客户信息展示

如何在 JSP 页面中对数据库进行查询并将查询结果显示在网页上，我们通过例 2-13 对数据库中的客户信息进行查询，并将查询到的客户信息展示在网页上。

例 2-13 显示数据库中的客户信息。

（1）创建数据库。

创建数据库的步骤如下。

① 创建一个名为 sample 的数据库。

② 创建一个名为 customer 的表，表中设置字段 customer_id（该字段为主键，数据类型为 int）、name［数据类型为 VARCHAR(30)］、type_code［数据类型为 CHAR(1)］。

③ 向表中录入若干条数据，该客户表记录如图 2-17 所示。

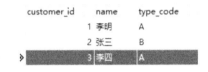

图 2-17　客户表记录

（2）在 IDEA 中打开 secondProject 项目。

（3）连接 MySQL 数据库。

连接 MySQL 数据库的步骤如下。

① 导入 MySQL 的 jar 包。

将 MySQL 的 jar 包复制到 WEB-INF 文件夹下的 lib 文件夹中，如图 2-18 所示。

图 2-18　lib 文件夹中 MySQL 的 jar 包

② 选择 File→Project Structure，打开 Project Structure 窗口，在该窗口中的左侧选择 Modules，右侧选择 Dependencies 选项卡，再单击右侧的 "+" 号，并选择 "1 JARs or Directories..."，如图 2-19 所示。

③ 在打开的窗口中选择刚刚复制到 lib 文件夹中的 MySQL 的 jar 包，单击 "OK" 按钮。

（4）编写 indextype.jsp 文件，代码如下。

```
<%@ page contentType="text/html;charset=UTF-8" language="java" %>
<html>
<head>
  <title>客户查询</title>
 </head>
<body>
<form action="querybycode.jsp" method="post">
  type_code:<input type="text" name="type_code" />
  <input type="submit" value="提交"/>
</form>
</body>
</html>
```

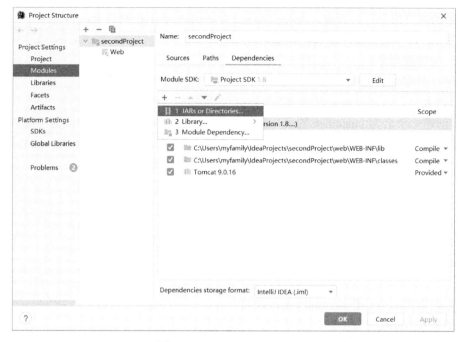

图 2-19　Dependencies 选项卡

（5）编写 querybycode.jsp 文件，代码如下。

```jsp
<%@page import="java.sql.DriverManager"%>
<%@page import="java.sql.ResultSet"%>
<%@page import="java.sql.PreparedStatement"%>
<%@page import="java.sql.Connection"%>
<%@page contentType="text/html" pageEncoding="UTF-8"%>
<!DOCTYPE html>
<html>
    <head>
        <meta http-equiv="Content-Type" content="text/html; charset=UTF-8">
        <title>查询customer信息</title>
    </head>
    <body>
        <%
            //获得用户提交的code
            String type_code = request.getParameter("type_code");
            //连接数据库用到的对象
            Connection conn = null;
            PreparedStatement prst = null;
            ResultSet rs = null;
            //连接数据库用到的参数信息
            String url ="jdbc:mysql://localhost:3306/sample?useUnicode=
                        true&characterEncoding=UTF-8";
            String driver = "com.mysql.jdbc.Driver";
            String user = "root";
            String password = "root";
            //查询数据库的SQL语句
            String sql = "select customer_id , name from customer where
                        type_code = ?";
            Class.forName(driver);
```

```
        conn = DriverManager.getConnection(url, user, password);
        prst = conn.prepareStatement(sql);
        prst.setString(1, discount_code);
        rs = prst.executeQuery();
%>
<table>
    <%
        while (rs.next()) {
    %>
    <tr>
        <td><%= rs.getString(1)%></td>
        <td><%= rs.getString(2)%></td>
    </tr>
    <%
        }
        if (rs != null) {
            rs.close();
        }
        if (prst != null) {
            prst.close();
        }
        if (conn != null) {
            conn.close();
        }
    %>
</table>
</body>
</html>
```

（6）运行程序。

启动 Tomcat 服务器，打开 index.jsp 页面，如图 2-20 所示。

图 2-20　index.jsp 页面显示

在文本框中输入任意数据，如"A"，单击"提交"按钮，若客户类型存在，则输出客户的 customer_id 和 name；若客户类型不存在，则不显示信息。querybycode.jsp 页面显示示例如图 2-21 所示。

图 2-21　querybycode.jsp 页面显示示例

2.7　本章小结

本章首先介绍了 JSP 简介和标准语法，其次介绍了 JSP 编译指令，包括 include 指令、

page 指令及 taglib 指令，再次详细介绍了 JSP 动作及 JSP 的隐含对象，最后通过一个客户信息展示的编程示例，使读者更好地掌握这些用法。

2.8 习题

1. JSP 的注释有哪几种？
2. 描述 JSP 的表达式的形式？
3. JSP 的编译指令有哪些？
4. JSP 的动作有哪些？include 指令和<jsp:include>动作有什么不同？
5. 编写 JSP 文件，显示"欢迎您，现在是"+当前时间。

第 3 章　JSP 与 JavaBean

📰 **学习目标**

- 理解什么是 JavaBean
- 掌握两种 JavaBean 的封装类
- 掌握在 JSP 页面上如何使用 JavaBean
- 掌握<jsp:useBean>、<jsp:setProperty>、<jsp:getProperty>动作的用法
- 了解 MVC 设计模式

3.1　JavaBean 的定义

JavaBean 是 Java 开发语言中一个可以重复使用的软件组件，本质上是一种特殊的 Java 类，它通常具有如下特点。

（1）JavaBean 的类必须是公共的（public）。

（2）它必须具有一个公共的、无参的构造方法。

（3）属性必须是私有的（private）。

（4）可以有一系列的获取方法（getter）或设置方法（setter）去获取或设置 JavaBean 的属性，通常属性名的首字母应大写。

（5）对于 boolean 类型的成员变量，允许使用 is 方法代替获取方法。

3.2　两种 JavaBean 的封装类

JavaBean 可分为两种：一种是传统应用中用于实现用户界面（User Interface，UI）的 JavaBean；还有一种是主要负责封装数据或封装业务的 JavaBean，这也是在 Web 应用程序中使用的 JavaBean。

3.2.1　封装数据的 JavaBean

封装数据的 JavaBean 负责数据的存取，需要设置多个属性及其属性值的存取方法。如果属性名字是 Xxx，则使用 getXxx 方法来获取属性值；使用 setXxx 来设置或更改属性值。下面，我们定义一个简单的 JavaBean。

例 3-1 定义一个简单的 JavaBean。

新建一个名为 javaWeb 的 Web 项目，在 javaWeb 工程的文件夹 src 中创建一个名为 model 的包，在包下定义一个名为 User 的类。

User.java 文件的内容如下。

```java
package model;
public class User {
    private int userId;
    private String userName;
    private String password;
    private int role;//角色，1代表普通用户，2代表管理员
    private boolean status;
    public int getUserId() {
        return userId;
    }
    public void setUserId(int userId) {
        this.userId = userId;
    }

    public String getUserName() {
        return userName;
    }
    public void setUserName(String userName) {
        this.userName = userName;
    }
    public int getRole() {
        return role;
    }
    public void setRole(int role) {
        this.role = role;
    }

    public boolean getStatus() {
        return status;
    }
    public void setStatus(boolean status) {
        this.status = status;
    }

    public String getPassword() {
        return password;
    }
    public void setPassword(String password) {
        this.password = password;
    }

    public String toString() { //列出部分数据
        return ""+userId+","+userName+","+password+"\n";
    }

}
```

这里定义的 User 类是一个 JavaBean，此类中定义了 5 个属性：userId、userName、password、role、status，并提供了公共的 setter 方法和 getter 方法供外界访问这些属性。

JavaBean 的属性可以是任意类型，且一个 JavaBean 可以有多个属性。每个属性通常具

有相应的获取方法（getter）或设置方法（setter）。例如，例 3-1 中 userName 属性的设置方法为 setUserName，password 属性的获取方法为 getPassword。

3.2.2　封装业务的 JavaBean

封装业务的 JavaBean 是完成一定运算和操作功能的业务类，主要包含一些实现特定功能的方法，通常与一个封装数据的 JavaBean 对应。就上述封装数据的 JavaBean 而言，封装业务的 JavaBean 用于操作封装数据。比如用于将表单中用户输入的值送入数据库中相应的字段，或者将数据库中的字段值取出并显示在网页中，此时需要一个专门的 JavaBean 与封装数据的 JavaBean 配合完成操作。

例 3-2 定义封装业务的 JavaBean，负责数据库连接及数据库中数据操作的业务流程。

（1）在 sample 的数据库中创建一个名为 userinfo 的表，表结构如图 3-1 所示。

图 3-1　userinfo 表结构

（2）向该表中插入若干条数据。

（3）在 javaWeb 工程的文件夹 src 中创建一个名为 util 的包，在包下定义一个名为 ConnectionManager 的类，代码如下。

```java
package util;
import java.sql.*;
public class ConnectionManager {
    private static String DbDriver = "com.mysql.jdbc.Driver";
    private static String DbUrl =
"jdbc:mysql://localhost:3306/sample?useUnicode=true&characterEncoding=UTF-8";
    private static String DbUserName = "root";
    private static String DbPassword = "root";
    // 返回连接
    public static Connection getConnction() {
        Connection dbConnection = null;
        try {
            Class.forName(DbDriver);
            dbConnection = DriverManager.getConnection(DbUrl,
                DbUserName, DbPassword);
        }
  catch (Exception e) {
            e.printStackTrace();
        }
        return dbConnection;
    }
    // 关闭连接
    public static void closeConnection(Connection dbConnection) {
        try {
            if (dbConnection != null && (!dbConnection.isClosed())) {
```

```
          dbConnection.close();
        }
    } catch (SQLException sqlEx) {
        sqlEx.printStackTrace();
    }
}
// 关闭结果集
public static void closeResultSet(ResultSet res) {
    try {
        if (res != null) {
            res.close();
            res = null;
        }
    }
    catch (SQLException e) {
        e.printStackTrace();
    }
}
public static void closePreparedStatement(PreparedStatement pStatement) {
    try {
        if (pStatement != null) {
            pStatement.close();
            pStatement = null;
        }
    }
catch (SQLException e) {
        e.printStackTrace();
    }
}
public static void closeStatement(Statement Statement) {
    try {
        if (Statement != null) {
            Statement.close();
            Statement = null;
        }
    }
catch (SQLException e) {
        e.printStackTrace();
    }
}
}
```

（4）在 javaWeb 工程的文件夹 src 中创建一个名为 dao 的包，在包下定义一个名为 UserDao 的类，代码如下。

```
package dao;
import model.User;
import util.ConnectionManager;
import java.sql.*;
import java.util.ArrayList;
import java.util.List;
public class UserDao {
    private Connection con;
```

```
private PreparedStatement pstmt;
private ResultSet results;
public int addUserinfo(User userinfo) {
    int result=0;
    con= ConnectionManager.getConnction();
    try {
        String sql="insert into userinfo(username,password,role,status)
                   values(?,?,?,?)";
        pstmt=con.prepareStatement(sql);
        pstmt.setString(1,userinfo.getUserName());
        pstmt.setString(2,userinfo.getPassword());
        pstmt.setInt(3,userinfo.getRole());
        pstmt.setBoolean(4,userinfo.getStatus());
        result=pstmt.executeUpdate();
    }catch(Exception e) {
        e.printStackTrace();
    }
    finally {
        ConnectionManager.closeResultSet(results);
        ConnectionManager.closeStatement(pstmt);//释放PreparedStatement对象
        ConnectionManager.closeConnection(con);//释放Connection对象
    }
    return result;
}

public int delUserinfo(int id) {
    int result=0;
    con=ConnectionManager.getConnction();
    try {
        String sql="delete from userinfo where userid=? ";
        pstmt=con.prepareStatement(sql);
        pstmt.setInt(1,id);
        result=pstmt.executeUpdate();
    }catch(Exception e) {
        e.printStackTrace();
    }
    finally {
        ConnectionManager.closeResultSet(results);
        ConnectionManager.closeStatement(pstmt);//释放PreparedStatement对象
        ConnectionManager.closeConnection(con);//释放Connection对象
    }
    return result;
}
public int updateUserinfo(User userinfo) {
    int result=0;
    con=ConnectionManager.getConnction();
    try {
        String sql="update userinfo set username=?,password=?,role=?,
                   status=? where userid=?";
        pstmt=con.prepareStatement(sql);
        pstmt.setString(1,userinfo.getUserName());
```

```
        pstmt.setString(2,userinfo.getPassword());
        pstmt.setInt(3,userinfo.getRole());
        pstmt.setBoolean(4,userinfo.getStatus());
        pstmt.setInt(5,userinfo.getUserId());
        result=pstmt.executeUpdate();
    }catch(Exception e) {
        e.printStackTrace();
    }
    finally {
        ConnectionManager.closeResultSet(results);
        ConnectionManager.closeStatement(pstmt);//释放PreparedStatement对象
        ConnectionManager.closeConnection(con);//释放Connection对象
    }
    return result;
}
public List<User> findByUserName(String userName) {
    String sql="select * from userinfo where username like '%"+ userName
            +"%' ";
    con=ConnectionManager.getConnction();
    List<User> list = new ArrayList();
    try {
        pstmt=con.prepareStatement(sql);
        results=pstmt.executeQuery();
            while (results.next()) {
                User user=new User();
            user.setUserId(results.getInt("userId"));
            user.setUserName(results.getString("userName"));
            user.setPassword(results.getString("password"));
            user.setRole(results.getInt("role"));
            user.setStatus(results.getBoolean("status"));
            list.add(user);// 将user对象添加到集合list中
        }
    }
catch (SQLException e) {
        e.printStackTrace();
    }
    return list;
}
public UserInfo findByUserId(Integer id) {
    User user=new User();
    String sql="select * from userinfo where userId=? ";
    con=ConnectionManager.getConnction();
    try {
        pstmt=con.prepareStatement(sql);
        pstmt.setInt(1,id);
        results=pstmt.executeQuery();
        if(results.next()) {
            user.setUserId(results.getInt("userId"));
            user.setUserName(results.getString("userName"));
            user.setPassword(results.getString("password"));
            user.setRole(results.getInt("role"));
```

```
                user.setStatus(results.getBoolean("status"));
            }
        }
    catch (SQLException e) {
            e.printStackTrace();
        }
        return user;
    }

    public User findByLoginname(String  username) {
        User user=new User();
        String sql="select * from userinfo where username=? ";
        con=ConnectionManager.getConnction();
        try {
            pstmt=con.prepareStatement(sql);
            pstmt.setString(1,username);
            results=pstmt.executeQuery();
            if(results.next()) {
                user.setUserId(results.getInt("userId"));
                user.setUserName(results.getString("userName"));
                user.setPassword(results.getString("password"));
                user.setRole(results.getInt("role"));
                user.setStatus(results.getBoolean("status"));
            }
        }
    catch (SQLException e) {
            e.printStackTrace();
        }
        return user;
    }
    public List<User> listAll(){//得到userinfo表的数据,并存入集合中
        con = ConnectionManager.getConnction();
        List<User> list = new ArrayList();//建立一个集合用于存放user对象
        try {
            Statement stmt = con.createStatement();
            ResultSet rs = stmt.executeQuery("select * from userinfo");
            while (rs.next()) { // 遍历结果集中的所有记录
                User user = new User(); // 创建一个user对象
            // 将结果集当前记录中的userId属性值赋给user对象中的userId属性
                user.setUserId(rs.getInt("userId"));
            // 将结果集当前记录中的userName属性值赋给user对象中的userName属性
                user.setUserName(rs.getString("userName"));
            // 将结果集当前记录中的password属性值赋给user对象中的password属性
                user.setPassword(rs.getString("password"));
                user.setRole(rs.getInt("role"));
                user.setStatus(rs.getBoolean("status"));
                list.add(user);// 将user对象添加到集合list中
            }
        } catch (SQLException e) {
            e.printStackTrace();
```

```
        } finally {
          ConnectionManager.closeConnection(con);
        }
        return list;
    }
}
```

3.3　JavaBean 在 JSP 中的使用

在 JSP 的开发中使用 JavaBean 可以减少重复代码，使整个 JSP 代码的开发更简洁。JSP 提供了 3 个关于 JavaBean 组件的动作元素，即 JSP 标签，它们分别为<jsp:useBean>标签、<jsp:setProperty>标签和<jsp:getProperty>标签。

<jsp:useBean>标签：用于在 JSP 页面中查找或实例化一个 JavaBean 组件。

<jsp:setProperty>标签：用于在 JSP 页面中设置一个 JavaBean 组件的属性。

<jsp:getProperty>标签：用于在 JSP 页面中获取一个 JavaBean 组件的属性。

3.3.1　<jsp:useBean>标签

通过使用<jsp:useBean>，在 JSP 页面中查找或实例化一个 JavaBean 组件，语法格式如下。
```
<jsp:useBean id="JavaBean实例名" class="类名" scope="范围" />
```
属性 id 表示定义的 JavaBean 的实例名，属性 class 表示定义的 JavaBean 类名。属性 scope 是定义的 JavaBean 实例的作用域，有 4 个取值，分别对应 4 个范围，这 4 个取值如下。

（1）Page：表示 JavaBean 实例在当前页面有效。

（2）Application：表示 JavaBean 实例在项目的各个页面都有效。

（3）Session：表示 JavaBean 实例在本次会话中有效。

（4）Request：表示 JavaBean 实例在本次请求中有效。

当定义一个 JavaBean 时就可以为其属性赋值，可以使用<jsp:setProperty>动作来设置或修改 JavaBean 的属性值，也可以使用<jsp:getProperty>动作来获取 JavaBean 的属性值。

3.3.2　<jsp:setProperty>标签

通过使用<jsp:setProperty>，为已经实例化的 JavaBean 的属性赋值，语法格式如下。
```
<jsp:setProperty name=" JavaBean实例名" property="属性名" value="属性值" />
```
当 property="*"时，将前端表单的所有标签与 JavaBean 属性一一对比，若标签的 name 与属性名相同，则将标签的值赋给 JavaBean 实例中对应的属性；当 property 为指定的某个具体属性时，JavaBean 实例中只会有该属性被赋值；当 property 为指定的某个具体属性，value 为指定的一个值时，则会将该值赋给 JavaBean 实例中的该属性，此时前端对应标签的值不会赋给 JavaBean 实例的对应属性。

3.3.3　<jsp:getProperty>标签

通过使用<jsp:getProperty>，可以获取指定的 JavaBean 的值，语法格式如下。
```
<jsp:getProperty name="JavaBean实例名" property="属性名"/>
```

我们只需要对<jsp:getProperty>与<jsp:setProperty>做一般性了解即可，下面给出一个 <jsp:useBean>的示例。

例 3-3 对 javaWeb 工程的 web 目录下的 index.jsp 文件进行修改，代码如下。

```
<%@ page import="model.User" %>
<%@ page contentType="text/html;charset=UTF-8" language="java" %>
<%@page import="java.util.*" %>
<html>
<head>
    <title>$Title$</title>
    <jsp:useBean id="dao" class="dao.UserDao" scope="request"/>
</head>
<body>
<%
    User user=dao.findByLoginname("tom");
%>
<input type="text" name="userId" value="<%=user.getUserId()%>"/>
<input type="text" name="userName" value="<%=user.getUserName()%>"/>
<input type="text" name="password" value="<%=user.getPassword()%>"/>
$END$
</body>
</html>
```

在例 3-3 中，我们使用<jsp:useBean>标签在 index.jsp 页面中实例化了 UserDao 对象。启动 Tomcat 服务器，打开 "index.jsp" 页面，在该页面的第一个文本框中显示 "aaa"；在第二个文本框中显示表 userinfo 中是否有 username 值为 "tom" 的记录，若有，则在此文本框中显示 "tom"；若没有，则显示 "null"；在第三个文本框中显示表 userinfo 中 username 值为 "tom" 的记录中字段 userId、userName 及 password 的值。index.jsp 页面显示结果如图 3-2 所示。

图 3-2　index.jsp 页面显示结果

3.4　用户管理系统案例的用户信息管理功能实现

在封装了数据实体类 User 与数据访问类 UserDao 后，那么如何在页面中使用这些类的对象呢？下面我们给出一个 JSP 与 JavaBean 结合使用的示例。

例 3-4 在 JSP 页面中对数据表中的数据进行增加、删除、修改及查询操作。

（1）在 javaWeb 工程中的 web 文件夹中创建 addUser.jsp 文件，代码如下。

```
<%@ page contentType="text/html;charset=UTF-8" language="java" %>
<html>
<head>
    <title>增加用户</title>
</head>
<body>
<form method="post" action=" action="/javaWeb_web/addUser">
```

```
    ID: <input type="text" name="userId"/><br/>
    用户名: <input type="text" name="userName"/><br/>
    密码: <input type="text" name="userPwd"/><br/>
    角色: <input type="text" name="userRole"/><br/>
    状态: <input type="text" name="userStatus"/><br/>
    <input type="submit" name="btnSubmit" value="提交"/>
    <input type="button" name="btnBack" value="返回" onclick="javascript:
window.history.back();"/>
    </form>
    </body>
    </html>
```

（2）在 web 文件夹中创建 editUser.jsp 文件，代码如下。

```
<%@ page contentType="text/html;charset=UTF-8" language="java" %>
<%@ page import="model.User" %>
<html>
<head>
    <title>编辑用户信息</title>
    <jsp:useBean id="dao" class="dao.UserDao" scope="request"/>
</head>
<body>
<%
    Integer userid=Integer.valueOf( request.getParameter("uid"));
    User user=dao.findByUserId(userid);
%>
<form method="post" action="/javaWeb_web/editUser?uid=<%=userid%>">
    ID: <label><%= user.getUserId() %></label><br/>
    用户名: <input type="text" name="userName" value="<%= user.
getUserName()%>"/><br/>
    密码: <input type="text" name="userPwd" value="<%= user.
getPassword()%>"/><br/>
    角色: <input type="text" name="userRole" value="<%= user.
getRole()%>"/><br/>
    状态: <input type="text" name="userStatus" value="<%= user.
getStatus()%>"/><br/>
    <input type="submit" name="btnSubmit" value="提交"/>
    <input type="button" name="btnBack" value="返回" onclick="javascript:
window.history.back();"/>
    </form>
    </body>
    </html>
```

（3）在 web 文件夹中创建 userinfo.jsp 文件，代码如下。

```
<%@ page contentType="text/html;charset=UTF-8" language="java" %>
<%@ page import="model.User" %>
<%@ page import="java.util.List" %>
<html>
<head>
    <title>用户管理</title>
    <jsp:useBean id="dao" class="dao.UserDao" scope="request"/>
</head>
<body>
<% List<User> list = dao.listAll();%>
```

```
    用户名:
    <input type="text" id="userName" name="userName" />
    <input type="button" id="btnQuery" value="查询" onclick="javascript:window.
location.href='queryUser.jsp?userName='+document.getElementById('userName').
value;" />
    <br>
    <table border="1" bgcolor="#e0ffff">
        <tr>
            <th>编号</th>
            <th>用户名</th>
            <th>密码</th>
            <th>角色</th>
            <th>状态</th>
            <th>删除</th>
        </tr>
        <%
        for (User user : list) {
        %>
        <tr>
            <td><a href="editUser.jsp?uid=<%= user.getUserId()%>"><%= user.
                    getUserId() %>
            </a></td>
            <td><%= user.getUserName()%>
            </td>
            <td><%= user.getPassword()%>
            </td>
            <td><%= user.getRole()%>
            </td>
            <td><%= user.getStatus()%>
            </td>
            <td><a href="deleteUser?uid=<%= user.getUserId()%>" onclick="return
                    confirm('提示:确定删除此用户? ')">删除</a></td>
        </tr>
        <%}%>
    </table>
    <br>
    <table  bgcolor=lightgrey><tr ><td ><a href="addUser.jsp">添加用户
</a></td></tr></table>
    </body>
    </html>
```

（4）在 web 文件夹中创建 queryUser.jsp 文件，主要代码如下。

```
<%@ page contentType="text/html;charset=UTF-8" language="java" %>
<html>
<%@ page import="model.User" %>
<%@ page import="java.util.List" %>
<head>
    <title>查询</title>
    <jsp:useBean id="dao" class="dao.UserDao" scope="request"/>
</head>
<body>
<%
    String userName= request.getParameter("userName");
    List<User> list = dao.findByUserName(userName)  ;
```

```
%>
用户名:
<input type="button" id="btnQuery" value="查询" onclick="javascript:window.
location.href='queryUser.jsp?userName='+document.getElementById('userName').
value;"/>
<br>
<table border="1" bgcolor="#e0ffff">
<!一显示表格数据脚本同userinfo.jsp，此处省略-->
</table>
```

（5）启动 Tomcat 服务器，在浏览器地址栏中输入 http://localhost:8080/javaWeb_web/ userinfo.jsp，页面显示结果如图 3-3 所示。

图 3-3　userinfo.jsp 页面显示结果

（6）在 userinfo.jsp 页面中单击编号，可以打开 editUser.jsp 页面，在此页面中可以实现用户信息的修改，如图 3-4 所示。如何在后台修改用户信息将在后续章节进行讨论。

图 3-4　editUser.jsp 页面显示结果

（7）在 userinfo.jsp 页面中单击"删除"按钮将弹出提示框，提示信息为"提示：确定删除此用户？"，但此时单击"确定"按钮并不能真正实现用户数据的删除，如何在后台删除用户数据将在后续章节进行讨论。

（8）在 userinfo.jsp 页面中单击"增加用户"按钮，可以打开如图 3-5 所示的页面，实现增加用户操作，如何在后台增加用户将在后续章节进行讨论。

图 3-5　增加用户页面

3.5　MVC 设计模式

MVC（Model View Controller）是 Xerox PARC 在 20 世纪 80 年代为编程语言 Smalltalk-80 发明的一种软件设计模式，指的就是模型—视图—控制器。MVC 是 Model（模型）、View（视图）、Controller（控制器）3 个单词的首字母，它是一种成熟的设计模式，并不是 Java 平台独有的。它将一个应用程序在逻辑上视为 3 层：负责用户界面的为视图（View）层，负责程序流程控制的为控制器（Controller）层，负责对数据进行建模的为模型（Model）层，如图 3-6 所示。

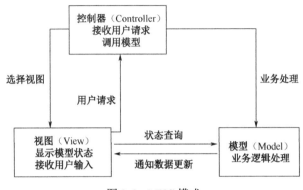

图 3-6　MVC 模式

在 Java Web 的开发设计中，将显示与业务逻辑分开的模式中，最典型的就是"JSP+JavaBean"模式，这种模式将显示和业务逻辑分开。JSP 作为视图层，实现流程控制和页面显示，提供页面为用户展示数据，并通过接收用户请求和调用 JavaBean 组件来响应用户的请求。JavaBean 对象既可以封装数据，又可以处理业务逻辑，主要适合小型 Web 项目的快速开发。"JSP+JavaBean"模式的工作原理如图 3-7 所示。

图 3-7　"JSP+JavaBean"模式的工作原理

这一模式简单易用，解决了显示和业务逻辑分离的问题，和微软推出的动态网页技术 ASP 有相似之处，但是这种模式中的 JSP 除了负责页面显示，还需要负责流程控制，业务逻辑显得复杂臃肿，不利于后期维护。

后来出现的"Servlet+JSP+JavaBean"模式，是 MVC 设计模式的一种实现。主要思想是用一个或多个 Servlet 作为控制器，请求由 Servlet 接收后，经 Servlet 处理后再转发给 JSP 页面。在 Servlet 作为控制器时，每个 Servlet 只完成某一个功能，但多个 Servlet 组合起来就可以完成复杂的功能，这样就提高了代码的可重用性。在此模式中，JavaBean 的功能其实很单一，它只是充当数据实体对象，用来在模型、视图、控制器三个组件之间进行数据传输。MVC 的核心是 Servlet，JSP 只负责输入、输出，它只是一个负责数据显示或数据传递的工具，至于什么时候显示数据，什么时候输入数据则由控制器 Servlet 来决定。MVC 的工作原理如图 3-8 所示。

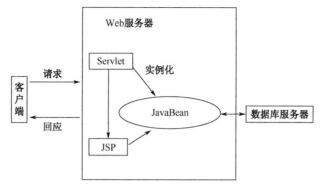

图 3-8　MVC 的工作原理

3.6　本章小结

本章主要讲解了 JavaBean 在 JSP 中的应用，首先介绍了 JavaBean 的定义，其次介绍了两种 JavaBean 的封装类及语法规则，并介绍了 JavaBean 在 JSP 中的使用，并给出用户信息管理示例，最后介绍了 MVC 设计模式。

3.7　习题

1．JavaBean 具有哪些特点？它能给 JSP 开发者带来什么便利？
2．定义 JavaBean 需要注意哪些规范？
3．与 JavaBean 相关的动作标记有哪些？
4．简述 MVC 设计模式。
5．编写一个封装学生基本信息的 JavaBean 对象，在 index.jsp 页面中调用该对象，并将学生信息显示到页面中。

第 4 章　Servlet 编程基础

学习目标

- 掌握 Servlet 接口及其实现类
- 理解 Servlet 的执行流程和生命周期
- 掌握 Servlet 的使用和虚拟路径映射的配置
- 掌握 request 对象的概念与使用
- 掌握 response 对象的概念与使用
- 掌握如何解决请求与响应过程中的中文乱码问题
- 掌握如何实现请求转发与请求重定向
- 能够实现用户管理系统后端增加、修改和删除用户信息的功能

随着 Web 应用程序的发展，动态 Web 资源的访问需求日益加大。目前市面上提供了多种用于动态 Web 资源开发的技术，如 ASP、PHP、JSP 及 Servlet。JSP 与 Servlet 是基于 Java 语言的 Web 技术，由于其方便易用，赢得了越来越多用户的青睐，本章就 Servlet 技术的相关知识进行介绍。

4.1　Servlet 的定义及作用

Servlet 是 Server Applet 的缩写，是使用 Java 语言编写的运行于服务器端的 Web 应用程序。狭义的 Servlet 指 Java 语言提供的一个接口，广义的 Servlet 则指任何实现了此接口的类，多指广义。

Servlet 可以处理客户端发来的 HTTP 请求，并返回一个响应。使用 Servlet，用户可以收集来自网页表单的用户输入，呈现来自数据库或其他源的记录，还可以动态创建网页。

Servlet 没有 public static void main(String[] args)方法，不能独立运行。Servlet 对象并不由用户创建，而由 Servlet 容器提供，Servlet 容器是指能够为 Servlet 提供运行环境的服务器软件（如 Tomcat 服务器），Servlet 容器会将 Servlet 动态地加载到 Web 服务器上，然后 Servlet 使用 HTTP 请求和 HTTP 响应与客户端进行交互，完成预先设定的工作。Servlet 应用程序的体系结构如图 4-1 所示。

图 4-1　Servlet 应用程序的体系结构

（1）读取客户端（浏览器）发送的显式数据。这些显式数据包括网页上的 HTML 表单，或者来自 Applet 或自定义的 HTTP 客户端程序的表单。

（2）读取客户端（浏览器）发送的隐式的 HTTP 请求数据。这些请求数据包括 cookies、媒体类型和浏览器能理解的压缩格式等。

（3）处理数据并生成结果。这个过程可能需要访问数据库，执行 RMI 调用或 CORBA 调用，调用 Web 服务或者直接计算得出对应的响应。

（4）发送显式数据（文档）到客户端（浏览器）。该文档的格式可以是多种多样的，包括文本文件（HTML 或 XML）、二进制文件（GIF 图像）、Excel 电子表格等。

（5）发送隐式的 HTTP 响应到客户端（浏览器）。这些响应包括告知浏览器或其他客户端返回的文档类型（如 HTML），设置 cookies 和缓存参数，以及其他类似的任务。

Servlet 通常情况下可以与使用公共网关接口（Common Gateway Interface，CGI）实现的程序达到异曲同工的效果。但相较 CGI 而言，Servlet 有以下几点优势。

（1）性能好：因为 Servlet 在 Web 服务器的地址空间内执行，所以它没有必要再创建一个单独的进程来处理每个客户端请求。而且它为每个请求创建一个线程，而不是进程。

（2）可移植：因为它使用 Java 语言，所以独立于平台。

（3）安全：Servlet 由 JVM 管理，所以不需要担心内存泄漏、垃圾收集等问题。

（4）可用：Java 类库的全部功能对 Servlet 来说都是可用的。

4.2　Servlet 开发入门

4.2.1　Servlet 接口及其实现类

针对 Servlet 技术的开发，官方提供了 Servlet API，其中包含两个包，分别为 javax.servlet 包和 javax.servlet.http 包，它们是 Java 企业版的标准组成部分。这两个包又包含一系列类和接口，由于涉及的内容过多，在此我们不做展开，读者可以参看相关资料了解 Servlet API 的组成结构。javax.servlet.Servlet 接口是一个非常重要的概念，接口中定义了 5 个抽象方法，如表 4-1 所示。

表 4-1　Servlet 接口的抽象方法

方法	描述
public void init(ServletConfig config)	初始化 Servlet，它是 Servlet 的生命周期方法，由 Web 容器调用一次
public void service(ServletRequest request,ServletResponse response)	为传入的请求提供响应，它由 Web 容器的每个请求调用
public void destroy()	仅被调用一次，并且表明 Servlet 正在被销毁
public ServletConfig getServletConfig()	返回 ServletConfig 对象
public String getServletInfo()	返回有关 Servlet 的信息，如作者、版权、版本等

表中的 init()、service()和 destroy()这 3 个方法是 Servlet 的生命周期方法，会在某个特定的时刻被调用。getServletInfo()方法用于返回 Servlet 的相关信息，getServletConfig()方法用于返回 ServletConfig 对象，该对象包含 Servlet 的初始化信息。

简单来看，Servlet 只要实现这个接口就可以使用了，的确如此，任何类只要实现此接口就可以成为一个 Servlet，就可以在服务器端为用户的 HTTP 请求服务。但实施起来，我们会发现此接口中有 5 个抽象方法，在使用时必须实现这 5 个方法，非常麻烦，效率也不高。

4.2.2　体系结构

通过以上学习，我们知道要想编写一个 Servlet 就必须要实现 Servlet 接口，重写接口中的 5 个方法，虽然能完成要求，但是编写起来还是比较麻烦的。由于我们需要关注的只有 service()方法，所以有没有更简单的方式来创建 Servlet 呢？

首先我们了解一些 Servlet 的继承结构，如图 4-2 所示。

图 4-2　Servlet 的继承结构

在实际操作中，我们有两种方法来创建 Servlet，只要继承 GenericServlet 或 HttpServlet 两个类之一即可。因为我们将来开发的 B/S 架构的 Web 项目都是针对 HTTP 协议的，所以我们在自定义 Servlet 时，一般都会通过继承 HttpServlet 来实现。

4.2.3　通过继承 GenericServlet 类实现 Servlet

Servlet 有两种实现方式，第一种方式是通过继承 GenericServlet 来实现。Servlet 接口为所有 Servlet 提供常见的行为，GenericServlet 类实现了 Servlet、ServletConfig 和 Serializable 接口，除 service()方法外，它提供且实现了这些接口的所有方法。由于 GenericServlet 类与协议无关，所以它可以处理任何类型的请求。我们可以通过继承 GenericServlet 类并提供 service()方法的实现来创建 Servlet。

由于 GenericServlet 是一个抽象类，只为 Servlet 接口提供了部分实现，没有实现对 HTTP 请求的处理，因此在实际编写时，要想继承 GenericServlet，只需要实现它的 service()方法就可以创建出需要的 Servlet。GenericServlet 类中除 service()方法外，其他抽象方法都已实现，这样可以极大地减少代码的编写量。下面通过例 4-1，分步骤实现一个 Servlet 程序，来演示通过继承 GenericServlet 类创建 Servlet 的过程。

1. 创建 Servlet 文件

在目录 info\firstapp\servlet 下编写一个 Servlet。此 Servlet 直接继承自 GenericServlet，因此只需要实现 service()方法，并在 service()方法中写入对请求的响应即可。

例 4-1 编写一个 Servlet 文件（HelloWorldServlet.java），访问时在屏幕上显示"Hello World"。

HelloWorldServlet.java 文件的内容如下。

```
package info.firstapp.servlet;
import java.io.*;
import javax.servlet.*;
public class HelloWorldServlet extends GenericServlet {
    public void service(ServletRequest request, ServletResponse response)
    throws ServletException, IOException {
        PrintWriter out = response.getWriter();
        out.println("Hello World");}}
```

2. 编译 Servlet 文件

打开命令行窗口，进入 HelloWorldServlet.java 文件所在的目录，编译该文件，程序报错，如图 4-3 所示。

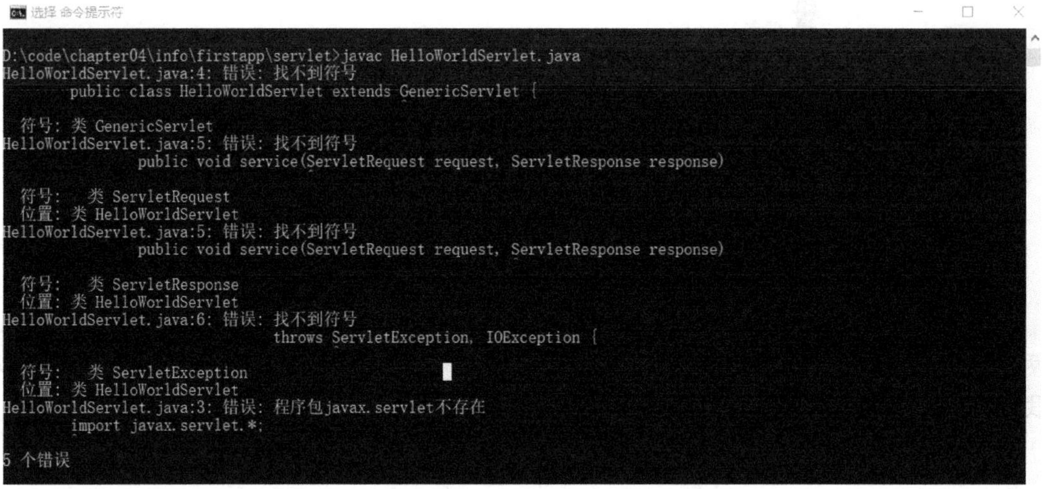

图 4-3　编译 HelloWorldServlet.java

从图 4-3 中可以看出，编译错误提示"程序包 javax.servlet 不存在"。这是因为 Java 编译器在 CLASSPATH 环境变量中没有找到 javax.servlet.*包，要想编译 Servlet，需要将 Servlet 相关 jar 包所在目录添加到 CLASSPATH 环境变量中。

3. 查找 Servlet 的 jar 包

由于 Servlet 程序是一个 Java EE 程序，所以它需要的 jar 文件都必须手动加入 CLASSPATH 环境变量。进入 Tomcat 安装目录下的 lib 目录，里面包含许多与 Tomcat 服务器相关的 jar 文件，其中，servlet-api.jar 文件就是与 Servlet 相关的 jar 文件。

4. 引入 Servlet 的 jar 包

打开命令行窗口，通过"set classpath"命令将 servlet-api.jar 文件所在目录添加到 CLASSPATH 环境变量中，如图 4-4 所示。

图 4-4　"set classpath"命令

5. 重新编译 Servlet

在命令行窗口中重新编译 HelloWorldServlet.java 文件，若程序编译通过，则会生成一个 HelloWorldServlet.class 文件，如图 4-5 所示。

图 4-5　HelloWorldServlet.class

6. 将编译后的.class 文件添加到服务器

在 Tomcat 的 webapps 下创建目录 chapter04，将 chapter04 作为所创建的 Web 应用程序的名称。然后在目录 chapter04 下创建\WEB-INF\classes 目录，将 HelloWorldServlet.class 文件复制到 classes 目录下，注意复制时需要将该文件所在目录（info\firstapp\servlet）一并复制过去。

这是因为官方定义了创建 Servlet 应用程序必须遵循的目录结构。这里以一个名称为 First 的应用为例，介绍一个典型 Servlet 应用程序的目录结构，如图 4-6 所示。

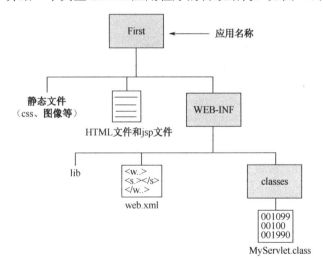

图 4-6　Servlet 应用程序的目录结构

在 Apache-Tomcat\webapps 目录下创建上述目录结构。所有 HTML 文件、静态文件（图像、css 等）都直接保存在 Web 应用程序（webapps）文件夹下；而所有 Servlet 类都保存在 classes 文件夹下。web.xml（部署描述符）文件则保存在 WEB-INF 文件夹下。

为此项目创建的项目目录结构如图 4-7 所示。

图 4-7　项目目录结构

7．创建 web.xml 文件

Web 容器使用部署描述符（Deployment Descriptor，DD）运行 Servlet 和 JSP 页面的 XML 文档，部署描述符能够用来完成几个重要的任务，稍后将对其进行详细讨论。下面我们为这个 Web 应用程序创建一个简单的 web.xml 文件。进入目录 WEB-INF，编写一个 web.xml 文件，关于 web.xml 文件的编写方式可以参考 Tomcat 安装目录下的 web.xml 文件，该文件位于 examples\WEB-INF 子目录下。本项目的 web.xml 代码如例 4-2 所示。

例 4-2 编写一个 web.xml 文件，配置 Servlet 访问路径。

```xml
<?xml version="1.0" encoding="UTF-8"?>
<web-appxmlns:xsi="http://www.w3.org/2001/XMLSchema-instance"
           xmlns="http://java.sun.com/xml/ns/javaee"
           xmlns:web="http://java.sun.com/xml/ns/javaee/web-app_2_5.xsd"
           xsi:schemaLocation="http://java.sun.com/xml/ns/javaee
                               http://java.sun.com/xml/ns/javaee/
                               web-app_2_5.xsd"id="WebApp_ID"
                               version="2.5">
<servlet>
    <servlet-name>HelloWorldServlet</servlet-name>
    <servlet-class>info.firstapp.servlet.HelloWorldServlet</servlet-class>
</servlet>
<servlet-mapping>
    <servlet-name>HelloWorldServlet</servlet-name>
    <url-pattern>/HelloWorldServlet</url-pattern>
</servlet-mapping>
</web-app>
```

web.xml 文件中的元素较多。该文件使用的一些元素说明如下。

（1）<web-app>表示整个应用程序。

（2）<servlet>是<web-app>的子元素，代表 Servlet。

（3）<servlet-name>是<servlet>的子元素，表示 Servlet 的名称。

（4）<servlet-class>是<servlet>的子元素，表示 Servlet 的类。

（5）<servlet-mapping>是<web-app>的子元素。它用来映射 Servlet，其子元素<servlet-name>的值必须和前面<servlet>元素的子元素<servlet-name>相同，由此才能确定它们表示的是同一个 Servlet。

（6）<url-pattern>是<servlet-mapping>的子元素，表示访问该 Servlet 的虚拟路径。该路径以正斜线开头，代表当前 Web 应用程序的根目录客户端使用此模式来调用 Servlet。

8．运行服务器，查看结果

双击 startup.bat 文件启动 Tomcat 服务器，在浏览器的地址栏中输入 http://localhost:

8080/chapter04/HelloWorldServlet，HelloWorldServlet 页面显示结果如图 4-8 所示。

图 4-8　HelloWorldServlet 页面显示结果

我们能够看到，客户端可以正常访问 Tomcat 服务器的 Servlet 程序了，因此 Servlet 程序成功实现。

4.2.4　通过继承 HttpServlet 类实现 Servlet

下面我们介绍 Servlet 的第二种实现，即通过继承 HttpServlet 类来实现。Javax.servlet.http. HttpServlet 类是 Servlet 接口中提供的抽象类，同时它也是 GenericServlet 的子类，它继承了 GenericServlet 的所有方法，并为 HTTP 请求中的 POST、GET 等类型提供了具体的操作方法，专门用于创建使用 HTTP 协议的 Servlet。

因此，通常我们在编写 Servlet 类时习惯让其继承自 HttpServlet 类，程序中使用的具体的 Servlet 对象相应的也就是 HttpServlet 类的对象，如此可以极大程度地减少代码的编写量，简化程序和提高效率。HttpServlet 类的常用方法如表 4-2 所示。

表 4-2　HttpServlet 类的常用方法

方法	描述
public void service(ServletRequest req,ServletResponse res)	通过将请求对象和响应对象转换为 HTTP 类型，将请求调度到受保护的 service()方法
protected void service(HttpServletRequest req, HttpServletResponse res)	以 service()方法接收请求，并根据传入的 HTTP 请求类型将请求发送给 doXxx()方法
protected void doGet(HttpServletRequest req, HttpServletResponse res)	处理 GET 请求，它由 Web 容器调用
protected void doPost(HttpServletRequest req, HttpServletResponse res)	处理 POST 请求，它由 Web 容器调用
protected void doHead(HttpServletRequest req, HttpServletResponse res)	处理 HEAD 请求，它由 Web 容器调用
protected void doOptions(HttpServletRequest req, HttpServletResponse res)	处理 OPTIONS 请求，它由 Web 容器调用
protected void doPut(HttpServletRequest req, HttpServletResponse res)	处理 PUT 请求，它由 Web 容器调用
protected void doTrace(HttpServletRequest req, HttpServletResponse res)	处理 TRACE 请求，它由 Web 容器调用
protected void doDelete(HttpServletRequest req, HttpServletResponse res)	处理 DELETE 请求，它由 Web 容器调用
protected long getLastModified(HttpServletRequest req)	返回自 1970 年 1 月 1 日（GMT）以来 HttpServletRequest 类上次修改的时间

从 HttpServlet 类的常用方法中，我们看到通过继承 HttpServlet 类创建 Servlet，只需要根据请求方式重写对应的 doXxx()方法即可，而不需要像第一种方法那样重写 service()方法。

为何两种方式会有如此差异，我们可以通过分析 HttpServlet 类的源码找到原因。HttpServlet 类继承自 GenericServlet 类，并重写了 service()方法，同时根据不同的请求方式定义了多个 doXxx()方法（其中，Xxx 表示请求方式）。在重写的 service()方法中，首先将 HTTP 请求和 HTTP 响应分别转换为 HttpServletRequest 和 HttpServletResponse，其次根据用户请求方式的不同，调用定义的 doXxx()方法去处理用户请求，比如调用 doGet()方法处

Java Web 及其框架技术

理 GET 请求，调用 doPost()方法处理 POST 请求。

因此，当通过继承 HttpServlet 类创建 Servlet 时，只需要根据请求方式重写对应的 doXxx()即可，而不需要重写 service()方法，很好地简化了代码的编写。

由于大多数客户端的请求方式都是 GET 请求和 POST 请求，因此这种通过继承 HttpServlet 类创建 Servlet 的方式主要集中在通过重写 doGet()方法和 doPost()方法来完成客户端的请求中。下面通过例 4-3 演示如何实现 HttpServlet。

1. 重写 doGet()方法

（1）在目录"D:info\firstapp\servlet"下编写 RequestMethodServlet 类，并且通过继承 HttpServlet 类重写 doGet()方法和 doPost()方法，如例 4-3 所示。

例 4-3 编写一个 RequestMethodServlet.java 文件，实现 doGet()方法和 doPost()方法，代码如下。

```
package info.firstapp.servlet;
import java.io.*;
import javax.servlet.*;
import javax.servlet.http.*;
    public class RequestMethodServlet extends HttpServlet {
    public void doGet(HttpServletRequest request, HttpServletResponse
response)throws ServletException, IOException {
        PrintWriter out = response.getWriter();
        out.write("this is doGet method");
        }
    public void doPost(HttpServletRequest request, HttpServletResponse
response)throws ServletException, IOException {
        PrintWriter out = response.getWriter();
        out.write("this is doPost method");
        }
    }
```

（2）在 Tomcat 服务器的 chapter04 目录的 web.xml 中配置 RequestMethodServlet 的映射路径，配置信息如下。

```
<servlet>
    <servlet-name>RequestMethodServlet</servlet-name>
    <servlet-class>info.firstapp.servlet.RequestMethodServlet</servlet-c
lass>
</servlet>
<servlet-mapping>
    <servlet-name>RequestMethodServlet</servlet-name>
    <url-pattern>/RequestMethodServlet</url-pattern>
</servlet-mapping>
```

（3）编译 RequestMethodServlet.java 文件，并将编译后生成的.class 文件复制到 Tomcat 服务器的相应文件夹中，如例 4-1 和例 4-2 进行的操作。

通过 GET 请求访问 RequestMethodServlet 页面。启动 Tomcat 服务器，在浏览器地址栏中输入 http://localhost:8080/chapter04/RequestMethodServlet，页面显示结果如图 4-9 所示。从图 4-9 中可以看到，RequestMethodServlet 响应了浏览器的 GET 请求，自动调用了 doGet()方法，显示出了"this is doGet method"语句。

图 4-9 通过重写 doGet()方法得到的 RequestMethodServlet 页面显示结果

2. 重写 doPost()方法

（1）由于 doPost()方法已在前面的步骤中重写完成，所以接下来我们开始通过 POST 请求访问 RequestMethodServlet 页面。将 form.html 中表单的提交方式设置为 POST 的代码如下。

```
<form action="/chapter04/RequestMethodServlet" method="post">
    name:<input type="text" name="name" /><br />
    password:<input type="text" name="psw" /><br />
    <input type="submit" value="submit" />
<form />
```

（2）启动 Tomcat 服务器，在浏览器地址栏中输入 http://localhost:8080/chapter04/RequestMethodServlet，单击"提交"按钮，页面显示结果如图 4-10 所示，从图 4-10 中可以看到，RequestMethodServlet 页面响应了浏览器的 POST 请求，自动调用了 doPost()方法，显示出了"this is doPost method"语句。

图 4-10 通过重写 doPost()方法得到的 RequestMethodServlet 页面显示结果

除非有必要，我们通常很少区分 GET 请求和 POST 请求，毕竟二者都代表客户端对服务器端的请求，都要求服务器端对请求进行相应的处理，我们习惯上对二者做同样的处理，对于 GET 请求或 POST 请求，首先在 doGet()方法中完成相应处理，其次在 doPost()方法中直接调用 doGet()方法，这样无论客户端是发出 GET 请求还是 POST 请求，服务器端都可以执行同样的处理。当然也可以在 doPost()方法中进行具体处理，而在 doGet()方法中调用 doPost()方法来实现同样的效果。

4.2.5 Servlet 的生命周期和工作流程

1. Servlet 的生命周期

在例 4-2 和例 4-3 中，我们使用 Servlet 完成了一些任务，但我们看到 Servlet 并没有主方法，也没有使用 new Servlet()来创建，那么 Servlet 是如何产生并被我们所使用的呢？这就涉及 Servlet 的生命周期了。

Servlet 的生命周期可被定义为从创建到销毁的整个过程。Web 容器维护 Servlet 实例的生命周期，Servlet 的生命周期主要分为以下几个步骤。

（1）加载 Servlet 类。

类加载器负责加载 Servlet 类。当 Web 容器接收到 Servlet 的第一个请求时，将加载 Servlet 类。

（2）创建 Servlet 实例。

Web 容器在加载 Servlet 类之后创建一个 Servlet 的实例。Servlet 实例在 Servlet 的生命周期中只创建一次。

（3）调用 init()方法。

Web 容器在创建 Servlet 实例后调用一次 init()方法。init()方法用于初始化 Servlet，它是 javax.servlet.Servlet 接口的生命周期方法。

（4）调用 service()方法。

每当接收到 Servlet 的请求时，Web 容器都会调用 service()方法。若 Servlet 未被初始化，则遵循上述前三个步骤，然后调用 service()方法；若 Servlet 被初始化，则它调用 service()方法。请注意，Servlet 仅初始化一次。

（5）调用 destroy()方法。

在从服务中删除 Servlet 实例之前，Web 容器会调用 destroy()方法。它使 Servlet 有机会清理所有资源，如内存、线程等。

2. Servlet 的工作流程

了解 Servlet 如何工作对了解 Servlet 的内部工作流程很重要。那么 Servlet 是如何工作的呢？

当客户端请求到达服务器端时，服务器端检查 Servlet 是否为第一次被请求。若是第一次被请求，则执行以下步骤。

（1）加载 Servlet 类。

（2）实例化 Servlet 类。

（3）调用 init()方法传递 ServletConfig 对象。

若不是第一次被请求，则执行以下步骤。

（1）调用 service()方法传递请求对象和响应对象。

（2）在需要销毁 Servlet 时，Web 容器调用 destroy()方法。

Web 容器负责处理请求，我们以 HttpServlet 类为例，容器中 Servlet 的工作流程如下。

（1）将请求与 web.xml 文件中的 Servlet 进行映射。

（2）为请求创建请求对象和响应对象。

（3）调用线程上的 service()方法。

（4）在公共的 service()方法内部调用受保护的 service()方法。

（5）受保护的 service()方法根据请求的类型调用 doXxx()方法。

（6）doXxx()方法生成响应，并将其传递给客户端。

（7）发送响应后，Web 容器将删除请求对象和响应对象。

4.3 Servlet 部署

从 4.2.3 节和 4.2.4 节的示例中，我们可以看到 Servlet 在运行时必须被部署到服务器上，而且是通过 web.xml 配置文件进行部署的。但这是早期的部署方式，使得配置参数与 Servlet

分离，不利于修改维护。为此，官方又给出了另一套配置方式，即 Annotation（注解），通过 Annotation 进行 Servlet 部署可以很好地解决通过 web.xml 配置文件进行 Servlet 部署的不足，下面我们分别介绍这两种不同的 Servlet 部署方式。

4.3.1　web.xml 配置文件部署方式

在前面的例子中，我们已经使用了 web.xml 配置文件部署 Servlet 的方式，对配置文件中使用到的基本元素也有了基本了解。web.xml 配置文件中含有 Servlet 的部署描述符，一共有两组标记，分别为<servlet></servlet>标记和<servlet-mapping></servlet-mapping>标记。

标记示例如下。

```
<servlet>
    <servlet-name>HelloWorldServlet</servlet-name>
    <servlet-class>info.firstapp.servlet.HelloWorldServlet</servlet-class>
</servlet>
```

标记示例如下。

```
<servlet-mapping>
    <servlet-name>HelloWorldServlet</servlet-name>
    <url-pattern>/HelloWorldServlet</url-pattern>
</servlet-mapping>
```

对于外部用户而言，他们只需要知道按中设置的"访问地址"形式就可以访问资源，至于这个资源是什么、在哪里，用户其实一无所知。容器在接收到这种请求时就在配置文件中查找，首先在中查找，查看对应的是什么，查看完成后就在中查找同名的，查找完成后就可以获取<servlet-class><servlet-class>，确定 Servlet 的类，然后将其实例化并开始为用户服务。

用于确定 Servlet 的名字和类型，并将二者关联起来。

用于将一个资源的对外访问路径（）映射到一个 Servlet（）中，这个对外访问路径通常称为虚拟路径，创建好的 Servlet 只有映射成虚拟路径，客户端才能对其进行访问。

为了更清楚地进行说明，在此给出例 4-4：对于文件 TestServlet01.java，演示通过 web.xml 配置文件部署 Servlet 的方式。例 4-2 和例 4-3 都使用手工开发方式进行部署，步骤烦琐易错，在实际开发中很少采用，大多数情况下我们会采用集成开发环境，如 IntelliJ IDEA 就非常适用于 Java Web 的开发。之后的示例我们都采用 IntelliJ IDEA 进行开发，所以务必要熟练掌握这个开发工具。

读者可以参照 1.4.2 节所描述的在 IDEA 中进行 Servlet 开发的过程和步骤，建立名为 TestServlet01 的 Web 项目，在 src 目录下创建一个 info.servlet 包，之后在 info.servlet 包下创建一个名为 TestServlet01 的 Servlet，如例 4-4 所示。

例 4-4 web.xml 文件配置方式演示。

编写 TestServlet01.java 文件用于测试，其内容如下。

```
package info.servlet;
import java.io.*;
import javax.servlet.*;
import javax.servlet.http.*;
```

```
public class TestServlet01 extends HttpServlet {
protected void doGet(HttpServletRequest request,
    HttpServletResponse response) throws ServletException, IOException {
    PrintWriter out = response.getWriter();
    out.println("Hello Servlet!");
}
protected void doPost(HttpServletRequest request,
    HttpServletResponse response) throws ServletException, IOException {
this.doGet(request, response);
}
}
```

然后在该项目的 web.xml 配置文件中填入如下内容。

```
<servlet>
<servlet-name>TestServlet01</servlet-name>
<servlet-class>info.servlet.TestServlet01</servlet-class>
</servlet>
<servlet-mapping>
<servlet-name>TestServlet01</servlet-name>
<url-pattern>/TestServlet01</url-pattern>
</servlet-mapping>
```

运行 Tomcat 服务器，在浏览器地址栏中输入 http://localhost:8080/chapter04/TestServlet01，TestServlet01 页面的显示结果如图 4-11 所示，我们可以看到，TestServlet01.java 已正常工作，并且通过 ServletConfig 获取到了写在 web.xml 配置文件中的数据。

图 4-11　TestServlet01 页面的显示结果

除了在前面案例中演示的基本情况，Servlet 还支持多重映射、通配符映射、缺省映射。但由于 web.xml 配置文件部署方式固有的缺陷，目前业界建议采用 Annotation 部署方式，下面我们对此加以说明。

4.3.2　Annotation 部署方式

Annotation 部署方式其实和 web.xml 配置文件部署方式完成同样的工作，都要将虚拟路径与 Servlet 类绑定起来，只是 Annotation 部署方式是直接在 Servlet 代码中进行这个过程的。

对于同一个 TestServlet01，若采用 Annotation 部署方式，则只需要在定义 TestServlet01 的语句前加一句注解即可，对例 4-4 中的代码进行如下修改。

```
@WebServlet( name="TestServlet01", urlPatterns={"/TestServlet01"})
public class TestServlet01 extends HttpServlet {
protected void doGet(HttpServletRequest request,
    HttpServletResponse response) throws ServletException, IOException {
    PrintWriter out = response.getWriter();
    out.println("Hello Servlet!");
```

```
}
protected void doPost(HttpServletRequest request,
        HttpServletResponse response) throws ServletException, IOException {
this.doGet(request, response);
}
}
```

运行 Tomcat 服务器，在浏览器地址栏中输入 http://localhost:8080/chapter04/TestServlet01，浏览器上会显示出与使用 web.xml 配置文件部署方式相同的结果，这也就很好地说明了两种部署方式是等效的。

不难理解，name=""的作用等价于<servlet-name></servlet-name>；urlPattern={""}的作用等价于<url-pattern></url-pattern>。所以使用 Annotation 部署方式同样可以实现 Servlet 的部署。

注解@WebServlet(name="TestServlet01",urlPatterns={"/TestServlet01"})其实可以简化，name 参数用于定义 Servlet 的名称，方便在 web.xml 配置文件中查找对应的 Servlet 实现类，而在注解方式中并不必使用 name 参数，因为注解正位于它说明的 Servlet 实现类的前一行，这样，注解配置就可以修改为如下形式。

```
@WebServlet(urlPatterns={"/TestServlet01"})
```

如果注解中仅有一个参数，那么可以省略参数名而仅保留参数值，因此注解还可以进一步简化为@WebServlet("/TestServlet01")。

在之后的代码中，在仅有一个参数的情况下我们多采用此种写法，和 web.xml 配置文件部署方式相比更简洁，而且直接写在 Servlet 代码中，修改和维护都更加方便，这也是常被推荐使用的方式。

同样，Annotation 部署方式也可以支持多重映射、通配符映射、缺省映射，下面我们分别进行介绍。

1．多重映射

Servlet 的多重映射是指同一个 Servlet 可以被映射成多个虚拟路径，客户端可以通过多个路径实现对同一个 Servlet 的访问。例如，在例 4-4 中，我们修改注解为@WebServlet(urlPatterns = {"/TestServlet01","/Test01"})，那么在浏览器中输入地址 http://localhost:8080/chapter04/TestServlet01 和 http://localhost:8080/chapter04/Test01 得到的显示结果相同，这说明我们的确实现了多重映射。

2．通配符映射

开发者有时希望某个目录下的所有路径都可以访问同一个 Servlet，这时就需要在 Servlet 映射的路径中使用通配符"*"，当客户端访问一个 Servlet 时，如果请求的 URL 地址能够匹配多个虚拟路径，那么 Tomcat 服务器将采取最具体的匹配原则查找与请求最接近的虚拟映射路径。其匹配原则如下。

（1）精确匹配。

访问路径与配置路径完全相同则称为精确匹配，这里实际没有使用通配符，不属于通配符映射，只是映射的原则而已。如例 4-4 中名为 TestServlet01 的 Web 项目所示。

匹配过程涉及两个路径，所请求的路径称为访问路径，所配置的虚拟路径称为配置路径，路径匹配也就是将访问路径映射为配置路径，匹配原则如下。

配置路径：@WebServlet(urlPatterns={"/TestServlet01"})。

访问路径：http://localhost:8080/chapter04/TestServlet01。

（2）目录匹配。

在特定的目录下使用通配符，格式为"/目录名/*"，可以匹配此目录下任意文件的访问路径。如例 4-5，在 chapter04 模块中的 info.servlet 包中创建 ServletDemo1.java 文件。

例 4-5 基于目录匹配原则，演示使用 Annotation 部署方式编写 ServletDemo1.java 文件，其内容如下。

```
package info.servlet;
import javax.servlet.ServletException;
import javax.servlet.annotation.WebServlet;
import javax.servlet.http.HttpServlet;
import javax.servlet.http.HttpServletRequest;
import javax.servlet.http.HttpServletResponse;
import java.io.IOException;

    @WebServlet(urlPatterns = "/user/*")
    public class ServletDemo1 extends HttpServlet {
    protected void doGet(HttpServletRequest request, HttpServletResponse
response) throws IOException {
            response.getWriter().println("Demo1 start...");
    }
    protected void doPost(HttpServletRequest request, HttpServletResponse
response) throws IOException {
    this.doGet(request,response);
    }
    }
```

在这个例子中，ServletDemo1.java 文件的配置路径为：@WebServlet(urlPatterns = "/user/*")，访问时采用的路径是：http://localhost:8080/chapter04/user/任意。

（3）扩展名匹配。

格式为"*.扩展名"，可以匹配任意以"扩展名"结尾的访问路径。在 info.servlet 包下创建 ServletDemo2.java 文件，如例 4-6 所示。

例 4-6 基于扩展名匹配原则，演示 Annotation 部署方式。

编写 ServletDemo2.java 文件，其内容如下。

```
package info.servlet;
import javax.servlet.ServletException;
import javax.servlet.annotation.WebServlet;
import javax.servlet.http.HttpServlet;
import javax.servlet.http.HttpServletRequest;
import javax.servlet.http.HttpServletResponse;
import java.io.IOException;

@WebServlet(urlPatterns = "*.do")
public class ServletDemo2 extends HttpServlet {
protected void doGet(HttpServletRequest request, HttpServletResponse
response) throws ServletException, IOException {
        response.getWriter().println("Demo2 start...");
```

```
    }
    protected void doPost(HttpServletRequest request, HttpServletResponse
response) throws ServletException, IOException {
    this.doGet(request,response);
    }
    }
```

在这个例子中，ServletDemo2.java 文件的配置路径为：@WebServlet(urlPatterns = "*.do")，访问时采用的路径为：http://localhost:8080/chapter04/任意.do。

（4）任意匹配。

在注解中配置"/*"意味着可匹配此项目虚拟路径的任意位置，我们在 info.servlet 包下创建 ServletDemo3.java 文件，其内容如例 4-7 所示。

例 4-7 基于任意匹配原则，演示 Annotation 部署方式。

编写 ServletDemo3.java 文件，其内容如下。

```
package info.servlet;
import javax.servlet.ServletException;
import javax.servlet.annotation.WebServlet;
import javax.servlet.http.HttpServlet;
import javax.servlet.http.HttpServletRequest;
import javax.servlet.http.HttpServletResponse;
import java.io.IOException;

@WebServlet(urlPatterns = "/*")
public class ServletDemo3 extends HttpServlet {
protected void doGet(HttpServletRequest request, HttpServletResponse
response) throws ServletException, IOException {
        response.getWriter().println("Demo3 start...");
}
protected void doPost(HttpServletRequest request, HttpServletResponse
response) throws ServletException, IOException {
    this.doGet(request,response);
    }
    }
```

在这个例子中，ServletDemo3.java 文件的配置路径为：@WebServlet(urlPatterns = "/*")，访问时采用的路径为：http://localhost:8080/chapter04/任意。

3．缺省映射

如果某个 Servlet 的映射路径仅仅是"/"，那么这个 Servlet 就是当前 Web 应用程序的缺省 Servlet，Servlet 服务器在接收到访问请求时，若找不到匹配的 Servlet，就会将访问请求交给缺省 Servlet 处理。也就是说，缺省 Servlet 用于处理其他 Servlet 都不处理的访问请求，下面以 ServletDemo4.java 文件为例进行说明。

例 4-8 演示基于缺省映射的 Annotation 部署方式。

编写 ServletDemo4.java 文件，其内容如下。

```
package info.servlet;
import javax.servlet.ServletException;
import javax.servlet.annotation.WebServlet;
import javax.servlet.http.HttpServlet;
```

```
import javax.servlet.http.HttpServletRequest;
import javax.servlet.http.HttpServletResponse;
import java.io.IOException;

@WebServlet(urlPatterns = "/")
public class ServletDemo4 extends HttpServlet {

protected void doGet(HttpServletRequest request, HttpServletResponse
response) throws IOException {

        response.getWriter().println("Demo4 start...");
}
protected void doPost(HttpServletRequest request, HttpServletResponse
response) throws IOException {
    this.doGet(request,response);
}
}
```

在这个例子中，ServletDemo4.java 文件的配置路径为：@WebServlet(urlPatterns = "/")，访问时采用的路径为：http://localhost:8080/chapter04/任意。

当然，在访问时要先屏蔽 ServletDemo3.java 文件，因为"/*"的优先级比"/"要高，二者访问路径一致，都可以匹配本模块虚拟路径下的任意路径，但二者还是有些区别的，区别如下。

（1）当我们的项目中的 Servlet 配置了"/"时，会覆盖掉 Tomcat 服务器中的 DefaultServlet；当其他 url-pattern 都匹配不上访问路径时，则会匹配这个 Servlet。

（2）当我们的项目中配置了"/*"，意味着匹配任意访问路径。

（3）DefaultServlet 用来处理静态资源，若配置了"/"，则会把默认的匹配（DefaultServlet）覆盖掉，从而引发在请求静态资源时没有匹配默认的 Servlet 类，而是匹配了自定义的 Servlet 类，最终导致静态资源不能被访问。

通配符映射包含 5 种匹配，分别为 4 种基本映射和 1 种缺省映射，这 5 种映射的优先级为精确匹配>目录匹配>扩展名匹配> /* > /，无须记忆，以最终运行结果为准。

4.4　请求与响应

Servlet 主要用于处理客户端的请求，并向客户端做出响应。通过 Servlet 接口我们了解到，每一次针对 Servlet 的请求，Web 服务器都会创建两个对象，HttpServletResponse 对象和 HttpServletRequest 对象，分别用于封装 HTTP 响应消息和 HTTP 请求消息，通常将 HttpServletResponse 对象简称为 response 对象，将 HttpServletRequest 对象简称为 request 对象。图 4-12 描述了浏览器访问 Servlet 的交互过程。

从图 4-12 中可以看到，response 对象和 request 对象这两个对象在 Servlet 程序的服务过程中是缺一不可的。Web 服务器在运行时，每个 Servlet 只会创建一个实例对象，而在每次发起 HTTP 请求时都会分别重新创建一个 request 对象和一个 response 对象。

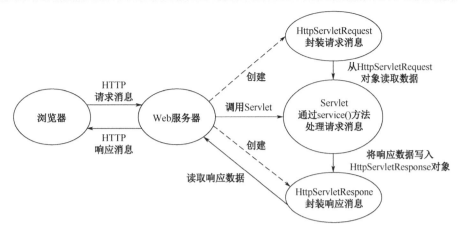

图 4-12　浏览器访问 Servlet 的交互过程

request 对象用于获取请求数据，其产生过程如下。

（1）浏览器会发送 HTTP 请求到后台服务器（Tomcat 服务器）。

（2）HTTP 请求中会包含很多请求数据（请求行+请求头+请求体）。

（3）Tomcat 服务器会对 HTTP 请求中的数据进行解析，并将解析结果存放到 request 对象中。

（4）存入的对象为 request 对象，所以我们可以从 request 对象中获取 HTTP 请求的相关参数。

（5）获取到数据后就可以继续后续的业务了，比如获取用户名和密码就可以实现登录操作。

response 对象用于设置响应数据，其产生过程如下。

（1）业务处理完成后，Tomcat 服务器就需要向前端返回业务处理的结果，即响应数据。

（2）将响应数据封装到 response 对象中。

（3）Tomcat 服务器会解析 response 对象，按照"响应行+响应头+响应体"格式拼接结果。

（4）浏览器最终解析结果，将内容展示在浏览器中。

要想通过 Servlet 对 HTTP 请求和 HTTP 响应进行处理，就有必要详细了解 response 对象和 request 对象。下面我们分别介绍这两个对象。

4.4.1　HttpServletRequest 对象

在学习这节内容之前，我们要先思考一个问题，前面在介绍 request 对象和 reponse 对象时，比较细心的读者可能已经发现以下几点。

（1）当我们的 Servlet 类继承的是 GenericServlet 类时，service()方法中的参数是 ServletRequest 接口和 ServletResponse 接口。

（2）当我们的 Servlet 类继承的是 HttpServlet 类时，doGet()方法和 doPost()方法中的参数就变成 HttpServletRequest 接口和 HttpServletReponse 接口。

那么，ServletRequest 接口和 HttpServletRequest 接口的关系是什么？request 对象由谁创建？为讲解这两个问题，我们先来看下 ServletRequest 继承体系，如图 4-13 所示。

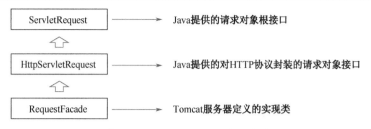

图 4-13　ServletRequest 继承体系

从图 4-13 中我们可以看出，ServletRequest 接口和 HttpServletRequest 接口都是由 Java 提供的，所以 ServletRequest 接口和 HttpServletRequest 接口是继承关系，并且二者都是接口，由于接口是无法创建对象的，所以这时就引发了以下问题。

```
void service(ServletRequest request, ServletResponse response)
void doGet(HttpServletRequest request, HttpServletResponse response)
void doGet(HttpServletRequest request, HttpServletResponse response)
```

以上 3 个方法中用到的 request 对象和 response 对象是由谁创建的？

为分析这个问题，我们需要用到 ServletRequest 继承体系中的 RequestFacade，该类实现了 HttpServletRequest 接口，也间接实现了 ServletRequest 接口。Servlet 类中的 service() 方法、doGet()方法或 doPost()方法最终都是由 Tomcat 服务器调用的，所以 Tomcat 服务器提供了方法参数接口的具体实现类，并完成了对象的创建。

要想验证上述结论，我们可以编写一个 Servlet，在 doGet()方法中将 request 对象打印出来，这样就能看到最终的对象是否为 RequestFacade 了，如例 4-9 所示。

例 4-9 在 Tomcat 服务器中进行 HttpServletRequest 接口的实现类测试。

编写 ServletCheck.java 文件，其内容如下。

```
package info.request;
import javax.servlet.ServletException;
import javax.servlet.annotation.WebServlet;
import javax.servlet.http.HttpServlet;
import javax.servlet.http.HttpServletRequest;
import javax.servlet.http.HttpServletResponse;
import java.io.IOException;

@WebServlet("/ServletCheck")
public class ServletCheck extends HttpServlet {
@Override
protected void doGet(HttpServletRequest request, HttpServletResponse
response) throws ServletException, IOException {
        System.out.println(request);
}
@Override
protected void doPost(HttpServletRequest request, HttpServletResponse
response) throws ServletException, IOException {
}
}
```

访问结果显示出 Tomcat 服务器中的实现类的确为 RequestFacade，如图 4-14 所示。

Output

```
[2023-05-05 12:24:01,436] Artifact chapter04.war exploded: Artifact is being deployed, please wait...
05-Mar-2023 12:24:01.566 警告 [RMI TCP Connection(3)-127.0.0.1] org.apache.catalina.startup.SetContextPropertiesRule.begin [SetContextPropertiesRule]{Contex
05-Mar-2023 12:24:01.823 警告 [RMI TCP Connection(3)-127.0.0.1] org.apache.tomcat.util.descriptor.web.WebXml.setVersion Unknown version string [4.0]. Defaul
05-Mar-2023 12:24:02.563 警告 [RMI TCP Connection(3)-127.0.0.1] org.apache.catalina.util.SessionIdGeneratorBase.createSecureRandom Creation of SecureRandom
[2023-03-05 12:24:02,598] Artifact chapter04:war exploded: Artifact is deployed successfully
[2023-03-05 12:24:02,598] Artifact chapter04:war exploded: Deploy took 1,160 milliseconds
org.apache.catalina.connector.RequestFacade@6c38d3ca
05-Mar-2023 12:24:11.388 信息 [localhost-startStop-1] org.apache.catalina.startup.HostConfig.deployDirectory Deploying web application directory [D:\apache-
```

图 4-14　Tomcat 服务器中 Servlet 实现类的结果输出

我们在 Servlet API 中定义了 HttpServletRequest 接口，它继承自 ServletRequest 接口，用于封装 HTTP 请求消息。由于 HTTP 请求消息分为三部分，分别为请求行、请求消息头和请求消息体，所以 HttpServletRequest 接口也相应地定义了获取这三部分的相关方法来处理请求消息。Servlet 容器负责此接口的实现，自动提供一个 HttpServletRequest 实例供用户使用，用户只需要通过接口就可以调用这些方法。HttpServletRequest 接口方法如表 4-3 所示，接下来我们对这些方法进行分类介绍。

表 4-3　HttpServletRequest 接口方法

方法	描述
Cookie[] getCookies()	返回一个数组，包含客户端发送该请求的所有 cookie 对象
Enumeration getAttributeNames()	返回一个枚举，包含提供给该请求的可用的属性名称
Enumeration getHeaderNames()	返回一个枚举，包含在该请求中的所有的头名
Enumeration getParameterNames()	返回一个 String 对象的枚举，包含在该请求中的参数的名称
HttpSession getSession()	返回与该请求关联的当前会话（Session），若请求没有会话，则创建一个会话
HttpSession getSession(boolean create)	返回与该请求关联的当前 HttpSession，若没有当前会话，则在成功创建一个新会话后，会返回一个新的会话
Locale getLocale()	基于 Accept-Language 头（描述客户端可接受的语言），返回客户端接受内容的首选的区域设置
Object getAttribute(String name)	以对象形式返回已命名属性的值，若没有给定名称的属性存在，则返回 null
ServletInputStream getInputStream()	使用 ServletInputStream，以二进制数据形式检索请求的主体
String getAuthType()	返回用于保护 Servlet 的身份验证方案的名称，如 "BASIC" 或 "SSL"，若 JSP 没有受到保护，则返回 null
String getCharacterEncoding()	返回请求主体中使用的字符编码的名称
String getContentType()	返回请求主体的 MIME 类型，若不知道请求主体的 MIME 类型，则返回 null
String getContextPath()	返回指示请求上下文的请求 URI 部分
String getHeader(String name)	以字符串形式返回指定的请求头的值
String getMethod()	返回 HTTP 请求方法的名称，如 GET、POST 或 PUT
String getParameter(String name)	以字符串形式返回请求参数的值，若参数不存在，则返回 null
String getPathInfo()	当请求发出时，返回与客户端发送的 URL 相关的任何额外的路径信息
String getProtocol()	返回请求协议的名称和版本
String getQueryString()	返回包含在路径后的请求 URL 中的查询字符串
String getRemoteAddr()	返回发送请求的客户端的 IP 地址
String getRemoteHost()	返回发送请求的客户端的完全限定名称

续表

方法	描述
String getRemoteUser()	若用户已通过身份验证，则返回发起请求的登录用户；若用户未通过身份验证，则返回 null
String getRequestURI()	从协议名称直到 HTTP 请求的第一行的查询字符串中，返回该请求的 URL 的一部分
String getRequestedSessionId()	返回由客户端指定的 SessionID
String getServletPath()	返回调用 JSP 的请求的 URL 的一部分
String[] getParameterValues(String name)	返回一个 String 对象的数组，包含所有给定的请求参数的值，若参数不存在，则返回 null
boolean isSecure()	返回一个布尔值，指示请求是否使用安全通道，如 HTTPS
int getContentLength()	以字节为单位返回请求主体的长度，并提供输入流，若长度未知，则返回-1
int getIntHeader(String name)	返回指定的请求头的值为 int 值
int getServerPort()	返回接收这个请求的端口号
int getParameterMap()	将参数封装成 Map 类型

1. 获取请求行信息的方法

请求行包含三部分内容，分别是请求方式、请求资源路径、HTTP 协议及版本，如图 4-15 所示。

图 4-15　请求行包含的三部分内容

对于这三部分内容，request 对象提供了对应的 API 方法来获取，其中比较常用的方法如下。

（1）获取请求方式，这里的请求方式是 GET，用以下方法完成：String getMethod()。

（2）获取虚拟目录（项目访问路径），例 4-9 的虚拟目录是/request-demo，用以下方法完成：String getContextPath()。

（3）获取 URL，这里的 URL 是 "http://localhost:8080/request-demo/req1"，用以下方法完成：StringBuffer getRequestURL()。

（4）获取 URI（统一资源标识符）：这里的 URI 是/request-demo/req1，用以下方法完成：String getRequestURI()。

（5）获取 GET 请求参数：这里的请求参数是 username=zhangsan&password=123，用以下方法完成：String getQueryString()。

为了使读者熟悉这些方法，我们通过例 4-10 来演示。首先创建一个新的 Servlet（info.request.RequestLineServlet），代码如下。

例 4-10 获取请求行信息的方法演示。

首先编写 RequestLineServlet.java 文件，其内容如下。

```
package info.request;
import java.io.*;
import javax.servlet.*;
```

```
import javax.servlet.annotation.WebServlet;
import javax.servlet.http.*;
@WebServlet("/RequestLineServlet")
public class RequestLineServlet extends HttpServlet {
public void doGet(HttpServletRequest request,
        HttpServletResponse response)throws ServletException, IOException {
      response.setContentType("text/html;charset=utf-8");
      PrintWriter out = response.getWriter();
// 获取请求行的相关信息
out.println("getMethod : " + request.getMethod() + "<br>");
      out.println("getRequestURI : " + request.getRequestURI() + "<br>");
      out.println("getQueryString:"+request.getQueryString() + "<br>");
      out.println("getProtocol : " + request.getProtocol() + "<br>");
      out.println("getContextPath:"+request.getContextPath() + "<br>");
      out.println("getPathInfo : " + request.getPathInfo() + "<br>");
      out.println("getPathTranslated : " + request.getPathTranslated() +
                "<br>");
      out.println("getServletPath:"+request.getServletPath() + "<br>");
      out.println("getRemoteAddr : " + request.getRemoteAddr() + "<br>");
      out.println("getRemoteHost : " + request.getRemoteHost() + "<br>");
      out.println("getRemotePort : " + request.getRemotePort() + "<br>");
      out.println("getLocalAddr : " + request.getLocalAddr() + "<br>");
      out.println("getLocalName : " + request.getLocalName() + "<br>");
      out.println("getLocalPort : " + request.getLocalPort() + "<br>");
      out.println("getServerName : " + request.getServerName() + "<br>");
      out.println("getServerPort : " + request.getServerPort() + "<br>");
      out.println("getScheme : " + request.getScheme() + "<br>");
      out.println("getRequestURL : " + request.getRequestURL() + "<br>");
}
public void doPost(HttpServletRequest request,
      HttpServletResponse response)throws ServletException, IOException {
      doGet(request, response);
}
}
```

其次启动 Tomcat 服务器，在浏览器地址栏中输入 http://localhost:8080/chapter04/ RequestLineServlet，RequestLineServlet 页面的显示结果如图 4-16 所示。

由此可见，通过 request 对象可以方便地获取请求行的相关信息。

2. 获取请求消息头的方法

HttpServletRequest 接口中也定义了一系列用于获取 HTTP 请求消息头字符的方法，用于说明客户端可以接收的数据、压缩方式、语言等信息。

请求消息头的数据格式为 "key: value"，user-Agent 的字段示例如图 4-17 所示。

根据请求消息头名称获取对应值的一个方法为：String getHeader(String name)。

此外还有一些读取 HTTP 请求消息头字段的方法，为了让读者更好地熟悉这些方法，下面我们通过例 4-11 来演示。首先创建一个新的 Servlet：info.request.RequestLineServlet，其次通过循环方式遍历请求消息头中包含的信息。

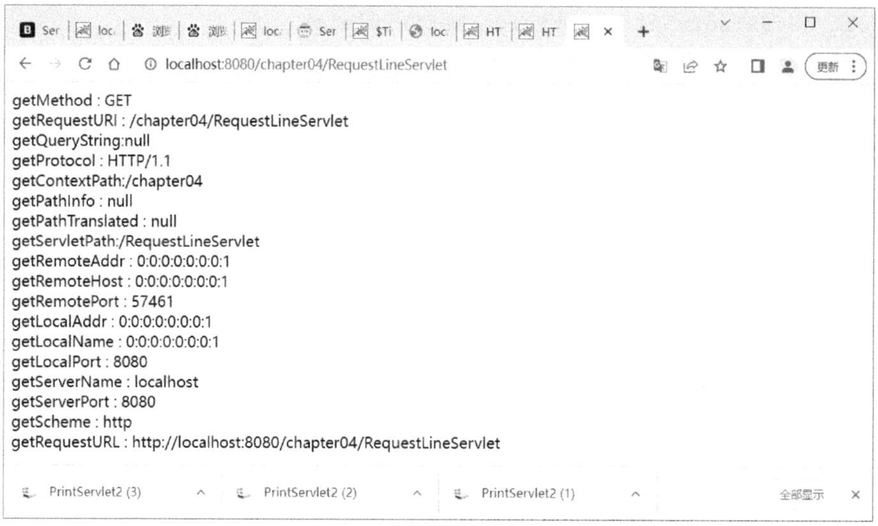

图 4-16　RequestLineServlet 页面的显示结果

User-Agent: Mozilla/5.0 Chrome/91.0.4472.106

图 4-17　user-Agent 的字段示例

例 4-11 获取请求消息头的方法演示。

首先编写 RequestHeadersServlet.java 文件，其内容如下。

```java
package info.request;
import java.io.IOException;
import java.io.PrintWriter;
import java.util.Enumeration;
import javax.servlet.*;
import javax.servlet.annotation.WebServlet;
import javax.servlet.http.*;
@WebServlet("/RequestHeadersServlet")
public class RequestHeadersServlet extends HttpServlet {
public void doGet(HttpServletRequest request,
    HttpServletResponse response)throws ServletException, IOException {
    response.setContentType("text/html;charset=utf-8");
    PrintWriter out = response.getWriter();
// 获取请求消息中所有头字段
Enumeration headerNames = request.getHeaderNames();
// 使用循环遍历所有请求消息头，并通过getHeader()方法获取一个指定名称的头字段
while (headerNames.hasMoreElements()) {
    String headerName = (String) headerNames.nextElement();
    out.print(headerName + " : "+ request.getHeader(headerName)+
            "<br>");
    }
}
public void doPost(HttpServletRequest request,
    HttpServletResponse response)throws ServletException, IOException {
        doGet(request, response);
    }
}
```

其次启动 Tomcat 服务器，在浏览器地址栏中输入 http://localhost:8080/chapter04/RequestHeadersServlet，RequestHeadersServlet 页面的显示结果如图 4-18 所示。

图 4-18　RequestHeadersServlet 页面的显示结果

由此可见，通过 request 对象可以方便地获取请求头的相关信息。

3. 获取请求消息体的方法

浏览器在发送 GET 请求时是没有请求消息体的，所以需要把请求方式变为 POST，请求消息体中的数据格式如图 4-19 所示。

> username=zhangsan&hobby=1&hobby=2

图 4-19　请求消息体中的数据格式

对于请求消息体中的数据，request 对象提供了以下两种方式来获取其中的数据。

（1）获取字节输入流，若前端发送的是字节数据，则使用 ServletInputStream getInputStream() 方法，使用该方法也可以获取字节。

（2）获取字符输入流，若前端发送的是纯文本数据，则使用 BufferedReader getReader() 方法。

那么，要想获取请求消息体中的内容该如何实现呢？下面我们通过例 4-12 来说明，基本步骤如下。

（1）准备一个页面，在页面中添加 form 表单，用来发送 POST 请求，在项目的 web 目录下添加一个 html 页面，名称为 req.html。

例 4-12 获取请求消息体的方法演示。

编写 req.html 文件，其内容如下。

```
<head>
<meta charset="UTF-8">
<title>Title</title>
</head>
<body>
<form action="/request-demo/req1" method="post">
<input type="text" name="username">
<input type="password" name="password">
<input type="submit">
</form>
```

```
</body>
</html>
```

（2）创建一个 Servlet 文件（RequestDemo.java），在 doPost()方法中使用 request 对象的 getReader()方法或者 getInputStream()方法，在 Servlet 的 doPost()方法中获取请求体数据，因为目前前端传递的是纯文本数据，所以我们采用 getReader()方法来获取代码。

例 4-13 RequestDemo.java 文件。

```
package info.request;
import javax.servlet.ServletException;
import javax.servlet.annotation.WebServlet;
import javax.servlet.http.HttpServlet;
import javax.servlet.http.HttpServletRequest;
import javax.servlet.http.HttpServletResponse;
import java.io.BufferedReader;
import java.io.IOException;

//request获取请求数据
@WebServlet("/RequestDemo")
public class RequestDemo extends HttpServlet {
@Override
    protected void doGet(HttpServletRequest req, HttpServletResponse resp)
throws ServletException, IOException {
}
@Override
    protected void doPost(HttpServletRequest req, HttpServletResponse resp)
throws ServletException, IOException {
    //POST获取请求体数据
    //1. 获取字符输入流
    BufferedReader br = req.getReader();
    //2. 读取数据
    String line = br.readLine();
    System.out.println(line);
    }
}
```

字符输入（BufferedReader）流是通过 request 对象获取的，当请求完成后，request 对象就会被销毁；request 对象被销毁后，BufferedReader 流就会自动关闭，此时就不需要手动关闭流了。

（3）启动 Tomcat 服务器，进行访问测试，在浏览器地址栏中输入 http://localhost:8080/ chapter04/ req.html，req.html 页面的显示结果如图 4-20 所示。

图 4-20　req.html 页面的显示结果

在文本框中分别输入"zhugeliang"和"123456"作为请求消息体数据，单击"提交"按钮，将这些信息提交给服务器中的 RequestDemo 进行处理，输出结果如图 4-21 所示，我们可以在控制台中看到浏览器前端发送的这些数据。

Output
05-Mar-2023 13:52:02.621 警告 [RMI TCP Connection(5)-127.0.0.1] org.apache.catalina.util.Ses
[2023-03-05 01:52:02,662] Artifact chapter04:war exploded: Artifact is deployed successfully
[2023-03-05 01:52:02,662] Artifact chapter04:war exploded: Deploy took 1,113 milliseconds
05-Mar-2023 13:52:11.400 信息 [localhost-startStop-1] org.apache.catalina.startup.HostConfig
05-Mar-2023 13:52:11.459 信息 [localhost-startStop-1] org.apache.catalina.startup.HostConfig
username=zhugeliang&password=123456

图 4-21　控制台输出结果

4.4.2　HttpServletResponse 对象

在 Servlet API 中定义一个 HttpServletResponse 接口，它继承自 ServletResponse 接口，用于封装 HTTP 响应信息，凡实现此接口的对象我们都可以称之为 HttpServletResponse 对象。在 Tomcat 服务器中，ServletResponse 继承体系和 ServletRequest 继承体系也非常相似，如图 4-22 所示。

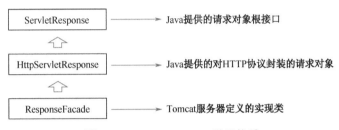

图 4-22　ServletResponse 继承体系

HTTP 响应信息分为三部分，分别为状态行、响应消息头（响应头）和响应消息体。在 HttpServletResponse 接口中也相应地定义了向客户端发送这三部分消息的方法，在消息处理中，Servlet 容器提供了实现该接口的对象，我们只需要调用相应的方法就可以完成响应消息的设置，HttpServletResponse 接口方法如表 4-4 所示。

表 4-4　HttpServletResponse 接口方法

方法	描述
String encodeRedirectURL(String url)	对 sendRedirect()方法中使用的指定 URL 进行编码，若编码不是必需的，则返回未改变的 URL
String encodeURL(String url)	对包含会话 ID 的指定 URL 进行编码，若编码不是必需的，则返回未改变的 URL
boolean containsHeader(String name)	返回一个布尔值，指示是否设置已命名的响应消息头
boolean isCommitted()	返回一个布尔值，指示响应是否已经提交
void addCookie(Cookie cookie)	把指定的 Cookie 添加到响应中
void addDateHeader(String name, long date)	添加一个带有给定的名称和日期值的响应消息头
void addHeader(String name, String value)	添加一个带有给定的名称和值的响应消息头
void addIntHeader(String name, int value)	添加一个带有给定的名称和整数值的响应消息头
void flushBuffer()	将任何在缓冲区中的内容强制写入客户端
void reset()	清除缓冲区中存在的任何数据，包括状态码和响应消息头

续表

方法	描述
void resetBuffer()	清除响应中基础缓冲区的内容，不清除状态码和响应消息头
void sendError(int sc)	使用指定的状态码将错误响应发送到客户端，并清除缓冲区
void sendError(int sc, String msg)	使用指定的状态码将错误响应发送到客户端
void sendRedirect(String location)	使用指定的重定向位置 URL 将临时重定向响应发送到客户端
void setBufferSize(int size)	为响应主体设置首选的缓冲区大小
void setCharacterEncoding(String charset)	设置被发送到客户端的响应的字符编码（MIME 字符集），如 UTF-8
void setContentLength(int len)	设置在 HTTP Servlet 响应中的内容主体的长度，该方法设置 HTTP Content-Length 头
void setContentType(String type)	若响应还未被提交，则设置被发送到客户端的响应的内容类型
void setDateHeader(String name, long date)	设置一个带有给定名称和日期值的响应消息头
void setHeader(String name, String value)	设置一个带有给定名称和值的响应消息头
void setIntHeader(String name, int value)	设置一个带有给定名称和整数值的响应消息头
void setLocale(Locale loc)	若响应还未被提交，则设置响应的区域
void setStatus(int sc)	为该响应设置状态码

1. 发送状态码的方法

发送状态码的本质就是设置响应消息行，包括 HTTP 协议及版本、响应状态码，以及状态码的描述，如图 4-23 所示。

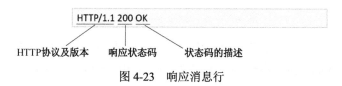

图 4-23　响应消息行

在 HttpServletResponse 接口中定义了两个发送状态码的方法，当需要向客户端回送响应消息时用来设置状态码。这两个方法如下。

setStatus(int status)方法：用来设置 HTTP 响应消息的状态码，并生成响应状态行。正常情况下，Web 服务器默认会产生一个状态码为 200 的状态行。

sendError()方法：用于发送表示错误信息的状态码，在 response 对象中，有两种重载形式：sendError(int sc)和 sendError(int sc, String message)。第一种重载形式只是发送错误信息的状态码，而第二种重载形式除发送错误状态码外，还发送一条相关的错误提示文本信息。

2. 发送响应消息头的方法

发送响应消息头就是设置响应消息头中的键值对，如设置响应消息键值对，如图 4-24 所示。

图 4-24　响应消息键值对

设置响应消息键值对可通过调用 void setHeader(String name,String value)实现，只需要在调用时传递相应的参数即可完成响应消息键值对的设置。

由于 HTTP 协议的响应头字段有很多种，因此 HttpServletResponse 接口中也相应地定义了很多设置 HTTP 响应头字段的方法。表中列举了一系列方法，其中，addHeader()方法、setHeader() 方法 、 addintHeader() 方 法 和 setHeader() 方 法 用 来 设 置 各 种 头 字 段 ； 而 setContentType()方法、setLocale()方法和 setCharacterEncoding()方法则用来设置字符编码，这些方法可以有效解决乱码问题。

3．发送响应消息体的方法

发送响应消息体，就是通过字符输出流、字节输出流的方式向浏览器中写入信息，响应消息体如图 4-25 所示。

```
<html><head>head><body></body></html>
```

图 4-25　响应消息体

由于大量数据都是通过响应消息体传递的，所以以短消息的方式进行传递效率太低，显然不合适。因此，ServletResponse 传递消息体采用 I/O 中流的思想，遵循以 I/O 流来传递大量数据的设计理念，为此定义了两个与输出流相关的方法来发送响应消息体。

（1）getOutputStream()方法。

通过该方法获取的字节输出流对象为 ServletOutStream 类型，是 OutStream 类的子类，可以直接输出字节数组中的二进制数据。因此若想输出二进制格式的响应正文，可使用此方法。

（2）getWriter()方法。

通过该方法获取的字符输出流对象为 PrintWriter 类型，可直接输出字符文本内容。因此若输出纯字符文本的网页，可使用此方法。

虽然以上两种方法均可以用于发送响应消息体，但是它们在同一个响应消息体中不可同时使用，否则会引发 illegalStateException 异常。

例 4-14 发送响应消息体的方法演示。

（1）创建一个空白的 Servlet 文件（PrintServlet.java），打开源代码找到 doGet()方法。编写 PrintServlet.java 文件，获取 OutputStream 对象，发送响应消息体，其内容如下。

```
package info.response;
import java.io.*;
import javax.servlet.*;
import javax.servlet.http.*;
@WebServlet(urlPatterns = "/PrintServlet")
public class PrintServlet extends HttpServlet {
public void doGet(HttpServletRequest request,HttpServletResponse
response)throws ServletException, IOException {
        response.setContentType("text/html;charset=GBK");
         String data = "云南财经大学";
        OutputStream print = response.getOutputStream();
        print.write(data.getBytes()); // 输出信息
}
public void doPost(HttpServletRequest request,HttpServletResponse
response)throws ServletException, IOException {
        doGet(request, response);
}
    }
```

第一条语句通过响应对象设置响应类型为网页形式，同时设置编码格式为 UTF-8；然后获取一个 OutputStream 对象，通过此对象向客户端输出一个网页。启动服务器，在浏览器地址栏中输入 http://localhost:8080/chapter04/PrintServlet，PrintServlet 页面的显示结果如图 4-26 所示，结果证明使用字节输出流的方式输出了字符数据。

图 4-26　PrintServlet 页面的显示结果

（2）修改代码，将获取一个 OutputStream 对象的代码改为获取一个 PrintWriter 对象的代码，然后通过此对象向客户端输出一个网页。

编写 PrintServlet1.java 文件，获取 PrintWriter 对象，发送响应消息体，其内容如下。

```
package info.response;
import javax.servlet.ServletException;
import javax.servlet.http.HttpServlet;
import javax.servlet.http.HttpServletRequest;
import javax.servlet.http.HttpServletResponse;
import java.io.IOException;
import java.io.PrintWriter;

@WebServlet(urlPatterns = "/PrintServlet1")
public class PrintServlet1 extends HttpServlet {
public void doGet(HttpServletRequest request,HttpServletResponse response)
throws ServletException, IOException {
        response.setContentType("text/html;charset=UTF-8");
        String data = "云南财经大学";
        PrintWriter print = response.getWriter();
        print.write(data); // 输出信息
    }
public void doPost(HttpServletRequest request,HttpServletResponse response)
throws ServletException, IOException {
        doGet(request, response);
    }
    }
```

可以看到，两个方法都可以发送响应消息体，只是用法有些不同。OutputStream 对象使用二进制形式进行发送，PrintWriter 对象可直接输出字符文本。因此，OutputStream 对象发送文本时需要转换成字节形式。

启动服务器，在浏览器地址栏中输入 http://localhost:8080/chapter04/PrintServlet1，页面显示结果与 PrintServlet 页面的显示结果相同，由此证明通过字符输出流同样可以输出字符数据，而且处理过程更加简洁，不需要进行字节与字符的相互转换就可以直接处理字符，由此也可以看出这两种方法的差别，字符数据一般使用字符流进行处理，而非字符数据则必须使用字节流。

（3）修改代码，创建新的 Servlet 文件（PrintServlet2.java），可以用于向客户端传送非网页文件信息，如 Excel 文件。

编写 PrintServlet2.java 文件，发送非网页文件信息，其内容如下。

```
package info.response;
import javax.servlet.ServletException;
import javax.servlet.http.HttpServlet;
import javax.servlet.http.HttpServletRequest;
import javax.servlet.http.HttpServletResponse;
import java.io.IOException;
import java.io.PrintWriter;
public class PrintServlet2 extends HttpServlet {
public void doGet(HttpServletRequest request,HttpServletResponse response)
throws ServletException, IOException {
        response.setContentType("application/vnd.ms-excel");
        PrintWriter print = response.getWriter();
        print.println("1\t2"); // 输出信息
print.println("3\t4");
}
public void doPost(HttpServletRequest request, HttpServletResponse response)
throws ServletException, IOException {
        doGet(request, response);
}
}
```

（4）其中，response.setContentType()方法可以将响应类型设置为 Excel 文件，随后 PrinterWriter 对象 out 负责将数据输入单元格。若在代码结尾处增加一条语句 response.sendError(404)，则运行后还可以观察到错误页面提示。

4.5　获取请求参数的通用方式

4.5.1　请求参数

在讲解如何获取请求参数之前，我们先提出 3 个问题：①什么是请求参数？②什么是请求数据？③请求参数和请求数据的关系是什么？

（1）什么是请求参数？

为了能更好地回答这个问题，我们以用户登录为例，用户要想登录网址，需要进入登录页面，在登录页面输入用户名和密码，并将其提交到后台。后台会校验用户名和密码是否正确，若正确，则正常登录；若不正确，则提示用户名或密码错误。在这里，用户名和密码就是我们所说的请求参数。

（2）什么是请求数据？

请求数据是包含请求行、请求头和请求体的所有数据。

（3）请求参数和请求数据的关系是什么？

请求参数是请求数据中的部分内容，若是 GET 请求，则请求参数在请求行中；若是 POST 请求，则请求参数一般在请求体中。

对于请求参数的获取，有以下两种常用方式。

（1）GET 方式，其语法格式如下。

```
String getQueryString();
```

（2）POST 方式，其语法格式如下。

```
BufferedReader getReader();
```

4.5.2　String getQueryString()方法和 BufferedReader getReader()方法

由于通过 POST 方式请求的参数只能放入消息体中，不能像 GET 方式那样放入请求行中，所以 getQueryString()方法只适用于由 GET 方式提交的请求，用于获取请求行中的参数部分，即资源路径后问号之后的所有内容。若将 getQueryString()方法用于由 POST 方式提交的请求，我们会发现参数为 null。下面通过例 4-15 来演示。

例 4-15 getQueryString()方法测试。

（1）在 chapter04 项目的 web 根目录下编写一个表单文件 form.html，使用表单方式提交用户的请求信息。

```
<!DOCTYPE html PUBLIC "-//W3C//DTD HTML 4.01 Transitional//EN"
"http://www.w3.org/TR/html4/loose.dtd">
<html>
<head>
<meta http-equiv="Content-Type" content="text/html; charset=UTF-8">
<title>Insert title here</title>
</head>
<body>
<form action="/chapter04/RequestParamsServlet" method="GET">
用户名: <input type="text" name="username"><br>
密   码: <input type="password" name="password"><br>
爱好:
<input type="checkbox" name="hobby" value="sing">唱歌
<input type="checkbox" name="hobby" value="dance">跳舞
<input type="checkbox" name="hobby" value="football">足球<br>
<
input type="submit" value="提交">
</form>
</body>
</html>
```

在 info.request 包中编写一个名为 RequestParamsServlet 的 Servlet 类，用于获取请求参数，先使用 GET 方式提交。

编写 RequestParamsServlet.java 文件，使用 doGet()方法获取用户提交的参数，其内容如下。

```
package info.request;
import java.io.*;
import javax.servlet.*;
import javax.servlet.annotation.WebServlet;
import javax.servlet.http.*;
@WebServlet("/RequestParamsServlet")
public class RequestParamsServlet extends HttpServlet {
  public void doGet(HttpServletRequest request,
      HttpServletResponse response)throws ServletException, IOException {
//设置request对象的解码方式
```

```
request.setCharacterEncoding("utf-8");
       String param = request.getQueryString();
       response.getWriter().println(param);
}
       public void doPost(HttpServletRequest request,
           HttpServletResponse response)throws ServletException,
IOException {
          doGet(request, response);
}
}
```

（2）启动 Tomcat 服务器，在浏览器地址栏中输入 http://localhost:8080/chapter04/form.html，访问 form.html 页面，填写好表单相关信息后提交。form.html 页面中使用 GET 方式提交的结果如图 4-27 所示，我们可以看到页面上打印出了一串请求参数。

图 4-27　form.html 页面中使用 GET 方式提交的结果

（3）修改 form.html，将该表单的提交方式修改为 POST 方式。再次执行第（2）步，查看浏览器中的输出信息，发现输出为 null，如图 4-28 所示。说明 POST 方式的请求参数没有放在请求行之后，所以使用 getQueryString()方法无法获取 POST 方式的请求参数。

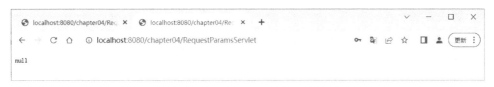

图 4-28　form.xml 页面中使用 POST 方式提交的结果

若想通过 POST 方式传递请求参数，使得服务器仍然能够获得正确的参数值，就必须修改 Servlet 中的 doPost()方法，不再只是调用 doGet()方法来实现，因为不同的提交方式中，请求参数的处理方式不同，所以在 POST 方式中需要调用 BufferedReader getReader()方法来获取请求参数。

（4）修改 RequestParamsServlet.java 文件中的 doPost()方法。

编写 RequestParamsServlet0.java 文件，使用 doPost()方法获取用户提交的参数，其内容如下。

```
package info.request;
import java.io.*;
import javax.servlet.*;
import javax.servlet.annotation.WebServlet;
import javax.servlet.http.*;
@WebServlet("/RequestParamsServlet0")
public class RequestParamsServlet0 extends HttpServlet {
public void doGet(HttpServletRequest request,
    HttpServletResponse response)throws ServletException, IOException {
//设置request对象的解码方式
```

```
request.setCharacterEncoding("utf-8");
        String param = request.getQueryString();
        response.getWriter().println(param);
    }
public void doPost(HttpServletRequest request,
    HttpServletResponse response)throws ServletException, IOException {
        BufferedReader br = request.getReader();
        String result = br.readLine();
        System.out.println(result);
    }
    }
```

（5）将 form.html 文件中表单的"action"修改为"/chapter04/RequestParamsServlet0"，"method"修改为"POST"，然后启动服务器并通过浏览器访问该页面，填写表单数据并提交，可以看到此时服务器获取到了正确的请求信息。

这种方法针对两种不同的提交方式提交的请求参数采用了不同的处理方法，使用这种方法的确可以正确地获取请求参数，但也存在代码冗余的问题，doGet()方法和 doPost()方法中的代码不同，但功能相同，都用于获取请求参数并解析，使得编码效率不高，而且不同请求方式的处理方法不同，给程序员带来了不必要的负担，因此不够理想。

为处理这个矛盾，使得无论请求参数采用哪种请求方式提交，都可以采用同一个方法进行处理，这样显然比较友好，而且能减少代码冗余，GET 请求和 POST 请求的区别主要在于获取请求参数的方式不同，那么能否提供一种统一获取请求参数的方式，从而统一doGet()方法和 doPost()方法内的代码，常见的解决方案有以下两种。

① 解决方案一。

编写 RequestParamsServlet01.java 文件，其内容如下。

```
package info.request;
import javax.servlet.ServletException;
import javax.servlet.annotation.WebServlet;
import javax.servlet.http.HttpServlet;
import javax.servlet.http.HttpServletRequest;
import javax.servlet.http.HttpServletResponse;
import java.io.BufferedReader;
import java.io.IOException;
@WebServlet( "/RequestParamsServlet01")
public class RequestParamsServlet01 extends HttpServlet {
protected void doPost(HttpServletRequest request, HttpServletResponse
response) throws ServletException, IOException {
    String method = request.getMethod();
    //获取请求参数
    String params = "";
    if("GET".equals(method)){
            params = request.getQueryString();
    }else if("POST".equals(method)){
            BufferedReader reader = request.getReader();
            params = reader.readLine();
    }
    //将请求参数打印在控制台
    System.out.println(params);
    }
```

```
    protected void doGet(HttpServletRequest request, HttpServletResponse
response) throws ServletException, IOException {
        this.doPost( request,response);
        }
    }
```

在这种解决方案中，使用 request 对象的 getMethod()方法来获取请求方式，根据请求方式的不同分别获取请求参数值，这样就可以解决上述问题，但是之后在每个 Servlet 中都需要这样编写代码，实现起来比较麻烦，这种方案在实际中并不常用。

② 解决方案二。

针对这个问题，request 对象实际上已经将上述获取请求参数的方法进行了封装，并且 request 对象提供的方法实现的功能更强大，以后只需要调用 request 对象提供的方法即可解决这个问题。我们将在 4.5.3 节介绍 request 对象提供的通用请求参数获取方法。

4.5.3　通用请求参数获取方法

要理解 request 对象提供的通用解决方法，首先要清楚在 request 对象的方法中都实现了哪些操作。

（1）根据不同的请求方式获取请求参数，获取的请求参数如图 4-29 所示。

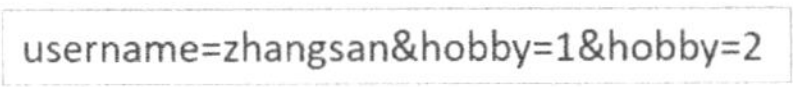
username=zhangsan&hobby=1&hobby=2

图 4-29　获取的请求参数

（2）把获取到的请求参数进行分割，如图 4-30 所示。

username=zhangsan&hobby=1&hobby=2
username=zhangsan
hobby=1
hobby=2
username
zhangsan
hobby
1
hobby
2

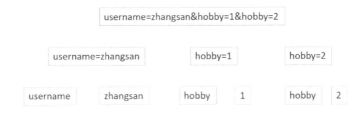

图 4-30　分割参数

（3）把分割后的请求参数存入一个 Map 集合中，如图 4-31 所示。

Map
username
zhangsan
hobby
1 , 2

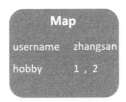

Map<String, String[ ]>

图 4-31　组建 Map

这里需要注意，因为参数的值可能有一个，也可能有多个，所以 Map 集合中值的类型为 String 数组。

由于在 request 对象的方法中实现了以上操作，所以 HttpServletRequest 接口提供了以下几个常用方法用于获取请求参数。

（1）获取所有参数的 Map 集合，其语法格式如下。

```
Map<String,String[]> getParameterMap()
```

（2）根据名称获取参数值（数组），其语法格式如下。

```
String[] getParameterValues(String name)
```

（3）根据名称获取参数值（单个值），其语法格式如下。

```
String getParameter(String name)
```

通过这些方法，我们可以方便地从 HTTP 请求信息中获取每个请求参数，而不用区分是 GET 请求还是 POST 请求。getParameter(String name)用于获取某个指定名称的参数值，若有多个参数值，则只返回第 1 个；而 getParameterValues(String name)用于返回指定名称的所有参数值，getParameterMap()方法用于返回一个包含请求消息中所有参数名和参数值形成的 Map 对象。下面我们用例 4-16 来说明它们的使用方法。

例 4-16 通用请求参数获取方法演示。

首先编写 RequestParamsServlet1.java 文件，其内容如下。

```java
package info.request;
import java.io.*;
import java.util.Map;
import javax.servlet.*;
import javax.servlet.annotation.WebServlet;
import javax.servlet.http.*;
@WebServlet("/RequestParamsServlet1")
public class RequestParamsServlet1 extends HttpServlet {
public void doGet(HttpServletRequest request,
    HttpServletResponse response)throws ServletException, IOException {
//设置request对象的解码方式
   request.setCharacterEncoding("UTF-8");
     String name = request.getParameter("username");
   //name=new String(name.getBytes("iso8859-1"),"UTF-8");
   String password = request.getParameter("password");
         System.out.println("用户名:"+ name);
         System.out.println("密码:"+ password);
   // 获取参数名为 "hobby" 的值
   String[] hobbys = request.getParameterValues("hobby");
         System.out.print("爱好:");
   for (int i = 0; i < hobbys.length; i++) {
           System.out.print(hobbys[i] + ",");
   }
       System.out.println();

   Map<String, String[]> map = request.getParameterMap();
   for (String key : map.keySet()) {
      // username:zhangsan lisi
      System.out.print(key+":");
      //获取值
      String[] values = map.get(key);
      for (String value : values) {
          System.out.print(value + " ");
      }
```

```
    System.out.println();
  }
}
public void doPost(HttpServletRequest request,
    HttpServletResponse response)throws ServletException, IOException {
      doGet(request, response);
  }
}
```

其次启动 Tomcat 服务器，在浏览器地址栏中输入 http://localhost:8080/chapter04/
form.html，填写好表单相关信息后进行提交。提交后控制台的输出信息如图 4-32 所示，我
们可以看到，在控制台中打印出了一串请求参数。

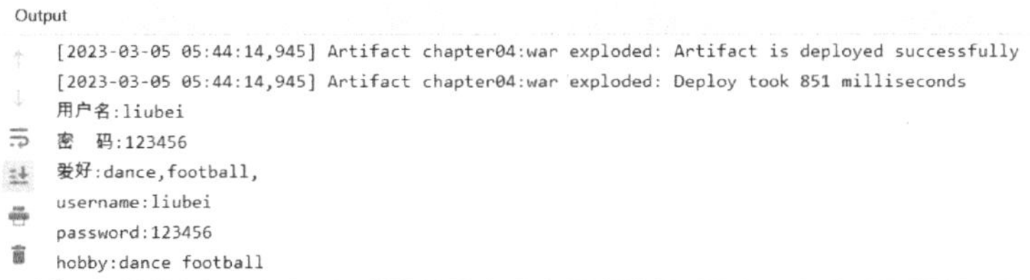

```
Output
  [2023-03-05 05:44:14,945] Artifact chapter04:war exploded: Artifact is deployed successfully
  [2023-03-05 05:44:14,945] Artifact chapter04:war exploded: Deploy took 851 milliseconds
  用户名:liubei
  密  码:123456
  爱好:dance,football,
  username:liubei
  password:123456
  hobby:dance football
```

图 4-32　控制台的输出信息

4.5.4　通过 request 对象传递数据

通过 request 对象不仅可以获取一系列数据，还可以通过属性传递数据，在 ServletRequest
接口中，定义一系列操作属性的方法，可以完成数据的传递。

1．setAttribute()方法

setAttribute()方法用于将一个对象与一个名称关联后存储到 ServletRequest 对象中，其
语法格式如下。

```
public void setAttribute(java.lang.String name,java.lang.Object o);
```

这里的 name 为属性的名称，o 为属性的值对象，若 ServletRequest 对象中已经存在指定名
称的属性，则 setAttribute()方法会先删除原来的属性，再添加新的属性。若传递给 setAttribute()
方法的属性值对象为 null，则删除指定名称的属性，此时等效于 removeAttribute()方法。

2．getAttribute()方法

getAttribute()方法用于从 ServletRequest 对象中返回指定名称的属性值对象，其语法格
式如下。

```
public java.lang.String getAttribute(java.lang.String name);
```

3．removeAttribute()方法

removeAttribute()方法用于从 ServletRequest 对象中删除指定名称的属性，其语法格式
如下。

```
public void removeAttribute(java.lang.String name);
```

4．getAttributeNames()方法

getAttributeNames()方法用于返回一个包含 ServletRequest 对象中所有属性名的
Enumeration 对象，通过此对象，我们可以对 ServletRequest 对象中的所有属性进行遍历处

理，语法格式如下。

```
public java.util.Enumeration getAttributeNames();
```

只有同属于一个请求的数据才可以通过 ServletRequest 对象进行传递，我们将在后续章节中演示这些方法的具体使用，此处仅做了解即可。

4.6 响应信息中输出中文乱码问题和请求信息中中文请求参数乱码问题

由于计算机中的数据是以二进制形式存储的，所以当传输文本时，就会发生字符和字节之间的转换，字符转换成字节称为编码，而字节转换成字符称为解码，若编码与解码使用的码表不一致，则会导致乱码问题。通过 Servlet 返回的响应信息和提交的请求信息，由于同时涉及客户端和服务器端，而两端所采用的码表未必相同，尤其是涉及中文时，很可能会出现乱码问题。本节就以实例的形式来说明如何在 Servlet 传递信息的过程中解决中文乱码的问题。

此乱码问题分为两类，分别为响应信息中输出中文乱码问题，以及请求信息中中文请求参数乱码问题。二者产生的原因不同，因此处理方法也不同。

4.6.1 响应信息中输出中文乱码问题

下面我们给出例 4-17，并分步骤演示出现的问题。

1. 创建一个 Servlet

在 chapter04 项目的 response 包中编写一个名为 ChineseServlet 的类，在该类中定义一个中文字符串，然后使用字符输出流进行输出。

例 4-17 响应信息中输出中文乱码问题演示。

编写 ChineseServlet.java 文件，其内容如下。

```
packageinfo.response;
import java.io.*;
import javax.servlet.*;
importjavax.servlet.annotation.WebServlet;
import javax.servlet.http.*;
@WebServlet(urlPatterns = "/ChineseServlet")
public class ChineseServlet extends HttpServlet {
public void doGet(HttpServletRequest request,HttpServletResponse
response)throws  ServletException, IOException {
String data = "中国";
    PrintWriter out = response.getWriter();
    out.println(data);
}
public void doPost(HttpServletRequest request,
    HttpServletResponse response)throws ServletException, IOException {
    doGet(request, response);
    }
}
```

2．配置映射信息，查看运行结果

启动 Tomcat 服务器，在浏览器地址栏中输入 http://localhost:8080/chapter04/ChineseServlet，ChineseServlet 页面的显示结果如图 4-33 所示。

图 4-33　ChineseServlet 页面的显示结果

可见，浏览器中的网页显示结果出现乱码，其原因是 response 对象的字符输出流在编码时默认采用 ISO-8859-1 码表，但该码表不兼容中文，会将"中国"编码为"63 63[①]"。浏览器在接收到数据后进行解码，会采用默认的码表 GB2312，将码"63"解码为"？"，所以我们看到浏览器页面中显示"？？"。

3．修改 Servlet，再次运行查看结果

要解决响应信息中输出中文乱码问题，只需要将服务器端与客户端的码表设置成一致的。在 HttpServletResponse 接口中提供一个 setCharacterEncoding()方法，可以设置服务器端字符的编码方式。接下来对 ChineseServlet.java 文件进行修改，增加一行代码，设置字符编码为 UTF-8 编码，具体代码如下。

```
response.setCharacterEncoding("UTF-8");
```

以上操作只是将服务器端的响应的编码方式设置好，此外还必须将浏览器端要采用的解码方式也设置成一致的：将默认解码方式 GB2312 修改为 UTF-8，如此才能解决中文输出乱码的问题。这可以通过 Servlet 设置响应消息来通知浏览器实现，具体有以下两种设置方式。

（1）第 1 种方式。

```
response.setCharacterEncoding("UTF-8");//设置响应对象使用UTF-8编码
response.setHeader("Content-Type","text/html;charset=UFT-8");//通知浏览器
```

（2）第 2 种方式。

```
response.setContentType("text/html;charset=UTF-8");//包含第1种方式的两个功能
```

第 2 种方式将第 1 种方式的两条语句用一条语句来实现，实现的功能相同，比较起来更为简洁，通常情况下多采用第 2 种方式。下面我们使用第 2 种方式来解决浏览器端输出中文乱码问题，修改后的代码如下。

编写 ChineseServlet.java 文件，解决浏览器端输出中文乱码问题，其内容如下。

```
packageinfo.response;
import java.io.*;
import javax.servlet.*;
    importjavax.servlet.annotation.WebServlet;
    import javax.servlet.http.*;
@WebServlet(urlPatterns = "/ChineseServlet")
public class ChineseServlet extends HttpServlet {
public void doGet(HttpServletRequest request,
```

---

① 在 ISO-8859-1 码表中查不到的字符一律被编码为 63。

```
HttpServletResponse response)throws ServletException, IOException {
//设置字符编码
response.setContentType("text/html;charset=utf-8");
String data = "中国";
    PrintWriter out = response.getWriter();
    out.println(data);
}
public void doPost(HttpServletRequest request,
HttpServletResponse response)throws ServletException, IOException {
    doGet(request, response);
    }
}
```

启动 Tomcat 服务器，在浏览器地址栏中输入 http://localhost:8080/chapter04/ChineseServlet，浏览器显示了正确的中文字符，如图 4-34 所示。

图 4-34　浏览器显示正确的中文字符

4.6.2　请求信息中中文请求参数乱码问题

将响应信息编码为 UTF-8 只是解决了 HTTP 响应消息的中文信息输出乱码问题，而通过 HTTP 请求消息发送的参数中仍然会出现中文乱码的问题，这就需要我们使用另外的方法来解决。在例 4-16 中，通过表单向服务器端传递请求参数，表单中输入的参数使用中文，访问页面如图 4-35 所示。

图 4-35　访问页面

单击"提交"按钮，在控制台中用户名显示为乱码，如图 4-36 所示。

图 4-36　控制台显示

分析请求消息出现中文乱码的原因，由于 HTML 设置了浏览器采用 UTF-8 进行编码，而服务器端却采用了默认的 ISO-8859-1 进行解码，编码与解码使用的码表不一致，从而导致乱码问题出现。

为解决请求参数中的中文乱码问题，只要使得字符串的编码和解码采用同一码表就可以实现。HTML 页面中的编码默认采用 UTF-8 编码，兼容中文，不必修改，Tomcat 服务器端默认采用 ISO-8859-1 解码，不兼容中文，所以只要将服务器端的解码修改为同样的 UTF-8 编码就可以解决问题。在 HttpServletRequest 接口中，正好提供了一个 setCharacterEncoding() 方法，可以设置 request 对象的解码方式，只要将 request 对象解码码表设置成与编码码表一致的，就可以解决问题。我们尝试使用此方法在文件中修改 request 对象的解码方式为 UTF-8，然后进行访问测试，发现请求参数中的编码得到了正常显示，当然为了在 HTML 网页中显示中文，响应信息的编码也做了相应的设置。为了确保设置请求对象字符编码的语句绝对有效，需要将其作为 Servlet 的第一条语句，防止没有设置成正确的解码方式就获取请求信息，修改后的代码见例 4-18。

例 4-18 请求信息中中文请求参数乱码问题解决方法演示。

编写 RequestParamsServlet1.java 文件，其内容如下。

```java
package info.request;
import java.io.*;
import javax.servlet.*;
import javax.servlet.http.*;
public class RequestParamsServlet1 extends HttpServlet {
public void doGet(HttpServletRequest request,
    HttpServletResponse response)throws ServletException, IOException {
    //设置request对象的解码方式
request.setCharacterEncoding("UTF-8");
    String name = request.getParameter("username");
    //name=newString(name.getBytes("iso8859-1"),"utf-8");
    String password = request.getParameter("password");
    System.out.println("用户名:" + name);
    System.out.println("密  码:" + password);
    //获取参数名为 "hobby" 的值
    String[] hobbys = request.getParameterValues("hobby");
    System.out.print("爱好:");
    for (int i = 0; i < hobbys.length; i++) {
    System.out.print(hobbys[i] + ",");
    }
}

public void doPost(HttpServletRequest request,
    HttpServletResponse response)throws ServletException, IOException {
    doGet(request, response);
    }
}
```

再通过请求对象获得参数值时，就不会出现乱码现象了，控制台显示结果如图 4-37 所示。

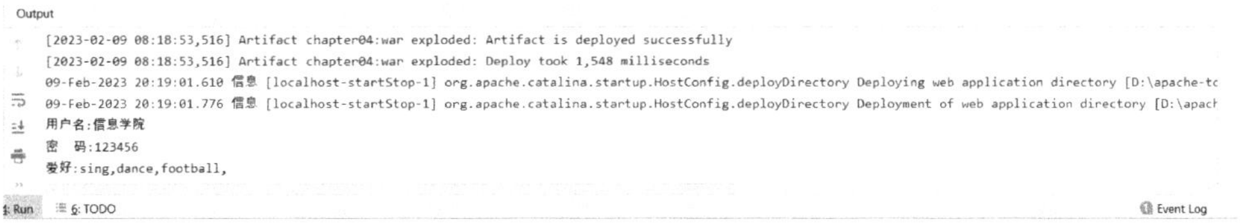

图 4-37 控制台显示结果

4.7　请求重定向和请求转发

在 Web 开发中，Servlet 经常充当控制器的角色，可以用来处理来自 JSP 页面或 HTML 页面的请求，然后跳转到目标页面显示结果，为此，Servlet 必须能够实现跳转。Servlet 能够实现的跳转有两种类型：请求重定向和请求转发。这两种跳转类型的工作原理大不相同，下面分别详细介绍。

4.7.1　请求重定向

在某些情况下，一个 Servlet 类可能无法完成客户端的请求任务，这时就可以用请求重定向来完成。所谓请求重定向是指 Web 服务器接收到客户端的请求后，可能由于某些条件限制，不能完成当前请求 URL 所指向的 Web 资源，而是指定一个新的资源路径，让客户端重新发送请求，相当于重新发送一个 HTTP 请求。为了清楚地说明工作原理，我们给出重定向的工作原理，如图 4-38 所示。

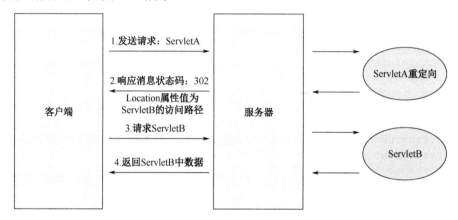

图 4-38　重定向的工作原理

从图 4-38 中我们可以看到，客户端发送请求给服务器，服务器中对应的资源 ServletA 接收到请求，ServletA 现在无法处理该请求，就会给客户端发送一个响应消息，该响应消息中的状态码为 302，Location 属性值为 ServletB 的访问路径，客户端接收到该响应消息后，就会重新发送请求到 Location 属性值对应的访问地址去访问 ServletB，ServletB 在接收到请求后进行处理并最终返回客户端响应结果。

为了能够实现重定向，客户端在访问 Servlet 的过程中，必须能够获取目标资源的地址，可以通过设置相应的响应消息头字段来实现。可以通过调用以下两个方法向客户端返回重定向资源路径。

```
response.setStatus(302);
response.setHeader("Location","目标资源访问路径")
```

虽然这种方法能够实现重定向功能，但是从设置重定向的两行代码来看，会发现除了重定向的地址不一样，其他的内容都是一模一样的，所以 request 对象给我们提供了简化的编写方式。HttpServletResponse 接口中定义了一个 sendRedirected()方法，也可以用于实现请求重定向，此方法用于生成 302 响应消息状态码和 Location 响应头，从而通知客户端重新访问 Location 响应头中指定的 URL，实现重定向，此种方法只需要调用一条语句，相比前一个方法更为简洁。

sendRedirected()方法的完整语法如下。

```
public void sendRedirec(java.lang.String location)throw
java.io.IOException
```

参数 location 可以使用相对 URL 和绝对 URL，当使用相对 URL 时，Web 服务器会自动将其转换为绝对 URL，再生成 Location 头字段。我们可以通过一幅图来描述 sendRedirected()方法的工作原理，如图 4-39 所示。

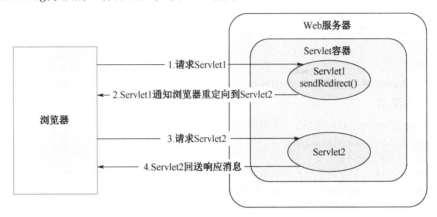

图 4-39　sendRedirected()方法的工作原理

从图 4-39 中可以发现，当浏览器访问 Servlet1 时，由于 Servlet1 调用 sendRedirected()方法将请求重定向到Servlet2，所以 Web 服务器会再次收到浏览器对 Servlet2 的请求消息，Servlet2 处理完请求消息后，再将响应消息回送给浏览器进行显示。下面我们通过一个用户登录案例来讲解 sendRedirected()方法的使用，具体步骤如例 4-19 所示。

例 4-19 请求重定向的实现。

（1）在 chapter04 项目的 Web 目录下编写用户登录页面 login.html 和登录成功页面 welcome.html。

编写 login.html 文件，实现用户登录操作，其内容如下。

```
<!DOCTYPEhtml PUBLIC "-//W3C//DTD HTML 4.01 Transitional//EN"
"http://www.w3.org/TR/html4/loose.dtd">
<html>
<head>
<metahttp-equiv="Content-Type" content="text/html; charset=UTF-8">
<title>Insert title here</title>
</head>
<body>
```

编写 welcome.html 文件，其内容如下。

```
<!--把表单内容提交到chapter04工程下的LoginServlet-->
<form action="/chapter04/LoginServlet" method="post">
用户名: <input type="text" name="username" /><br>
密   码: <input type="password" name="password" /><br>
<
input type="submit" value="登录" />
</form>
```

```
</body>
</html>

<!DOCTYPEhtml PUBLIC "-//W3C//DTD HTML 4.01 Transitional//EN"
                     "http://www.w3.org/TR/html4/loose.dtd">
<html>
<head>
<meta http-equiv="Content-Type" content="text/html; charset=UTF-8">
<title>Insert title here</title>
</head>
<body>
欢迎你，登录成功！
</body>
</html>
```

（2）在 chapter04 项目的 chapter04.response 包中编写一个名为 LoginServlet 的类，用于处理用户登录请求。

编写 LoginServlet.java 文件，其内容如下。

```java
package info.response;
import java.io.*;
import javax.servlet.*;
import javax.servlet.annotation.WebServlet;
import javax.servlet.http.*;
@WebServlet(urlPatterns = "/LoginServlet")
public class LoginServlet extends HttpServlet {
public void doGet(HttpServletRequest request,
     HttpServletResponse response)throws ServletException, IOException {
   response.setContentType("text/html;charset=utf-8");
   // 用request对象的getParameter()方法获取用户名和密码
   String username = request.getParameter("username");
String password = request.getParameter("password");
   if (("ynufe").equals(username)&&("123").equals(password)) {
   // 如果用户名和密码正确，那么重定向到 welcome.html页面
   response.sendRedirect("/chapter04/welcome.html");
   }
   else
   response.sendRedirect("/chapter04/login.html");
   }
}
public void doPost(HttpServletRequest request,
    HttpServletResponse response) throws ServletException, IOException {
   doGet(request, response);
}
}
```

在 LoginServlet 类中，首先通过 getParameter()方法分别获取用户名和密码，其次判断表单中输入的用户名和密码是否为指定的"ynufe"和"123"，若是则将请求重定向到 welcome.html 页面，否则重定向到 login.html 页面。

（3）启动 Tomcat 服务器，在浏览器地址栏中输入 http://localhost:8080/chapter04/login.html，访问登录页面，如图 4-40 所示。

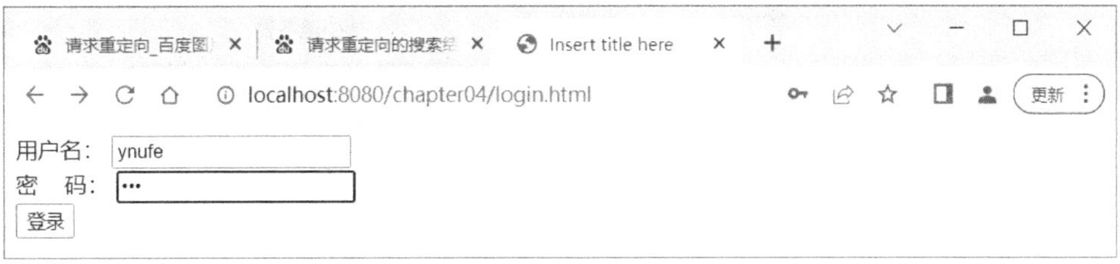

图 4-40　登录页面

假设用户名和密码分别为"ynufe""123"，单击"登录"按钮，浏览器显示登录成功，如图 4-41 所示。

图 4-41　登录结果

由图 4-41 可知，若用户名和密码输入正确，浏览器会跳转到 welcome.html 页面；若不正确，则跳转到 login.html 页面。

响应的重定向能够达到从一个资源跳转到另一个资源的目的，它类似于我们在生活中拨打查号电话 114 的场景，用户完成访问需要提交两次请求，一次由表单 action 指定，另一次则由 Servlet 中的重定向语句提交。

重定向的特点如下。

（1）当进行重定向访问时，由于浏览器前后共发送了两次请求，所以浏览器地址栏路径会发生变化。

（2）重定向可以跳转到任意位置的资源（内外部资源均可）。因为第一次响应结果中包含了浏览器下次要跳转的路径，所以这个路径可以是任意位置。

（3）重定向执行了两次请求，不能通过 request 对象在多个资源之间共享数据，因为浏览器发送了两次请求，这两次请求对应的是两个不同的 request 对象，所以无法通过 request 对象进行数据共享。

4.7.2　请求转发

请求转发也称为服务区内跳转。请求转发是当接收到客户端请求时，当前 Servlet 不想处理这个请求，而是将当前请求传递给其他 Web 资源（一般是另一个 Servlet）进行处理，其本质也是一种资源跳转方式。

为了使读者更好地理解，我们用一张图来说明请求转发的工作原理，如图 4-42 所示。

从图 4-42 中可以看到，浏览器发送请求给 Web 服务器，Web 服务器中对应的 Servlet1 接收到请求，并在处理完请求后将请求发送给 Servlet2，Servlet2 处理完请求后才将结果响应给浏览器。

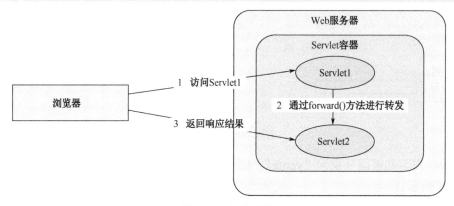

图 4-42   请求转发

请求转发可以通过调用 RequestDispatcher 接口的实例对象来实现。具体来说就是调用 RequestDispatcher.forward()方法，从调用语法中我们看到，请求转发方法是属于 RequestDispatcher 对象的，所以我们首先要了解 RequestDispatcher 接口。RequestDispatcher 接口是 Servlet API 提供的一个接口，主要用于进行转发处理。我们可以通过 ServletRequest 接口中的方法获取一个 RequestDispatcher 对象，语法格式如下。

```
RequestDispatcher getRequestDispatcher(String path);
```

获取 RequestDispatcher 对象后，就可以使用它的方法来进行请求转发处理了。其中主要的方法就是 forward()方法和 include()方法，如表 4-5 所示。

表 4-5   RequestDispatcher 对象中的方法

方法	描述
public void forward(ServletRequest request,ServletResponse response)throws ServletException,java.io.IOException	将 Servlet 的请求转发到服务器上的另一个资源（Servlet、JSP 文件或 HTML 文件）
public void include(ServletRequest request,ServletResponse response)throws ServletException,java.io.IOException	在响应中包含资源的内容（Servlet、JSP 页面或 HTML 文件）

这两个方法非常类似，唯一不同在于：利用 include()方法将 HTTP 请求转发给其他 Servlet 后，被调用的 Servlet 虽然可以处理这个 HTTP 请求，但最后的主导权仍然属于原来的 Servlet。换言之，被调用的 Servlet 如果产生任何 HTTP 响应，将会被并入原来的 response 对象，而 forward()方法的响应则由被调用的 Servlet 决定。

在请求转发时，跳转是发生在服务器内部的，客户端甚至都不知道发生了跳转，因此浏览器地址栏中的地址在跳转时不发生变化；而前一次请求的重定向，则发生在客户端的跳转过程中，客户端明确知道发生了跳转，浏览器地址栏明显发生了改变。因此，这两种跳转是明显不同的。下面我们通过例 4-20 来讲解请求转发的实现。

例 4-20   请求转发的实现。

在 chapter04 项目的 info.request 包中编写一个名为 RequestForwardServlet 的类，该类中使用 forward()方法将请求转发到一个新的 Servlet，即 ResultServlet。

编写 RequestForwardServlet.java 文件，将用户请求进行转发，其内容如下。

```
package info.request;
import java.io.IOException;
import javax.servlet.*;
```

```java
import javax.servlet.annotation.WebServlet;
import javax.servlet.http.*;
@WebServlet("/RequestForwardServlet")
public class RequestForwardServlet extends HttpServlet {
public void doGet(HttpServletRequest request,
    HttpServletResponse response)throws ServletException, IOException {
  response.setContentType("text/html;charset=utf-8");
//将数据存储到request对象中
request.setAttribute("university", "云南财经大学");
RequestDispatcher dp= request.getRequestDispatcher("/ResultServlet");
  dp.forward(request, response);
}
public void doPost(HttpServletRequest request,
    HttpServletResponse response)throws ServletException, IOException {
  doGet(request, response);
}
}
```

通过 forward()方法，将当前 Servlet 的请求转发到 ResultServlet，ResultServlet 获取保存在 request 对象中的数据并输出。

编写 ResultServlet.java 文件，处理转发过来的用户请求，其内容如下。

```java
package info.request;
import java.io.*;
import javax.servlet.*;
import javax.servlet.annotation.WebServlet;
import javax.servlet.http.*;
@WebServlet("/ResultServlet")
public class ResultServlet extends HttpServlet {
public void doGet(HttpServletRequest request,
    HttpServletResponse response)throws ServletException, IOException {
  response.setContentType("text/html;charset=utf-8");
// 获取PrintWriter对象用于输出信息
PrintWriter out = response.getWriter();
  // 获取request对象中保存的数据
  String university = (String) request.getAttribute("university");
  if (university != null) {
    out.println("学校公司名称: " + university + "<br>");
  }
}
public void doPost(HttpServletRequest request,
    HttpServletResponse response)throws ServletException, IOException {
  doGet(request, response);
}
}
```

启动 Tomcat 服务器，在浏览器地址栏中输入 http://localhost:8080/chapter04/RequestForwardServlet，RequestForwardServlet 页面的显示结果如图 4-43 所示。

从图 4-43 中可以看到，浏览器地址栏中的地址没有发生变化，但浏览器中却显示了 RequestServlet 中输出的内容，这是因为请求转发发生在服务器中。

99

图 4-43   RequestForwardServlet 页面的显示结果

请求转发的特点如下。

浏览器地址栏的路径在访问时不发生变化，只能转发到当前服务器的内部资源中，不能从一台服务器通过转发访问到另一台服务器，一次请求可以在转发资源间使用 request 共享数据。

4.7.3   路径配置

通过例 4-19 和例 4-20，我们可以看到在请求转发时路径中没有"/chapter04"，而在请求重定向时则有。那么什么时候需要"/chapter04"，什么时候不需要呢？

其实判断的依据很简单，只需要记住下面的规则即可。访问路径如果是提供给浏览器访问使用的，则需要加虚拟目录（项目访问路径）；而如果访问路径是提供给服务器端访问使用的，则不需要加虚拟目录。对于转发来说，因为是在服务端进行的，所以不需要加虚拟目录；对于重定向来说，路径最终是由浏览器来发送请求的，这时就需要添加虚拟目录。

路径配置中还存在另一个问题，那就是在重定向的代码中，"/chapter04"是固定编码的，如果后期通过 Tomcat 插件配置了项目的访问路径，那么所有需要重定向的地方都需要重新修改。这个工作量很大，容易导致不一致现象而引发错误，那么是否存在优化方法呢？

答案也比较简单，我们可以在代码中动态获取项目访问的虚拟目录，具体来说，我们可以借助 request 对象中的 getContextPath()方法来获取，修改例 4-19 中对 response.sendRedirect()方法的调用，修改后的代码如下。

```
String contextPath = request.getContextPath();
      response.sendRedirect(contextPath+"目标资源URL");
```

如此修改，则使得原来的功能不变，解决了修改虚拟目录带来的不一致问题，而且可以动态获取项目访问的虚拟路径，从而降低代码的耦合度。

4.8   ServletConfig 和 ServletContext

Servlet 接口的对象（Servlet 对象）实例是由容器负责创建、初始化和销毁的。当 Servlet 容器启动时，会为每个 Web 应用程序创建一个唯一的 ServletContext 接口的对象（ServletContext 对象）用来代表当前的 Web 应用程序。ServletContext 对象不仅封装了当前 Web 应用程序的所有信息，而且实现了多个 Servlet 之间的数据共享。ServletConfig 接口则定义了一系列用于获取 Servlet 配置信息的方法。当容器创建一个 Servlet 对象后，就需要获得一个 ServletConfig 接口的对象（ServletConfig 对象）完成 Servlet 对象的初始化工作。下面我们分别介绍 ServletConfig 和 ServletContext 这两个接口。

4.8.1　ServletConfig 接口

Servlet 容器在初始化一个 Servlet 时，会将该 Servlet 的配置信息封装到一个 ServletConfig 对象中，通过调用 init(ServletConfig config)方法将 ServletConfig 对象传递给 Servlet 完成初始化配置；而 Servlet 的配置信息是放在 web.xml 文档中的，通过使用一个或多个<init-param>元素来进行初始化配置。ServletConfig 对象中封装了这些配置信息，通过自身提供的一系列方法可以获取这些配置信息。ServletConfig 接口方法如表 4-6 所示。

表 4-6　ServletConfig 接口方法

方法	描述
public String getInitParameter(String name)	返回指定参数名称的参数值
public Enumeration getInitParameterNames()	返回所有初始化参数名称的枚举
public String getServletName()	返回 Servlet 的名称
public ServletContext getServletContext()	返回 ServletContext 对象

接下来以 getInitParameter()方法为例，分步骤演示如何获取 web.xml 中的配置信息。

（1）编写类，用于读取注解配置的参数信息，并将其显示在页面上。

例 4-21　获取 web.xml 文件中的配置信息。

编写 TestServlet00.java 文件，其内容如下。

```
package info.servlet;
import javax.servlet.ServletConfig;
import javax.servlet.ServletException;
import javax.servlet.annotation.WebInitParam;
import javax.servlet.annotation.WebServlet;
import javax.servlet.http.HttpServlet;
import javax.servlet.http.HttpServletRequest;
import javax.servlet.http.HttpServletResponse;
import java.io.IOException;
import java.io.PrintWriter;
@WebServlet(urlPatterns = "/TestServlet00",InitParams = {@WebInitParam
(name="encoding", value ="UTF-8")})
public class TestServlet00 extends HttpServlet {
protected void doGet(HttpServletRequest request,
    HttpServletResponse response) throws ServletException, IOException {
    PrintWriter out = response.getWriter();
    //获得ServletConfig对象
    ServletConfig config = this.getServletConfig();
    //获得参数名为encoding对应的参数值
    String param = config.getInitParameter("encoding");
    out.println("encoding=" + param);
    }
protected void doPost(HttpServletRequest request,
    HttpServletResponse response) throws ServletException, IOException {
    this.doGet(request, response);
    }
}
```

其中，在注解@WebServlet(urlPatterns = "/TestServlet00",initParams = {@WebInitParam (name="encoding",value ="UTF-8")})中，通过 initParams 设置了初始化参数 encoding = "encoding"。然后在 doGet()方法中采用 ServletConfig 对象将这个初始化参数读取出来并显示在页面上。

（2）启动服务器，在浏览器地址栏中输入 http://localhost:8080/chapter04/TestServlet00，结果如图 4-44 所示。

图 4-44　TestServlet00 页面的显示结果

很明显，配置参数信息被读了出来，由此可见，通过 ServletConfig 对象可以获得 web.xml 文件中的参数信息。

4.8.2　ServletContext 接口

ServletContext 对象代表当前的 Web 应用程序，封装了当前 Web 应用程序的所有信息。通过 ServletContext 接口我们可以执行很多重要的工作。ServletContext 接口方法如表 4-7 所示。

表 4-7　ServletContext 接口方法

方法	描述
public String getInitParameter(String name)	返回指定参数名称的参数值
public Enumeration getInitParameterNames()	返回上下文的初始化参数的名称
public void setAttribute(String name,Object object)	在应用程序范围内设置给定的对象
public Object getAttribute(String name)	返回指定名称的属性
public Enumeration getInitParameterNames()	返回上下文的初始化参数的名称，作为 String 对象的枚举
public void removeAttribute(String name)	从 Servlet 的上下文中删除给定名称的属性

1. 获取 Web 应用程序的初始化参数

接下来我们将演示如何使用 ServletContext 接口来获取 Web 应用程序的初始化参数。由于@WebServlet 注解位于所映射的类之前，属于类级别，所以只能配置 Servlet 的初始化信息；而 web.xml 文件不仅可以配置 Servlet 的初始化信息，还可以配置整个 Web 应用程序的初始化信息。因此，例 4-22 将在 web.xml 文件中定义整个 Web 应用程序的初始化信息。

例 4-22　获取 Web 应用程序的初始化参数。

（1）在项目的 web.xml 文件中，配置初始化参数信息和 Servlet 信息。

```
<context-param>
<param-name>学校</param-name>
<param-value>云南财经大学</param-value>
</context-param>
<context-param>
<param-name>地址</param-name>
<param-value>昆明</param-value>
</context-param>
```

　　其中，<context-param>元素位于根元素<web-app>中，表示 Web 应用程序的参数，其子元素<param-name>和<param-value>分别表示参数的名字和值。

　　（2）要获取这些参数，可以使用 ServletContext 接口中的 getInitParameterNames()方法和 getInitParameter(String name)方法。在项目的包中，创建一个名为 TestServlet02 的类，在该类中使用 ServletContext 接口中相应的方法来获取 web.xml 中的配置信息。

　　编写 TestServlet02.java 文件，其内容如下。

```
package info.servlet;
import java.io.*;
import java.util.*;
import javax.servlet.*;
import javax.servlet.annotation.WebServlet;
import javax.servlet.http.*;
@WebServlet(urlPatterns = "/TestServlet02")
public class TestServlet02 extends HttpServlet {
public void doGet(HttpServletRequest request,
HttpServletResponse response)throws ServletException, IOException {
    response.setContentType("text/html;charset=utf-8");
   PrintWriter out = response.getWriter();
//得到ServletContext对象
ServletContext context = this.getServletContext();
    //得到包含所有初始化参数名的Enumeration对象
    Enumeration<String> paramNames = context.getInitParameterNames();
    //遍历所有的初始化参数名，得到相应的参数值，打印到控制台
    out.println("all the paramName and paramValue are following:");
    out.println("</br>");
    //遍历所有的初始化参数名，得到相应的参数值并打印
    while (paramNames.hasMoreElements()) {
        String name = paramNames.nextElement();
        String value = context.getInitParameter(name);
        out.println(name + ": " + value);
        out.println("</br>");
    }
}
public void doPost(HttpServletRequest request,
    HttpServletResponse response)throws ServletException, IOException {
    this.doGet(request, response);
}
}
```

　　在 TestServlet02.java 文件中，首先通过 this.getServletContext()方法获取 ServletContext 对象，其次调用 getInitParameterNames()方法，获取包含所有初始化参数名的 Enumeration 对象，最后遍历此 Enumeration 对象，通过 getInitParameter(String name)方法，以获取的参数名为参数，得到相应的参数值。

　　（3）启动服务器，在浏览器地址栏中输入 http://localhost:8080/chapter04/TestServlet02，TestServlet02 页面的显示结果如图 4-45 所示。

　　可以看出，在 web.xml 文件中配置的应用参数被读取了出来。因此通过 ServletContext 对象可以获取 Web 应用程序的初始化参数。

图 4-45　TestServlet02 页面的显示结果

2. 实现多个 Servlet 对象共享数据

由于一个 Web 应用程序中的 Servlet 共享同一个 ServletContext 对象，所以 ServletContext 对象的域属性可以被该 Web 应用程序中的所有 Servlet 对象访问，通过该域属性就可以在 Servlet 对象之间共享数据。为操纵 ServletContext 域属性，ServletContext 接口中提供了用于增加、删除和设置域属性的四个方法，如下所示。

（1）setAttribute(String name, java.lang.Object object)：将一个 Java 对象和一个属性名绑定，并存放在 ServletContext 中，参数 name 指定属性名，参数 object 指定共享数据。

（2）getAttribute(String name)：根据参数给定的属性名，返回一个 Object 类型的对象。

（3）getAttributeNames()：返回一个 Enumeration 对象，该对象包含了所有存放在 ServletContext 对象中的属性名。

（4）removeAttribute(String name)：根据参数指定的属性名，从 ServletContext 对象中删除匹配的属性。

下面我们通过例 4-23 来演示这些方法的使用。

在项目中创建两个 Servlet 类，这两个类分别使用 ServletContext 接口中的方法设置和获取属性值。

例 4-23 实现多个 Servlet 对象共享数据。

编写 TestServlet03.java 文件，在 ServletContext 对象中存储数据，其内容如下。

```
package info.servlet;
import java.io.*;
import javax.servlet.*;
import javax.servlet.annotation.WebServlet;
import javax.servlet.http.*;
@WebServlet(urlPatterns = "/TestServlet03")
public class TestServlet03 extends HttpServlet {
  public void doGet(HttpServletRequest request,
      HttpServletResponse response)throws ServletException, IOException {
    ServletContext context = this.getServletContext();
  //通过setAttribute()方法设置属性值
  context.setAttribute("data", "this servlet save data");
}
  public void doPost(HttpServletRequest request,
    HttpServletResponse response)throws ServletException, IOException {
  this.doGet(request, response);
  }
}
```

编写 TestServlet04.java 文件，从 ServletContext 对象中获取数据，其内容如下。

```
package info.servlet;
import java.io.*;
```

```
import javax.servlet.*;
import javax.servlet.annotation.WebServlet;
import javax.servlet.http.*;
@WebServlet(urlPatterns = "/TestServlet04")
public class TestServlet04 extends HttpServlet {
  public void doGet(HttpServletRequest request,
      HttpServletResponse response)throws ServletException, IOException {
    PrintWriter out = response.getWriter();
    ServletContext context = this.getServletContext();
    // 通过getAttribute()方法获取属性值
    String data = (String) context.getAttribute("data");
    out.println(data);
  }
public void doPost(HttpServletRequest request,
    HttpServletResponse response)throws ServletException, IOException {
 this.doGet(request, response);
}
}
```

在文件 TestServlet03.java 中，调用 setAttribute()方法设置 ServletContext 对象的属性值，在文件 TestServlet04.java 中，调用 getAttribute()方法获取 ServletContext 对象的属性值。

启动 Tomcat 服务器，首先访问 TestServlet03.java 文件，将数据存入 ServletContext 对象，然后访问 TestServlet04.java 文件，在浏览器中显示 ServletContext 对象中存储的属性值，显示获取到的属性值与存入的数据一致，由此验证了 ServletContext 对象存储的数据的确可以被其中的 Servlet 所共享，TestServlet04 页面的显示结果如图 4-46 所示。

图 4-46　TestServlet04 页面的显示结果

4.9　用户管理系统案例的后端实现

前面的章节中，我们提到 MVC 模式，它是一种软件设计模式，提供了一种按功能对软件进行模块划分的方法，MVC 模式将软件程序划分为 3 个核心模块：模型（Model）、视图（View）和控制器（Controller）。由于 MVC 模式中各功能模块相互独立，使得采用该模式的软件具有极高的可维护性、可扩展性和可复用性，因此在大多数网站中越来越流行，接下来用 Servlet 实现后端的功能，后端的 Servlet 充当控制器的角色，实现数据的提取、保存，以及视图的跳转控制功能。

在第 3 章的用户信息管理示例中，我们仅完成了前端 JSP 页面视图的功能，将 addUser.jsp 页面提交给后端的 addUser、将 editUser.jsp 页面提交给后端的 editUser，以及 userinfo.jsp 页面中的链接 deleteUser，这 3 个 Servlet 均没有实现，下面对这 3 个 Servlet 进行设计。

4.9.1　用户数据的增加

在 javaWeb 项目的 Src 包下新建一个名为 addUser 的 Servlet。

编写 addUser.java 文件，其内容如下。

```java
import dao.UserDao;
import model.User;
import javax.servlet.ServletException;
import javax.servlet.annotation.WebServlet;
import javax.servlet.http.HttpServlet;
import javax.servlet.http.HttpServletRequest;
import javax.servlet.http.HttpServletResponse;
import java.io.IOException;

@WebServlet(name = "addUser")
public class addUser extends HttpServlet {
  protected void doPost(HttpServletRequest request,  HttpServletResponse
response) throws ServletException, IOException {
    response.setContentType("text/html");
    Integer uid=Integer.valueOf( request.getParameter("userId"));
    String uname=request.getParameter("userName");
    String upwd=request.getParameter("userPwd");
    Integer urole=Integer.valueOf(request.getParameter("userRole"));
    boolean ustatus=Boolean.valueOf( request.getParameter("userStatus"));

    User user=new User();
    user.setUserId(uid);user.setUserName(uname);
    user.setPassword(upwd);user.setRole(urole);
    user.setStatus(ustatus);
        response.getWriter().println(user);

    UserDao dao=new UserDao();
    int n= dao.addUserinfo(user);
    if(n>0)
        response.sendRedirect("userinfo.jsp");
    else
        response.sendRedirect("error.jsp");
    }

  protected void doGet(HttpServletRequest request, HttpServletResponse
response) throws ServletException, IOException {
        doPost(request,response);
    }
}
```

4.9.2　用户数据的编辑

在 javaWeb 项目的 Src 包下新建一个名为 editUser 的 Servlet。

编写 editUser.java 文件，其内容如下。

```java
import dao.UserDao;
import model.User;
```

```java
import javax.servlet.ServletException;
import javax.servlet.annotation.WebServlet;
import javax.servlet.http.HttpServlet;
import javax.servlet.http.HttpServletRequest;
import javax.servlet.http.HttpServletResponse;
import java.io.IOException;

@WebServlet(name = "editUser",urlPatterns = "/editUser")
public class editUser extends HttpServlet {
protected void doPost(HttpServletRequest request, HttpServletResponse
response) throws ServletException, IOException {
response.setContentType("text/html;charset=gbk");
Integer uid=Integer.valueOf( request.getParameter("uid"));
    String uname=request.getParameter("userName");
    String upwd=request.getParameter("userPwd");
    Integer urole=Integer.valueOf(request.getParameter("userRole"));
    boolean ustatus=Boolean.valueOf( request.getParameter("userStatus"));

    User user=new User();
    user.setUserId(uid);user.setUserName(uname);
    user.setPassword(upwd);user.setRole(urole);
    user.setStatus(ustatus);
    response.getWriter().println(user);

    UserDao dao=new UserDao();
    int n= dao.updateUserinfo(user);
    if(n>0)
        response.sendRedirect("userinfo.jsp");
    else
        response.sendRedirect("error.jsp");

protected void doGet(HttpServletRequest request, HttpServletResponse
response) throws ServletException, IOException {
    doPost(request,response);    }
}
```

4.9.3 用户数据的删除

在 javaWeb 项目的 Src 包下新建一个名为 deleteUser 的 Servlet。
编写 deleteUser.java 文件，其内容如下。

```java
import dao.UserDao;
import javax.servlet.ServletException;
import javax.servlet.annotation.WebServlet;
import javax.servlet.http.HttpServlet;
import javax.servlet.http.HttpServletRequest;
import javax.servlet.http.HttpServletResponse;
import java.io.IOException;

@WebServlet(name = "deleteUser")
public class deleteUser extends HttpServlet {
  protected void doPost(HttpServletRequest request, HttpServletResponse
```

```
response) throws ServletException, IOException {  }

    protected void doGet(HttpServletRequest request, HttpServletResponse
response) throws ServletException, IOException {
      response.setContentType("text/html");
        Integer uid=Integer.valueOf( request.getParameter("uid"));
    UserDao userDao=new UserDao();
    int n=userDao.delUserinfo(uid);
    if(n>0)
        response.sendRedirect("userinfo.jsp");
    else
        response.sendRedirect("error.jsp");
    }
    }
```

完成上述 3 个 Servlet 之后，读者可以自行测试相应功能。

4.10 本章小结

本章主要介绍了 Servlet 的基本知识及其接口，以及 HttpServletRequest 对象和
HttpServletResponse 对象的使用。通过本章的学习，读者可以掌握 Servlet 接口的使用，了
解 Servlet 的生命周期，掌握如何通过 HttpServletRequest 对象和 HttpServletResponse 对象与
客户端交互信息，并实现请求转发与请求重定向等功能。本章的知识非常重要，为后续 Java
Web 的学习奠定了基础。

4.11 习题

一、单选题

1. 下列关于 HttpServlet 类的说法中，错误的是（   ）。
    A．HttpServlet 类是位于 javax.servlet.http 包下的抽象类
    B．通过继承 HttpServlet 类，可以创建与 HTTP 协议相关的 Servlet
    C．通过继承 HttpServlet 类的方式创建 Servlet 时，需要重写它的 service()方法
    D．HttpServlet 类通过一个 service()方法将 HTTP 请求和响应分别转为 HttpServletRequest
        对象和 HttpServletResponse 对象。
2. HttpServletRequest 接口中 getParameterNames()方法的返回值类型是（   ）。
    A．Object[]   B．String[]
    C．Enumeration   D．Object
3. 下列选项中，能实现转向另外一个 Servlet 的方法是（   ）。
    A．运用 javax.servlet.http.HttpServletRequest 接口的 sendRedirect()方法
    B．运用 javax.servlet.http.HttpServletResponse 接口的 sendRedirect()方法
    C．运用 javax.servlet.RequestDispatcher 接口的 sendRedirect()方法
    D．运用 javax.servlet.ResponseDispatcher 接口的 forward()方法

4．下列关于客户端访问 Tomcat 服务器中的某个静态 HTML 文件的说法中，正确的是（　　）。

    A．直接访问 HTML 等静态资源

    B．先访问缺省 Servlet，再由缺省 Servlet 决定定位静态资源

    C．先访问 HTML 静态资源，再访问缺省 Servlet

    D．以上说法都不对

5．在 Java Web 中，定义了 getSession()方法的接口是（　　）。

    A．HttpServlet

    B．HttpSession

    C．HttpServletRequest

    D．HttpServletResponse

二、填空题

1．在 HttpServletResponse 接口中，提供了一个_____方法，该方法用于设置字符的编码方式。

2．当 Tomcat 服务器初始化一个 Servlet 时，会将该 Servlet 的配置信息封装到_____对象中。

3．当传输文本时，如果编码和解码使用的码表不一致，就会导致_____问题。

4．用于强制使 session 对象无效的方法是_____。

5．Servlet 容器启动时，会为每个 Web 应用程序创建一个唯一的_____对象代表当前 Web 应用程序。

三、简答题

1．阅读下面的代码片段，请说明它的作用，如果代码有误，请指出错误并说明原因。

```
String[] names = request.getParameterNames("name");
for (int i = 0; i < names.length; i++) {
    System.out.println(names[i]+" ");
}
```

2．请列举可以获得 ServletContext 的方法。

四、程序设计

1．参考 4.9 节中的用户管理系统案例，完成用户登录功能。

2．参考 4.9 节中的用户管理系统案例，完成用户注册功能。

第 5 章　Servlet 的会话技术

📰 **学习目标**

- 了解什么是 Cookie，掌握 cookie 对象
- 了解什么是 Session，掌握 session 对象
- 学会使用 Session 对象改进用户管理系统
- 了解 URL 重写技术

当用户通过浏览器访问 Web 应用程序时，Web 服务器需要对用户的状态进行跟踪，从而能够更好地服务客户，Web 服务器跟踪用户信息所采用的技术就是会话跟踪技术。本章对会话跟踪技术进行讲解。

5.1　会话跟踪技术概述

什么是会话跟踪技术？我们要理解会话跟踪，首先要理解什么是会话。

当用户打开浏览器时，访问 Web 服务器的资源，会话建立，直到有一方断开连接，会话结束。一次会话中可以包含多次请求和响应。浏览器向 Web 服务器发出请求，一次浏览器和 Web 服务器之间的会话就被建立了，会话被建立后，若浏览器或 Web 服务器都没有被关闭，则会话继续保持，浏览器和 Web 服务器就可以继续使用该会话进行请求发送和响应，上述整个过程称为会话。

用实际场景来理解会话，比如在我们访问京东商城时，当打开浏览器进入京东商城首页后，浏览器和京东商城的 Web 服务器之间就建立了一次会话，之后的搜索商品、查看商品详情、加入购物车等操作都在这一次会话中完成。如图 5-1 所示包含 3 个会话。

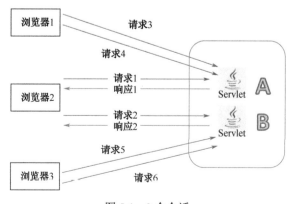

图 5-1　3 个会话

Web 服务器会收到多次请求，这多次请求可能来自多个浏览器，Web 服务器需要识别请求是否来自同一个浏览器。Web 服务器识别浏览器后可以在同一次会话的多次请求之间共享数据。会话跟踪是一种维护浏览器状态的方法，Web 服务器需要识别多次请求是否来自同一个浏览器，以便在同一次会话的多次请求间共享数据。

那么一次会话中的多次请求之间为什么要共享数据呢？

比如我们在网站上购物，加入购物车和去购物车结算是两次请求，但是去购物车结算的请求要想展示加入购物车的请求所添加的商品，就需要用到数据共享。很多网站在登录后，浏览器上会有当前登录用户的信息（用户名），需要共享数据。对于登录页面的验证码功能，生成验证码和输入验证码并点击注册是两次请求，这两次请求的数据要进行对比，若数据相同则允许注册，若不同则拒绝注册，要实现该功能，则需要在同一次会话中共享数据。

当用户通过浏览器访问 Web 服务器，需要 Web 服务器跟踪用户的状态时，这种跟踪用户信息的技术就称为会话跟踪技术。

为什么需要对会话进行跟踪呢？这是由于 Web 应用程序采用无状态的 HTTP 协议进行通信，HTTP 的无状态意味着：HTTP 协议不能记忆用户信息和相应的请求，Web 服务器把每一次请求都看作新的请求，总是根据当时提交的信息来给出响应，如此一来，Web 服务器就无法跟踪用户的会话，它会将会话中涉及的多次请求都看作新的请求，而不能将这些请求与用户关联起来，也就无法支持用户会话过程的实现。因此，要想实现用户的会话，就需要采用某种会话跟踪技术，记住用户和其请求，将单个无状态的 HTTP 请求转换为整体有状态的 Web 应用程序。

会话跟踪技术的原理比较简单，当服务器收到客户端第一次发来的请求时，服务器会生成一个唯一的标识符，即会话 ID，客户端随后发送的每一次请求中都必须包含这个会话 ID。服务器可以通过该会话 ID 来识别用户的请求属于哪一次会话，这样就把用户和该用户的一系列请求关联起来，从而实现用户会话跟踪。

在实际应用中，我们既可以选择手动生成并管理会话 ID（采用 Cookie 技术、URL 重写技术或隐藏表单字段技术来实现），也可以采用 Servlet 提供的会话跟踪 API，自动生成并管理会话 ID。

手动实现会话跟踪技术，面临大量重复性工作，而且容易出错。为此，Servlet 提供了一个非常方便的自动会话跟踪方法，即 HttpSession 接口，通过此接口，程序员在更高层次解决问题，从而摆脱底层的复杂操作。Servlet 容器负责 HttpSession 接口的实现，在需要进行会话跟踪的时候，通过调用此接口中相应的方法，Servlet 容器会创建会话对象，通过会话对象 HttpSession 的相应方法可以存取用户的会话 ID 的相关信息，从而实现会话跟踪。HttpSession 底层是基于 Cookie 技术或 URL 重写技术实现的，若客户端支持 Cookie 技术，则优先使用 Cookie 技术进行会话跟踪，并不需要直接操纵 cookie 对象，若用户端禁用 Cookie 技术，则自动使用 URL 重写技术来进行跟踪。因此，我们在本节将重点阐述 HttpSession 接口的使用，在实际开发中，程序员只需要掌握 HttpSession 接口就基本够用了，但为了更好地了解 HttpSession 接口的工作原理，还是有必要介绍一下 Cookie 技术与 URL 重写技术。

5.2 浏览器会话 Cookie 技术

浏览器会话 Cookie 技术是一种会话技术，它将会话过程中的数据保存到用户浏览器中，从而可以跟踪会话，使得浏览器与服务器可以进行数据交互。

5.2.1 Cookie

要想掌握浏览器会话 Cookie 技术，首先要知道 Cookie 是什么。

当用户在购物时，商场经常喜欢向用户赠送会员卡，会员卡上记录了用户的一些个人信息，当用户再次来到商场时，只要出示这张会员卡，商场就可以根据会员卡上的信息了解用户，做出适当的商品推荐、打折和积分服务等，这样既方便了用户也方便了商场。在 Web 应用程序中，Cookie 相当于这张会员卡，当用户通过浏览器访问 Web 服务器时，Web 服务器会向客户端发送一些能标识其身份的信息，这些信息就保存在 Cookie 中，当浏览器再次访问 Web 服务器时，会将这个 Cookie 附在请求头中发送给 Web 服务器，凭借此 Cookie，Web 服务器能够识别出客户端，从而可以对客户端做出正确的响应。

要想正确地使用 Cookie 实现会话跟踪，我们必须了解它的使用方法。首先，当浏览器第一次访问 Web 服务器时，Web 服务器会产生一个 Cookie，其次在 HTTP 响应消息头字段中增加 Set-Cookie 响应头字段并附上这个 Cookie，其语法格式如下。

```
Set-Cookie: user=info; Path=/;
```

user 表示 Cookie 的名称，info 表示 Cookie 的值，Path 表示 Cookie 的属性，/表示属性的值。Cookie 必须以键值对的形式存在，属性可以有多个，属性之间必须用分号和空格分隔。下面我们用一幅图来描述 Cookie 的工作原理（见图 5-2）。

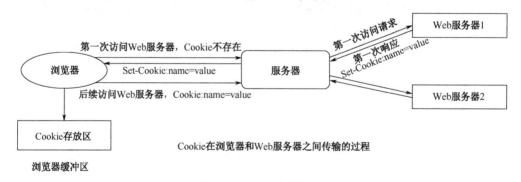

图 5-2　Cookie 工作原理

图 5-2 描述了 Cookie 在浏览器和 Web 服务器之间的传输过程。当用户第 1 次访问 Web 服务器时，Web 服务器会在响应消息头中增加 Set-Cookie 头字段，并将用户信息以 Cookie 的形式发送给浏览器。浏览器一旦接收了 Web 服务器发回的 Cookie，就会将其保存在浏览器的缓冲区中，当浏览器后续访问该 Web 服务器时，就会在请求消息中将用户信息以 Cookie 的形式发送到 Web 服务器，从而使 Web 服务器能分辨出当前请求是哪个用户发来的，从而实现了用户会话跟踪。

5.2.2　Cookie API

为了封装 Cookie 信息，Servlet API 提供了一个 javax.servlet.http.Cookie 类，该类包含生成 Cookie 信息和获取 Cookie 信息的方法，下面介绍一些主要方法。

1. 构造方法

Cookie 类仅有一个构造方法，如下所示。

```
Public Cookie(java.lang.String name,java.lang.String value)
```

参数 name 用于指定 Cookie 的名称，value 用于指定 Cookie 的值，Cookie 一旦被创建，名称就不能修改了，但其值可以修改，并允许修改为任何值。

2. 常用方法

Cookie 一旦创建完成，我们便可以调用它的任何方法了，常用方法如表 5-1 所示。

表 5-1　Cookie 的常用方法

方法	描述
public void setDomain(String pattern)	该方法用于设置 Cookie 适用的域，如 runoob.com
public String getDomain()	该方法用于获取 Cookie 适用的域，如 runoob.com
public void setMaxAge(int expiry)	该方法用于设置 Cookie 过期的时间（以秒为单位）。若不这样设置，Cookie 只会在当前会话中持续有效
public int getMaxAge()	该方法返回 Cookie 的最大生存周期（以秒为单位），默认情况下，−1 表示 Cookie 将持续下去，直到浏览器关闭
public String getName()	该方法返回 Cookie 的名称。名称在创建后不能改变
public void setValue(String newValue)	该方法用于设置与 Cookie 关联的值
public String getValue()	该方法用于获取与 Cookie 关联的值
public void setPath(String uri)	该方法用于设置 Cookie 适用的路径。若不指定路径，则与当前页面相同目录下的（包括子目录下的）所有 URL 都会返回 Cookie
public String getPath()	该方法用于获取 Cookie 适用的路径
public void setSecure(boolean flag)。	该方法用于设置布尔值，表示 Cookie 是否应该只在加密的连接（SSL）上发送
public void setComment(String purpose)	该方法用于设置 Cookie 的注释。该注释在浏览器向用户呈现 Cookie 时非常有用
public String getComment()	该方法用于获取 Cookie 的注释。若 Cookie 没有注释，则返回 null

通过 Servlet 设置 Cookie 主要有 3 个步骤。

（1）创建一个 cookie 对象：用户可以调用带有 Cookie 名称和 Cookie 值的 Cookie 构造函数，Cookie 名称和 Cookie 值都是字符串。

```
Cookie cookie = new Cookie("key","value");
```

无论是名称还是值，都不应该包含空格或以下任何字符：[ ] ( ) = , " / ? @ : ; 。

（2）设置最大生存周期：用户可以使用 setMaxAge()方法来指定 Cookie 能够保持有效的时间（以秒为单位）。下面设置一个最长有效期为 24 小时的 Cookie，代码如下。

```
cookie.setMaxAge(60*60*24);
```

（3）发送 Cookie 到 HTTP 响应头：用户可以使用 response.addCookie()方法来添加 HTTP 响应头中的 Cookie，语法如下。

```
response.addCookie(cookie);
```

5.2.3 Cookie 实例

下面我们通过例 5-1，来演示 Cookie 会话跟踪技术的使用。本例的功能是显示用户上一次的访问时间。为使读者清楚地看到这个过程，我们将分步骤进行演示。

1. 创建 Servlet

新建 Web 项目 chapter05，并在该项目下新建一个名为 ynufe.info.chapter05.cookie 的包，在该包中编写一个名为 LastAccessServlet 的 Servlet 类，用于获取 Cookie 信息并将当前时间作为 Cookie 值发送给客户端。

例 5-1 显示用户上一次的访问时间。

编写 LastAccessServlet.java 文件，其内容如下。

```java
package chapter05.cookie.example;
import java.io.IOException;
import java.text.SimpleDateFormat;
import java.util.Date;
import javax.servlet.ServletException;
import javax.servlet.annotation.WebServlet;
import javax.servlet.http.*;
@WebServlet("/LastAccessServlet")
public class LastAccessServlet extends HttpServlet {
    private static final long serialVersionUID = 1L;
    public void doGet(HttpServletRequest request,HttpServletResponse
response) throws ServletException, IOException {
        // 指定服务器输出内容的编码方式为UTF-8，防止发生乱码
        response.setContentType("text/html;charset=UTF-8");
        String lastAccessTime = null;
        // 获取所有的Cookie，并将这些Cookie存放在数组中
        Cookie[] cookies = request.getCookies();

        // 遍历cookies数组
        for (int i = 0; cookies != null && i < cookies.length; i++) {
            if ("lastAccess".equals(cookies[i].getName())) {
                // 如果Cookie的名称为lastAccess,则获取该Cookie的值
                lastAccessTime = cookies[i].getValue();
                break;
            }
        }
        // 判断是否存在名称为lastAccess的Cookie
        if (lastAccessTime == null) {
            response.getWriter().print("您是首次访问本站！！！");
        } else {
            response.getWriter().print("您上次的访问时间是： " + new
Date(Long.parseLong(lastAccessTime)));
        }
        // 创建Cookie,将当前时间作为Cookie的值发送给客户端
        String currentTime = String.valueOf( new Date().getTime());
        Cookie cookie = new Cookie("lastAccess",currentTime);
        //cookie.setMaxAge(60*60); //设置Cookie最大存在时间
```

```
    // 发送Cookie
    response.addCookie(cookie);
}
public void doPost(HttpServletRequest req, HttpServletResponse resp) throws
ServletException, IOException {
        this.doPost(req, resp);
}
}
```

2. 启动服务器，查看运行效果

启动 Tomcat 服务器，在浏览器地址栏中输入 http://localhost:8080/chapter05/LastAccessServlet，由于是第一次访问，浏览器中会显示"您是首次访问本站！！！"，如图 5-3 所示。

图 5-3　首次访问 LastAccessServlet 页面的显示结果

再一次访问同一个地址，浏览器中会显示用户上次的访问时间，如图 5-4 所示。

图 5-4　第二次访问 LastAccessServlet 页面的显示结果

浏览器中之所以会显示出用户上次的访问时间，是因为用户第一次访问时，LastAccessServlet 向浏览器发送了保存用户访问时间的 Cookie 信息。

如果将浏览器关闭，然后打开浏览器进行同样的访问操作，我们会发现浏览器又会显示第一次访问时的页面，但为什么没有显示上次的访问时间呢？这是因为之前浏览器缓冲区保存的 Cookie 信息在关闭浏览器后自动删除了。在默认情况下，cookie 对象的 Max-Age 属性值为-1，意味着浏览器关闭时删除了此 cookie 对象，因此，若想要 cookie 对象在客户端有比较长的存活时间，可以通过 setMaxAge()方法进行设置，比如要将 Cookie 的存活时间设置为 1 小时，只需要增加一行代码"Cookie.setMaxAge(60*60)"，然后再次进行测试，只要浏览器关闭的时间没有超过 1 小时，我们就一直可以看到用户上次的访问时间，如图 5-5 所示。

图 5-5　设置存活时间后访问结果

5.2.4 Cookie 的原理分析

Cookie 是基于 HTTP 协议实现的，其中使用到 HTTP 协议中的两个请求头信息，分别为响应头（Set-Cookie）和请求头（Cookie）。

5.2.3 节中的 Cookie 实例实现了 LastAccessServlet 给前端发送 Cookie、LastAccessServlet 从 request 对象中获取 Cookie 的功能。

接下来我们分析其执行流程，该执行流程如下。

（1）用户通过浏览器访问 Tomcat 服务器上的 LastAccessServlet，当 LastAccessServlet 产生响应数据时，Tomcat 服务器都是基于 HTTP 协议来响应数据的。

（2）当 Tomcat 服务器发现后端要返回的是一个 cookie 对象时，Tomcat 服务器就会在响应头中添加一行数据（Set-Cookie: lastAccess = currentTime），将 lastAccess 的值设置为当前时间。

（3）浏览器获取到响应结果后，从响应头中就可以获取 Set-Cookie 的对应值（LastAccess = currentTime），并将数据存储在浏览器的内存中。

（4）浏览器再次发送请求给 LastAccessServlet 时，浏览器会自动在请求头中添加 Cookie（LastAccess = currentTime），将其发送给服务器上的 LastAccessServlet。

（5）request 对象会把请求头中 Cookie 对应的值封装成单个 cookie 对象，最终形成一个数组。

（6）LastAccessServlet 通过 request 对象获取到 Cookie[]后，就可以从中获取自己需要的数据了。

我们可以通过 Chrome 浏览器来查看访问过程中 Cookie 的取值。

访问 http://localhost:8080/chapter05/LastAccessServlet，然后打开 Chrome 浏览器的开发者工具，查看响应头中的数据，如图 5-6 所示。

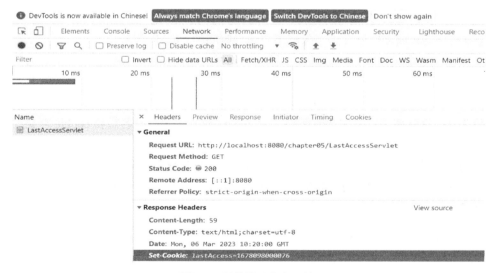

图 5-6　浏览器开发者工具

再次访问 LastAccessServlet，同样打开 Chrome 浏览器的开发者工具，查看请求头中的数据，可以发现请求头和响应头中的 Cookie（LastAccess）值相同，LastAccess 就是在此设置的一个 Cookie。这也就验证了 LastAccess 这个 Cookie 的确被服务器发送到了客户端的内存中存储，在下次的访问中客户端会将此 Cookie 提交给服务器，如图 5-7 所示。

```
▼ Request Headers                                    View source
    Accept: text/html,application/xhtml+xml,application/xml;q=0.9,image/avif,image/webp,image/apng,*/*;q=0.8,application/sig
    Accept-Encoding: gzip, deflate, br
    Accept-Language: zh-CN,zh;q=0.9
    Cache-Control: max-age=0
    Connection: keep-alive
    Cookie: lastAccess=1678098000076; Idea-57b4784d=593e101c-3f77-466b-86d8-4e2c7632bc6e
    Host: localhost:8080
    sec-ch-ua: "Not_A Brand";v="99", "Google Chrome";v="109", "Chromium";v="109"
    sec-ch-ua-mobile: ?0
    sec-ch-ua-platform: "Windows"
    Sec-Fetch-Dest: document
```

图 5-7　浏览器响应头信息

5.3　服务器会话 Session 技术

Cookie 技术将信息保存在浏览器中，但是如果浏览器关闭 Cookie，那么这种技术将无法继续用于跟踪会话过程了。显然这种情况是存在的，浏览器端的用户有权决定是否使用 Cookie，如果还需要跟踪会话过程，那么就必须考虑能否把会话数据保存在服务器。这就是本节将要介绍的 Session 技术。

5.3.1　Session 技术

前面我们提到过，在商场购物时，商场会给用户发放一张会员卡，会员卡中记录着用户的基本信息，如编号、姓名等，但还有很多相关的信息，如购物记录，由于内容太多等原因无法全部记录在会员卡中，但这些信息对于用户与商场来说都是重要的，而且是必须被记录的，那么就可以考虑由商场负责保存，当用户每次去商场时只需要出示会员卡，商场就可以根据用户的编号了解用户的购物信息了。Session 技术就是类似这样的一个过程。当浏览器访问服务器时，Servlet 容器就会创建一个 session 对象和一个相关联的 ID 号（SessionID），当客户端后续访问服务器时，只要将 SessionID 传递给服务器，服务器就能根据这个 SessionID 判断出是哪个客户端发出的请求，从而选择出与之对应的 session 对象为其服务，从而保证信息的一致性。

需要注意的是，上面讲述的过程，需要客户端接收、记录和回送 SessionID，正如本章开头所述，大多数情况下，SessionID 借助 Cookie 技术来保存，但如果客户端禁用 Cookie，也可以使用 URL 重写机制来保存。因此，无论是否禁用 Cookie，服务器都可以使用 Session 来保存会话信息。

5.3.2　Session 技术的工作原理

Session 属于服务器会话技术，其工作原理如图 5-8 所示。

（1）当客户端浏览器第一次请求 session 对象时，Servlet 服务器会创建一个 session 对象，并为该 session 对象分配一个唯一的 SessionID。

（2）Servlet 服务器将 SessionID 以 Cookie（Cookie 名称为"JSESSIONID"，值为 SessionID 的值）的形式发送给客户端浏览器。

（3）客户端浏览器再次发送 HTTP 请求时，会将携带 SessionID 的 Cookie 随请求一起发送给 Servlet 服务器。

（4）Servlet 服务器从请求中读取 SessionID，然后根据 SessionID 找到对应的 session 对象。

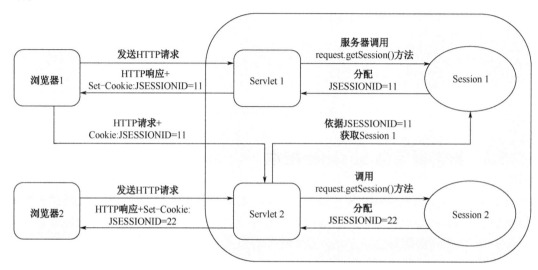

图 5-8　Session 技术的工作原理

Session 和 Cookie 都属于会话技术，都能帮助服务器保存和跟踪用户状态，但两者也存在差异，如表 5-2 所示。

表 5-2　Cookie 与 Sessoin 的差异

不同点	Cookie	Session
存储位置不同	Cookie 将数据存放在客户端浏览器的内存中或硬盘上	Session 将数据存储在服务器端
大小和数量限制不同	浏览器对 Cookie 的大小和数量有限制	Session 的大小和数量一般不受限制
存放数据类型不同	Cookie 中保存的是字符串	Session 中保存的是对象
安全性不同	Cookie 明文传递，安全性低，他人可以分析存放在本地的 Cookie 并进行 Cookie 欺骗	Session 存放在服务器端，安全性较高
对服务器造成的压力不同	Cookie 保存在客户端，不占用服务器端资源	Session 保存在服务器端，每个用户独占一个 Session。若并发访问的用户十分多，就会占用大量服务器端资源
跨域支持上不同	Cookie 支持跨域名访问	Session 不支持跨域名访问

5.3.3　HttpSession API

要想使用 Session 机制跟踪会话过程，我们首先需要获得一个 session 对象，我们可以通过 HttpServletRequest 对象的 getSession()方法获取，共有以下两种重载方法。

```
public HttpSession request.getSession(Boolean create)
public HttpSession request.getSession()
```

　　这两种重载方法都用于返回与当前请求相关的 HttpSession 对象，不同的是，有参方法根据参数来判断是否创建新的 HttpSession 对象，如果参数为 true，那么当相关的 HttpSession 对象不存在时就创建新的 HttpSession 对象并返回，否则不创建并返回 null。无参方法相当于有参方法的参数为 true 的情形，在相关的 HttpSession 对象不存在时总是创建并返回。

　　那么这两种方法该如何选择呢？如果用户不关心 session 对象中已经存入的信息，那么就使用 getSession(true)；如果用户关心 session 对象中已经存入的信息，那么就使用 getSession(false)。因为若要访问 session 对象中已经存在的信息，就不能创建一个新 Session，只能获取已存在且绑定在 request 对象上的 Session。

　　由于 getSession()方法可能会产生发送会话标识符的 Cookie 头字段，所以必须在发送任何响应之前就调用 getSession()方法。

　　HttpSession 对象就是一个 session 对象，若想使用它管理会话数据，不仅要获取 HttpSession 对象，还要了解 HttpSession 对象的相关方法，常用方法如表 5-3 所示。

表 5-3　HttpSession 常用方法

返回值类型	方法	描述
long	getCreationTime()	返回创建会话的时间
String	getId()	返回获取会话的唯一的 ID
long	getLastAccessedTime()	返回客户端上次发送与此会话关联的请求的时间
int	getMaxInactiveInterval()	返回在无任何操作的情况下，会话失效的时间，以秒为单位
ServletContext	getServletContext()	返回会话所属的 ServletContext 对象
void	invalidate()	使会话失效
void	setMaxInactiveInterval(int interval)	指定在无任何操作的情况下，会话失效的时间，以秒为单位。负数表示会话永远不会失效

　　其中，getId()方法可以获取服务器分配给该会话的 SessionID，通过比较 SessionID，可以判断 session 对象是否为同一个。

　　HttpSession 对象有自己内建的数据结构（散列表），它可以存储任意数量的键值对（key-value）。键通常称为属性名，数据类型为 String；值称为属性值，数据类型为 Object，所以从 HttpSession 对象中获取属性值时要进行强制类型转换成需要的类型。HttpSession 接口提供的操纵属性的方法主要有 3 种，分别为 setAttribute()方法、getAttribute()方法和 removeAttribute()方法，涵盖了信息的存入、读取和删除，调用它们就可以在会话中进行数据传输了。此外，setMaxInactiveInternal()方法和 invalidate()方法也可以用于废弃当前会话。

　　具体的使用步骤如下。

　　（1）获取 session 对象，使用的是 request 对象中的方法，语法格式如下。

```
HttpSession session = request.getSession();
```

　　（2）使用 session 对象提供的功能如下。

　　① 存储数据到 Session 域中，语法格式如下。

```
void setAttribute(String name, Object o)
```

　　② 根据键获取值，语法格式如下。

```
Object getAttribute(String name)
```

　　③ 根据键删除该键值对，语法格式如下。

```
void removeAttribute(String name)
```

为了更好地讲解这些方法的使用，下面我们通过例 5-2，学习如何使用 session 对象，在 session 对象中存入、读取和移除信息。例 5-2 中用到了 4 个文件，分别为 Index.html、SessionServlet1.java、SessionServlet2.java、SessionServlet3.java，下面我们分别介绍。

例 5-2 cookie 对象的使用说明。

编写 Index.html 文件，将 Index.html 页面信息提交给 SessionServlet1 页面，在 SessionServlet1 页面中显示如何在 session 对象中存入信息，代码如下。

```html
<!DOCTYPE html>
<html>
    <head>
        <title>提交信息</title>
        <meta charset="UTF-8">
        <meta name="viewport" content="width=device-width,
initial-scale=1.0">
    </head>
    <body>
        <form action="SessionServlet1" method="post">
            输入内容: <input type="text" name="msg" value="" />
            <input type="submit" value="提交" />
        </form>
    </body>
</html>
```

编写 SessionServlet1.java 文件，SessionServlet1 中通过超级链接跳转到 SessionServlet2 页面。在 SessionServlet1 页面中显示如何读取 session 对象中存入的信息，代码如下。

```java
package chapter05.session;
import java.io.IOException;
import java.io.PrintWriter;
import javax.servlet.ServletException;
import javax.servlet.annotation.WebServlet;
import javax.servlet.http.HttpServlet;
import javax.servlet.http.HttpServletRequest;
import javax.servlet.http.HttpServletResponse;
import javax.servlet.http.HttpSession;
@WebServlet(name = "SessionServlet1", urlPatterns = {"/SessionServlet1"})
public class SessionServlet1 extends HttpServlet {
    protected void processRequest(HttpServletRequest request,
HttpServletResponse response)
            throws ServletException, IOException {
        response.setContentType("text/html;charset=UTF-8");
        try (PrintWriter out = response.getWriter()) {
            //取得并输出用户提交的信息
            String msg = request.getParameter("msg");
            out.print(msg);
            //输出水平线作为分隔以便更清楚地看到效果
            out.print("<hr />");
            //访问与当前请求相关联的session对象，若不存在，则创建一个
            HttpSession session = request.getSession();
            //获得session对象的SessionID
            String sessionId = session.getId();
            //输出SessionID
```

```
            out.print(sessionId);
            //将用户提交的信息msg这个值（value）以myMsg这个键（key）存入session对象
            session.setAttribute("myMsg", msg);
            //输出水平线作为分隔
            out.print("<hr />");
            //输出超级链接，注意href属性值的双引号""需要转义
            out.print("<a href=\"SessionServlet2\">链接到SessionServlet2
                     </a>");
        }
    }
    @Override
    protected void doGet(HttpServletRequest request, HttpServletResponse
                    response)
            throws ServletException, IOException {
        processRequest(request, response);
    }
    @Override
    protected void doPost(HttpServletRequest request, HttpServletResponse
                    response)
            throws ServletException, IOException {
        processRequest(request, response);
    }

    @Override
    public String getServletInfo() {
        return "Short description";
    }// </editor-fold>
}
```

编写 SessionServlet2.java 文件，SessionServlet2 通过超级链接跳转到 SessionServlet3 页面。
在 SessionServlet2 页面中显示如何移除 session 对象中存入的信息，代码如下。

```
package chapter05.session;
import java.io.IOException;
import java.io.PrintWriter;
import javax.servlet.ServletException;
import javax.servlet.annotation.WebServlet;
import javax.servlet.http.HttpServlet;
import javax.servlet.http.HttpServletRequest;
import javax.servlet.http.HttpServletResponse;
import javax.servlet.http.HttpSession;
@WebServlet(name = "SessionServlet2", urlPatterns = {"/SessionServlet2"})
public class SessionServlet2 extends HttpServlet {
    protected void processRequest(HttpServletRequest request,
                                  HttpServletResponse response)
            throws ServletException, IOException {
        response.setContentType("text/html;charset=UTF-8");
        try (PrintWriter out = response.getWriter(
)
) {
            //访问与当前请求相关联的session对象，若不存在，则创建一个
            HttpSession session = request.getSession();
            //输出SessionID
```

```
        String sessionId = session.getId();
        out.print(sessionId);
        //输出水平线
        out.print("<hr />");
        //从session对象中取出键（key）为myMsg的对象，并将其强制转换为String类型
        String msg = (String) session.getAttribute("myMsg");
        out.print(msg);
        //输出水平线
        out.print("<hr />");
        //输出超级链接，链接到SessionServlet3,注意href属性值的双引号""需要转义
        out.print("<a href=\"SessionServlet3\">移除信息</a>");
    }
}
@Override
protected void doGet(HttpServletRequest request, HttpServletResponse
                response)
    throws ServletException, IOException {
    processRequest(request, response);
}
protected void doPost(HttpServletRequest request, HttpServletResponse
                response)
    throws ServletException, IOException {
    processRequest(request, response);
}

@Override
public String getServletInfo() {
    return "Short description";
}
}
```

编写 SessionServlet3.java 文件，比较 3 次输入的 SessionID 是否相同，若相同，则说明是同一用户，操纵的是相同的 session 对象，代码如下。

```
package chapter05.session;
import java.io.IOException;
import java.io.PrintWriter;
import javax.servlet.ServletException;
import javax.servlet.annotation.WebServlet;
import javax.servlet.http.HttpServlet;
import javax.servlet.http.HttpServletRequest;
import javax.servlet.http.HttpServletResponse;
import javax.servlet.http.HttpSession;

@WebServlet(name = "SessionServlet3", urlPatterns = {"/SessionServlet3"})
public class SessionServlet3 extends HttpServlet {
    protected void processRequest(HttpServletRequest request,
HttpServletResponse response)
        throws ServletException, IOException {
        response.setContentType("text/html;charset=UTF-8");
    try (PrintWriter out = response.getWriter()) {
        //访问与当前请求相关联的session对象，若不存在，则创建一个
        HttpSession session = request.getSession();
```

```
        //从session对象中移除键（key）为myMsg的对象
        session.removeAttribute("myMsg");
        //再次从session对象中取出键（key）为myMsg的对象，并将其强制转换为String类型
        String msg = (String) session.getAttribute("myMsg");
        out.print(msg);
        //输出水平线
        out.print("<hr />");
        String sessionId = session.getId();
        out.print(sessionId);
    }
}
@Override
protected void doGet(HttpServletRequest request, HttpServletResponse
                response)
    throws ServletException, IOException {
    processRequest(request, response);
}
@Override
protected void doPost(HttpServletRequest request, HttpServletResponse
                response)
    throws ServletException, IOException {
    processRequest(request, response);
}
@Override
public String getServletInfo() {
    return "Short description";
}
}
```

其中 3 个 Servlet 采用注解方式进行部署（注解部署），相较 web.xml 文件部署而言更加简洁方便，这也是目前较为推荐的部署方式，读者可以自行体验二者的差别。采用注解部署时，当以上 4 个示例文件创建完成后，便可以直接启动服务器运行程序了，在浏览器地址栏中输入 localhost:8080/chapter05/index.html，index.html 页面的显示结果如图 5-9 所示。

图 5-9　index.html 页面的显示结果

输入信息，单击"提交"按钮，进入下一个页面，SessionServlet1 页面的显示结果如图 5-10 所示。

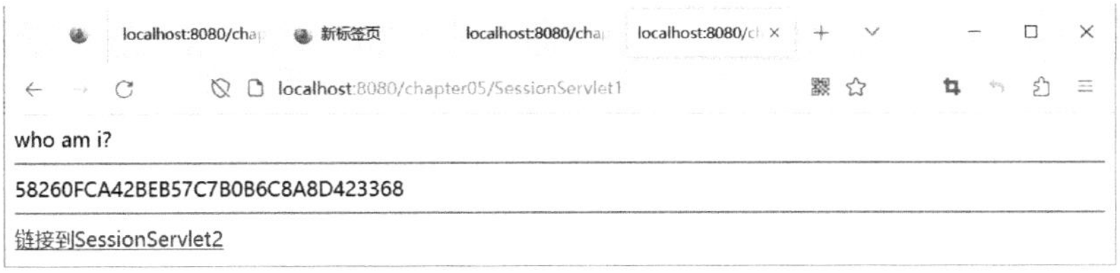

图 5-10　SessionServlet1 页面的显示结果

单击"链接到 SessionServlet2"，SessionServlet2 页面的显示结果如图 5-11 所示。

图 5-11　SessionServlet2 页面的显示结果

单击"移除信息"，SessionServlet3 页面的显示结果如图 5-12 所示。

图 5-12　SessionServlet3 页面的显示结果

从运行结果中我们可以得出以下结论。

（1）若 3 次输出的 SessionID 相同，则说明访问端是同一个用户，也是同一个 HttpSession 对象。

（2）SessionServlet2 中能够输出"who am i?"，说明 HttpSession 对象的 setAttribute()方法可以在 session 对象中存入数据，HttpSession 对象的 getAttribute()方法可以从 session 对象中读取数据。

（3）在 SessionServlet3 中输出 null，说明 HttpSession 对象的 removeAttribute()方法可以从 session 对象中移除数据。

（4）HttpSession 对象可以跨越多个请求，在 session 对象被销毁之前，只要信息未被移除，那么存放在 session 对象中的数据就可以被同一个用户的多个请求所共享。

5.3.4　废弃当前会话

用户第一次访问某个开启会话功能的 Servlet 时，Web 服务器就会创建一个与该客户端相关的 HttpSession 对象，而 HTTP 协议是与状态无关的，Web 服务器无法判断当前的客户端浏览器是否还会继续访问、是否关闭，因此，为防止会话中断，服务器会一直保留与之对应的 HttpSession 对象，随着时间的推移，这些不再被使用的 HttpSession 对象会积累得越来越多，最终使得服务器内存耗尽。

这显然不合适，为了处理这个问题，Web 服务器引入了"超时限制"机制来判断会话过程是否结束。在规定的时间内，若客户端一直没有向服务器发起请求，则服务器认为该客户端的会话已经结束，并将与客户端对应的 HttpSession 对象变成垃圾对象，等待垃圾回收器回收。若客户端会话超时后又再次发送请求给服务器，则服务器重新创建一个新的 HttpSession 对象分配给该客户端。当然若服务器不依赖"超时限制"机制也能判断会话是否结束，则不必通过等待会话超时来结束会话，而可以通过调用 invalidate()方法主动使会话失效。

因此可以采取被动和主动两种方式来废弃当前会话。被动方式是指通过会话的"超时限制"机制来废弃当前会话，而主动方式则是指通过调用 invalidate()方法来废弃当前会话，下面我们分别对这两种方式进行详细说明。

1. 被动方式——设置会话"超时限制"机制

方式一：调用 session 对象的 setMaxInactiveInternal()方法。

获得 session 对象后，调用它的 setMaxInactiveInternal(int interval)方法，其中参数 interval 的计时单位为 s（秒），若设置会话超时时限为 1 小时，则代码如下。

```
HttpSession session=request.getSession();
session.setMaxInactiveInterval(3600);
```

方式二：在当前 Web 应用程序中的 web.xml 文件中配置会话超时时限。

Web 应用程序的会话超时时限在它自己的 web.xml 文件中配置，找到要修改的 Web 应用程序下的 web.xml 中的会话超时时限配置部分，如下。

```
<session-config>
    <session-timeout>60</session-timeout>
</session-config>
```

将"<session-timeout>数值</session-timeout>"中的"数值"改为我们想要设定的时间值即可，注意设置的时间单位为分钟，若超过会话超时时限则废弃当前 session 对象。若将"数值"设置为 0 或负数，则意味着会话永不超时。

方式三：在服务器的全局 web.xml 文件中配置会话超时时限。

服务器的会话超时时限由服务器的 web.xml 文件配置，我们打开 Tomcat 安装目录下的 web.xml 文件，可以看到以下配置信息。

```
<session-config>
    <session-timeout>60</session-timeout>
</session-config>
```

这就是配置的有效时间，同样也是以分钟为单位，Tomcat 服务器默认的会话超时时限为 30 分钟。由于该文件对所有运行于其上的 Web 应用程序都起作用，所以一般我们不在此处进行修改。

这 3 种方式都可以设置会话超时时限，但优先级不同，方式一最高，方式二次之，方式三最低。

2. 主动方式——调用 invalidate()方法

大多数情况下，服务器无法判断会话是否结束，所以我们主要采用被动方式来结束会话。但在有些情况下，我们明确知道会话可以结束了，比如用户点击了"关闭连接"按钮，这时用户也可以主动结束会话，这时需要调用 invalidate()方法来执行。

下面通过例 5-3 来演示主动结束会话的方法。本例包含一个文件：SessionServlet.java，在这个 Servlet 文件中首先访问与当前请求相关联的会话，并输出 SessionID，接下来调用 invalidate()方法，最后再次访问与当前请求相关联的会话，并输出 SessionID。

例 5-3 主动结束会话的方法演示。

编写 SessionServlet.java 文件，其内容如下。

```
package chapter05.session;
import java.io.IOException;
import java.io.PrintWriter;
import javax.servlet.ServletException;
import javax.servlet.annotation.WebServlet;
```

```
import javax.servlet.http.HttpServlet;
import javax.servlet.http.HttpServletRequest;
import javax.servlet.http.HttpServletResponse;
import javax.servlet.http.HttpSession;
@WebServlet(name = "SessionServlet", urlPatterns = {"/SessionServlet"})
public class SessionServlet extends HttpServlet {protected void
processRequest(HttpServletRequest request, HttpServletResponse response)
throws ServletException, IOException {
        response.setContentType("text/html;charset=UTF-8");
        try (PrintWriter out = response.getWriter()) {
            //访问与当前请求相关联的session对象，若不存在，则创建一个
            HttpSession session1 = request.getSession();
            //输出SessionID
            out.print(session1.getId());
            //调用invalidate()方法，解除绑定，废弃会话。
            session1.invalidate();
            //输出水平线
            out.print("<hr />");
            //再次访问与当前请求相关联的session对象，若不存在，则创建一个
            //此处刻意换了引用名为session2，实际上使用引用名session1也可以
            //session1 = request.getSession();
            HttpSession session2 = request.getSession();
            //输出SessionID
            out.print(session2.getId());
        }
    }
    @Override
    protected void doGet(HttpServletRequest request, HttpServletResponse
response) throws ServletException, IOException {
        processRequest(request, response);
    }
    protected void doPost(HttpServletRequest request, HttpServletResponse
response)throws ServletException, IOException {
        processRequest(request, response);
    }
    @Override
    public String getServletInfo() {
        return "Short description";
    }
}
```

在这个代码中一共执行了两次会话过程，第一次会话主动结束后，又开启了一次新的会话，比较两次会话的 SessionID，可以看出这的确是两次不同的会话。这就验证了 invalidate() 的确结束了会话。SessionServlet 页面的显示结果如图 5-13 所示。

图 5-13　SessionServlet 页面的显示结果

5.4　URL 重写技术

我们看到，浏览器会话 Cookie 技术需要客户端的浏览器开启 Cookie，这样才能在浏览器端保存用户信息，实现跟踪，就算是 Session 技术也同样需要 Cookie 来保存 SessionID 才能实现跟踪。如果浏览器关闭 Cookie，那么服务器就无法通过 Cookie 保存用户会话信息，也就无法实现用户跟踪了。考虑到这种情况可能出现，Servlet 规范引入了 URL 重写机制来保存用户的会话信息。URL 重写机制是指将 SessionID 以参数的形式附加在超链接的 URL 地址后面，服务器可以使用传递过来的 SessionID 来识别和跟踪用户。

至于如何将 SessionID 附加在 URL 后面，可以利用响应对象（HttpResponse）内建的方法来完成。HttpServletResponse 接口提供了两个用于完成 URL 重写的方法，分别为 encodeURL(String url)方法和 encodeRedirectURL(String url)方法，这两种重写方法的功能如表 5-4 所示。

表 5-4　重写方法的功能

方法	描述
String encodeRedirectURL(String url)	对 sendRedirect()方法中使用的指定的 URL 进行编码，若编码不是必需的，则返回未改变的 URL
String encodeURL(String url)	对包含 SessionID 的指定 URL 进行编码，若编码不是必需的，则返回未改变的 URL

这两个方法首先判断浏览器是否支持 Cookie，若支持，则参数 URL 原样返回，SessionID 通过 Cookie 维持；否则返回带有 SessionID 的 URL。无论哪种返回结果，都意味着客户端可以发送带有 SessionID 的请求消息给服务器，因此服务器总是可以实现用户跟踪。

下面通过例 5-4 来说明如何通过 URL 重写机制实现用户会话跟踪。分别创建两个 Servlet 文件，分别为 SessionUrlServlet.java 文件和 SessionServiceServlet.java 文件。

例 5-4 使用 URL 重写技术实现用户会话跟踪。

编写 SessionUrlServlet.java 文件，其内容如下。

```
package chapter05.session.urlwrite;
import java.io.IOException;
import java.io.PrintWriter;
import javax.servlet.ServletException;
import javax.servlet.annotation.WebServlet;
import javax.servlet.http.HttpServlet;
import javax.servlet.http.HttpServletRequest;
import javax.servlet.http.HttpServletResponse;
import javax.servlet.http.HttpSession;
@WebServlet(name = "SessionUrlServlet",
            urlPatterns = {"/SessionUrlServlet"})
public class SessionUrlServlet extends HttpServlet {
protected void processRequest(HttpServletRequest request,
HttpServletResponse response)throws ServletException, IOException {
        response.setContentType("text/html;charset=UTF-8");
        try (PrintWriter out = response.getWriter()) {
            //取得并输出用户提交的信息
            String msg = request.getParameter("msg");
```

```
        out.print(msg);
        //输出水平线作为分隔，以便更清楚地看到效果
        out.print("<hr />");
        //访问与当前请求相关联的session对象，若不存在，则创建一个
        HttpSession session = request.getSession();
        //获得SessionID
        String sessionId = session.getId();
        out.print(sessionId);
        //输出水平线作为分隔
        out.print("<hr />");
        //输出超级链接，注意href属性值的双引号""需要转义
        String url = response.encodeURL("SessionServiceServlet");
        out.print("<a href=\"" + url + "\">链接到SessionServiceServlet
                </a>");
        }
    }
    @Override
    protected void doGet(HttpServletRequest request, HttpServletResponse
response)throws ServletException, IOException {
        processRequest(request, response);
    }
    @Override
    protected void doPost(HttpServletRequest request, HttpServletResponse
response)throws ServletException, IOException {
        processRequest(request, response);
    }
}
```

编写 SessionServiceServlet.java 文件，其内容如下。

```
package chapter05.session.urlwrite;
import java.io.IOException;
import java.io.PrintWriter;
import javax.servlet.ServletException;
import javax.servlet.annotation.WebServlet;
import javax.servlet.http.HttpServlet;
import javax.servlet.http.HttpServletRequest;
import javax.servlet.http.HttpServletResponse;
import javax.servlet.http.HttpSession;
@WebServlet(name = "SessionServiceServlet",
            urlPatterns = {"/SessionServiceServlet"})
public class SessionServiceServlet extends HttpServlet {
    protected void processRequest(HttpServletRequest request,
HttpServletResponse response)
            throws ServletException, IOException {
        response.setContentType("text/html;charset=UTF-8");
        try (PrintWriter out = response.getWriter()) {
            //尝试获得并输出用户提交的信息
            String msg = request.getParameter("msg");
            out.print(msg);
            //输出水平线作为分隔
            out.print("<hr />");
            //访问与当前请求相关联的session对象，若不存在，则创建一个
```

```
                HttpSession session = request.getSession();
                String sessionId = session.getId();
                out.print(sessionId);
            }
        }
        @Override
        protected void doGet(HttpServletRequest request, HttpServletResponse
    response)throws ServletException, IOException {
            processRequest(request, response);
        }
        @Override
        protected void doPost(HttpServletRequest request, HttpServletResponse
    response)throws ServletException, IOException {
            processRequest(request, response);
        }
    }
```

在 SessionUrlServlet.java 文件中调用 encodeURL()方法对 URL 进行重写，当通过超级
链接跳转到 SessionServiceServlet 页面时，就可以从 URL 中获取 SessionID 了。

两个 Servlet 文件编写完成后，启动服务器并在浏览器地址栏中输入 http://localhost:8080/
chapter05/SessionUrlServlet，SessionUrlServlet 页面的显示结果如图 5-14 所示。

图 5-14　SessionUrlServlet 页面的显示结果

单击"链接到 SessionServiceServlet"，SessionServiceServlet 页面的显示结果如图 5-15 所示。

图 5-15　SessionServiceServlet 页面的显示结果

比较两个页面中的 SessionID，我们能够发现他们是相同的，这也说明了通过 URL 重
写机制的确可以传递 SessionID，进行会话跟踪。总体来说，URL 重写机制有其自身的优缺
点，用户需要根据实际情况选择使用。

URL 重写机制有以下优点。

（1）无论 Cookie 是否被禁用（与浏览器无关），URL 重写始终有效。

（2）每个页面不需要额外的表单提交。

URL 重写机制有以下缺点。

（1）只能在链接上工作。
（2）只能发送文本信息。

5.5 用户管理系统案例的改进

在第 4 章中我们完成了用户管理系统案例的后端实现，但仍存在一些安全漏洞，例如，用户可以不经登录就访问用户信息页面，从而对用户信息进行增删查改，这显然是不安全的。再如，用户直接在浏览器地址栏中输入 http://localhost:8090/javaWeb_web/userinfo.jsp，浏览器显示的用户信息如图 5-16 所示。

图 5-16　浏览器显示的用户信息

在这个页面中，任何用户都可以对数据进行访问和修改，这是非常不安全的。

为解决这个问题，我们需要分析问题产生的原因，这是由于 JSP 页面没有控制能力，它仅仅负责展示数据。若要给 JSP 页面添加访问限制能力，除非添加 java 脚本，否则难以实现，而添加 java 脚本又会破坏 MVC 模式，使得系统难以维护，那么我们该如何做呢？

一个折中的解决方案是：设计登录页面和开启会话，使用 session 对象记录当前登录用户，并在任何处理 JSP 页面信息的 Servlet 中引入访问控制逻辑，通过访问控制逻辑检查当前会话中是否存在已登录用户，若存在则继续向下执行并完成设定好的功能，若不存在则强制跳转到登录页面要求用户登录，如此就能防范非登录用户对用户数据的修改。具体实现步骤如下。

（1）设计登录页面 login.jsp，代码如下。

```
<%@ page contentType="text/html;charset=UTF-8" language="java" %>
<html>
<head>
    <title>login</title>
</head>
<body>
<%! String errorMsg; %>
<form action="loginServlet" method="post">
    <label>用户名: </label><input type="text" name="username"/><br/>
    <label>密　码: </label><input type="password" name="userpass"/><br/>
    <input type="submit" value="登录"/><br>
    <span>
        <% if (request.getAttribute("errorMsg")!=null)
          out.write(request.getAttribute("errorMsg").toString());
```

```
            %>
        </span>
    </form>
    </body>
    </html>
```

（2）设计登录控制的 LoginServlet，开启会话，代码如下。

```
@WebServlet(name = "loginServlet")
public class loginServlet extends HttpServlet {
    protected void doPost(HttpServletRequest request, HttpServletResponse
response) throws ServletException, IOException {
        response.setContentType("text/html");
        //从页面获取文本框数据
        String uname=request.getParameter("username");
        String upwd=request.getParameter("userpass");
        UserDao dao=new UserDao();
        User user = dao.findByLoginname(uname);
        RequestDispatcher dispatcher= null;
        if(upwd.equals(user.getPassword())) {
            HttpSession session = request.getSession();
            session.setAttribute("user",user);
            dispatcher= request.getRequestDispatcher("/userinfo.jsp");
        }
        else{
            request.setAttribute("errorMsg","用户名或密码有误！");
            dispatcher= request.getRequestDispatcher("/login.jsp");
        }
        dispatcher.forward(request,response);
    }

    protected void doGet(HttpServletRequest request, HttpServletResponse
response) throws ServletException, IOException {
        doPost(request,response);
    }
}
```

（3）在 userinfo.jsp、addUser.jsp、editUser.jsp 页面中，加入以下会话判断语句。若会话为 null，则跳转到登录页面。

```
<%
    User user = (User) session.getAttribute("user");
    if(user==null) response.sendRedirect("login.jsp");
%>
```

从这个改进案例中可以看到，这种解决方案工作量较大，效果也并不理想，需要在访问到 Servlet 时才能检测出非法访问，检测效率不高。在后续我们将在学习过滤器时了解第二种更好的解决方案。

5.6　本章小结

本章主要讲解了 cookie 对象和 session 对象的相关知识，Cookie 是早期的会话跟踪技术，它将信息保存到客户端的浏览器中。浏览器访问网站时会携带这些 Cookie 信息，起到鉴别用户身份的作用。Session 是通过 Cookie 技术实现的，它依赖名为 JSESSIONID 的 Cookie，将信息保存在服务器端，Session 能够保存大量的信息，使用起来也更加方便。若客户端不支持 Cookie，或禁用 Cookie，则仍然可以通过 URL 重写机制来使用 Session。另外，通过会话跟踪技术，可以改进用户信息管理案例，有效提升系统的安全性。

5.7 习题

一、单选题

1．下列选项中，用于对超级链接和 form 表单中 action 属性设置的 URL 进行重写的方法是（　　）。

    A．encodeURL(String url)

    B．encodeRedirectURL(String url)

    C．encodeForwardURL(String url)

    D．encodeRedirect (String url)

2．下列选项中，关于获得 HttpSession 对象的说法正确的是（　　）。

    A．用 new 语句创建一个 HttpSession 对象

    B．调用 ServletRequest 对象的 getSession()方法

    C．调用 ServletConfig 对象的 getSession()方法

    D．以上说法都不对

3．下列选项中，关于 Session 保存数据的位置，说法正确的是（　　）。

    A．数据保存在客户端

    B．数据保存在服务器端

    C．客户端与服务器端各保存一份数据

    D．以上说法都不对

4．下列选项中，哪个方法可以用于设置 Cookie 的有效域（　　）。

    A．String setPath(String pattern)

    B．void setPath(String pattern)

    C．void setDomain(String pattern)

    D．String setDomain(String pattern)

5．下列选项中，客户端在一次会话过程中可以发送的请求次数是（　　）。

    A．1 次　　　　　　　　　　　　B．0 次

    C．2 次　　　　　　　　　　　　D．多次

二、填空题

1．在 Servlet 技术中，提供了两个用于保存会话数据的对象，分别为_____和 session。

2．URL 重写机制可以通过_____接口提供的方法 encodeURL(String url)和 encode RedirectURL (String url)来实现。

3．Tomcat 服务器中的会话超时时限可以在_____文件中设置，默认会话超时时限为 30 分钟

4．在一个 cookie 对象中，若调用了 setMaxAge(0)方法，则表示_____。

5．Session 是一种将会话数据保存到_____端的技术。

三、简答题

1．描述什么是 Cookie 技术。

2．简述什么是 Session 技术。

第6章　过滤器与监听器

- 了解什么是过滤器
- 能够使用过滤器统一全站编码
- 熟悉 8 种监听器
- 掌握使用监听器监听域对象的生命周期和属性变更的方法
- 了解如何使用过滤器技术改进用户管理系统

过滤器（Filter），是 JavaWeb 三大组件（Servlet、Filter、Listener）之一。过滤器可以将客户端对服务器端资源的请求拦截下来，从而实现一些特殊的功能。

过滤器和监听器（Listener）是 Servlet 规范中的两个接口。顾名思义，过滤器可以用于过滤信息，可以对 request 对象和 response 对象所包含的信息进行调整，以便实现对用户请求和响应的过滤。

监听器能够对 context、session、request 事件进行监听，执行相应事件处理程序。这两个接口对 Web 应用程序的完善发挥了较大作用，下面我们将对其进行详细介绍。

6.1　过滤器概述

6.1.1　什么是过滤器

过滤器又被称为拦截器，其基本功能就是对 Servlet 容器调用 Servlet 的过程进行拦截，在 Servlet 进行响应处理前执行一些操作，从而实现一些特殊功能。过滤器类似学校里的门卫，所有想要进入学校的人都需要接受门卫的检查，满足条件才允许进校；所有想出学校的人，也要接受检查，满足条件才允许出去。而且，这样的门卫可以有很多个，例如，学校大门的门卫、图书馆的门卫、教学楼的门卫、宿舍的门卫，虽然每个门卫只管理自己的地盘，但是他们组合在一起就控制了同学们的通行。

如图 6-1 所示，浏览器可以直接访问服务器上的所有 Web 资源（如 Servlet、JSP、HTML 等），然而在用户访问这些资源之前，服务器可以使用过滤器拦截访问请求，也就是说，在用户访问资源之前会先通过过滤器处理请求，随后再将这些请求发送给请求的资源，服务器在处理完请求后，可以对返回的结果做一些处理，再将结果返回给浏览器，如图 6-2 所示。

那么过滤器有什么功能呢？

过滤器一般用来完成一些通用的操作，如每个资源都需要写一些代码来完成某个功能，但我们不能在每个资源中写同样的代码，此时我们就可以将这些代码写在过滤器中，因为请求每一个资源都要经过过滤器。过滤器还可以实现统一编码处理、敏感字符处理等。

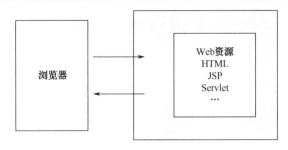

图 6-1　浏览器直接访问资源

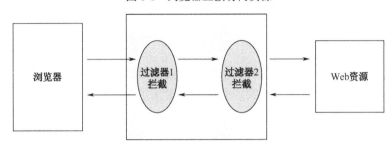

图 6-2　浏览器通过过滤器访问资源

Java EE 中的过滤器也是按照规则执行的，一旦满足条件就自动触发执行，它主要完成两个方面的工作。

（1）在请求被送到目标资源之前检查 response 对象，并根据需要修改请求头和请求内容。

（2）在响应被送到目标资源之前检查 response 对象，根据需要修改响应头和响应内容。

6.1.2　过滤器的工作流程

过滤器的工作流程如图 6-3 所示，执行步骤如下。

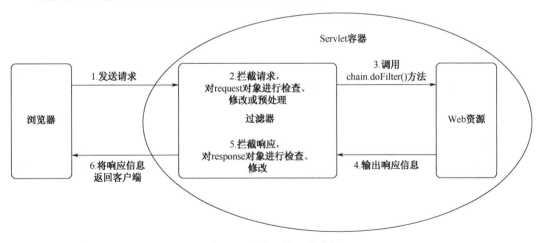

图 6-3　过滤器的工作流程

（1）客户端请求访问容器内的 Web 资源。

（2）Servlet 容器接收请求，并针对本次请求分别创建一个 request 对象和 response 对象。

（3）请求到达 Web 资源之前，先调用 Filter 对象的 doFilter()方法，检查 request 对象，修改请求头和请求正文，或对请求进行预处理。

（4）在 Filter 对象的 doFilter()方法中，调用 FilterChain.doFilter()方法，将请求传递给下一个过滤器或目标资源。

（5）目标资源生成响应信息并将其返回给客户端之前，处理控制权会再次交回给 Filter 对象的 doFilter()方法，由 doFilter()方法执行 FilterChain.doFilter()语句，检查 response 对象，修改响应头和响应正文。

（6）响应信息返回客户端。

与 Servlet 一样，过滤器也有自己的 API。javax.servlet 包中包含 Filter API 的 3 个接口，它们分别为 Filter、FilterChain 和 FilterConfig。

6.1.3　Filter 接口

要想使用过滤器进行拦截，我们就必须了解过滤器的工作原理。过滤器本质上就是一个实现了 javax.servlet.Filter 接口的类，此接口中定义了 3 个常用方法，即过滤器的生命周期方法，如表 6-1 所示。

表 6-1　过滤器的生命周期方法

方法	功能描述
void init (FilterConfig filterConfig)	该方法用于初始化过滤器
void doFilter(ServletRequest request,SeivletResponse response, FilterChain chain)	该方法完成实际的过滤操作，当客户端请求的 URL 与过滤器映射的 URL 匹配时，容器会先调用该方法，并对请求进行拦截。参数 request 和参数 response 表示请求对象和响应对象。参数 chain 表示当前的 Filter 链对象，在该方法内部，调用 chain.doFilter()方法，才能把请求交付给 Filter 链中的下一个过滤器或 Web 资源
void destroy()	该方法在销毁 Filter 对象之前被调用，用于释放被 Filter 对象占用的资源

过滤器的生命周期分为以下 3 个阶段。

1. 初始化阶段

Servlet 容器负责加载和实例化过滤器。容器启动时，读取 web.xml 或@WebFilter 的配置信息，对所有的过滤器进行加载和实例化。过滤器加载和实例化完成后，Servlet 容器调用 init()方法初始化过滤器实例。在过滤器的生命周期内，init()方法只执行一次。

2. 拦截和过滤阶段

该阶段是过滤器的生命周期中最重要的阶段。当客户端请求访问 Web 资源时，Servlet 容器会根据 web.xml 或@WebFilter 的过滤规则进行检查。当客户端请求的 URL 与过滤器映射匹配时，容器会将该请求的 request 对象、response 对象及 FilterChain 对象以参数的形式传递给 Filter 对象的 doFilter()方法，并调用该方法对请求或响应进行拦截和过滤。

3. 销毁阶段

Filter 对象创建后会驻留在内存中，直到容器关闭或应用被移除才会被销毁。在销毁 Filter 对象之前，容器会先调用 destory()方法，释放过滤器占用的资源。在过滤器的生命周期内，destory()方法只执行一次。

6.1.4　过滤器的开发步骤

过滤器开发通过以下 3 个步骤实现。

（1）定义类，实现 Filter 接口，并重写其所有方法，代码如下。

```
public class FilterDemo implements Filter {
    public void destroy() { }
    public void doFilter(ServletRequest request, ServletResponse response,
FilterChain chain) throws IOException, ServletException {
        // place your code here
        chain.doFilter(request, response);
    }
    public void init(FilterConfig fConfig) throws ServletException {   }
}
```

（2）配置过滤器拦截资源的路径：在类上定义@WebFilter 注解。然而注解的 value 属性值/*表示拦截所有资源，代码如下。

```
@WebFilter("/*")
public class FilterDemo implements Filter {...}
```

（3）在 doFilter()方法中输出一句话，并对用户请求放行，代码如下。

```
public void doFilter(ServletRequest request, ServletResponse response,
FilterChain chain) throws IOException, ServletException {
        System.out.println( "filter被执行了...");
        chain.doFilter(request, response);
    }
```

上述代码中的"chain.doFilter(request,response)"就是放行，也就是让用户请求访问本该访问的资源。

为了使读者更好地理解过滤器，我们分步骤实现一个过滤器程序，演示单个过滤器如何对 Servlet 的调用过程进行拦截，具体步骤如下。

（1）首先创建一个名为 chapter06 的 Web 项目，然后在该项目的 src 目录下创建一个名为 chapter06.filter 的包，在该包中创建一个名为 MyServlet 的类，该类被访问时在浏览器中输出"Hello MyServlet"。

例 6-1 使用单个过滤器拦截 Servlet 的访问。

编写 MyServlet.java 文件，该文件为用户实际访问的 Servlet，其内容如下。

```
package filter;
import java.io.*;
import javax.servlet.Filter;
import javax.servlet.*;
@WebServlet("/MyServlet ")
public class MyServlet extends HttpServlet {
  public void doGet(HttpServletRequest request,  HttpServletResponse
                    response)
     throws ServletException, IOException {
     response.getWriter().write("Hello MyServlet ");
  }
  public void doPost(HttpServletRequest request,
                     HttpServletResponse response)
                     throws ServletException, IOException {
     doGet(request, response);
  }
}
```

（2）部署 chapter06 到服务器，启动服务器，在浏览器地址栏中输入 http://localhost:8080/chapter06/MyServlet，可以看到浏览器成功访问到了 MyServlet。MyServlet 页面的显示结果如图 6-4 所示。

图 6-4　MyServlet 页面的显示结果

（3）在 chapter06.filter 包中创建一个名为 MyFilter 的 Filter 类，该类用于拦截 MyServlet 程序。

编写 MyFilter.java 文件，该文件用于拦截用户的访问，其内容如下。

```java
package filter;
import java.io.*;
import javax.servlet.Filter;
import javax.servlet.*;
import javax.servlet.annotation.WebFilter;
@WebFilter("/MyFilter")
public class MyFilter implements Filter {
    public void init(FilterConfig fConfig) throws ServletException {
        // Filter对象在初始化时调用，可以配置一些初始化参数
    }
    public void doFilter(ServletRequest request,
      ServletResponse response, FilterChain chain) throws IOException,
ServletException {
        // 用于拦截用户的请求，如果和当前过滤器的拦截路径匹配，那么该方法会被调用
        PrintWriter out=response.getWriter();
        out.write("Hello MyFilter");
    }
    public void destroy() {
        // Filter对象在销毁时自动调用，释放资源
    }
}
```

MyFilter.java 文件也是一个 Java 类，必须实现 Filter 接口，编写好后要在 web.xml 文件中进行配置，才能拦截对指定资源的访问，具体配置如下。

```xml
<filter>
    <filter-name>MyFilter</filter-name>
    <filter-class>filter.MyFilter</filter-class>
</filter>
<filter-mapping>
    <filter-name>MyFilter</filter-name>
    <url-pattern>/MyServlet</url-pattern>
</filter-mapping>
```

在配置代码中设置过滤器，对"/MyServlet"的请求进行拦截，在用户请求访问 MyServlet 程序之前执行 MyFilter 程序。

过滤器的配置信息中包含多个元素，这些元素分别有不同的作用，下面具体介绍。

（1）<filter>根元素用于注册一个过滤器。

（2）<filter-name>子元素用于设置过滤器的名字。

（3）<filter-class>子元素用于设置过滤器完整的类名。

（4）<filter-mapping>根元素用于设置一个过滤器拦截的资源。

（5）<filter-name>子元素必须与<filter>根元素中的<filter-name>子元素相同，才能说明是同一个过滤器。

（6）<url-pattern>子元素用于匹配用户请求的 URL。

重新启动服务器，在浏览器地址栏中输入 http://localhost:8080/chapter06/ MyServlet，MyServlet 页面的过滤结果如图 6-5 所示。

图 6-5　MyServlet 页面的过滤结果

从图 6-5 中可以看出，在使用浏览器访问时，浏览器窗口中只显示了过滤器的输出信息，并没有显示 Servlet 的输出信息，说明过滤器成功拦截了请求。

6.1.5　过滤器部署配置

通过例 6-1，我们看到，过滤器拦截的资源要先进行配置，只有准确配置好过滤器映射的 URL，才能进行有效的拦截。

过滤器和 Servlet 类似，都是服务器端的一种组件，在容器中运行。二者的实现也较为相似，Servlet 继承自 HttpServlet，必须覆盖 doGet()方法或 doPost()方法；过滤器则必须实现 Filter 接口，且必须覆盖 doFilter()方法。二者的部署配置也较为类似，都可以通过配置文件 web.xml 或 Annotation 两种方式进行。下面我们分别介绍这两种不同的部署配置方式。

1．web.xml 配置文件部署配置方式

我们实际上可以将过滤器的部署拆分成 3 个问题，解决了这 3 个问题，部署问题也就得到了解决。

第 1 个问题是如何描述某个过滤器。答案很简单，就是给实现过滤器的类（在 web.xml 中用<filter-class>标记）起一个对应的逻辑名（在 web.xml 中用<filter-name>标记）。

第 2 个问题就是如何描述某个资源。由于过滤器用来过滤对资源的访问，通常资源用 URL 表示，配置中用<url-pattern>描述，任何一个资源都可以抽象成一个<url-pattern>；至此，通过同样的过滤器逻辑名，可以将<url-pattern>和实际的 Filter 类<filter-class>关联起来，用户访问<url-pattern>时就会自动使用<filter-class>进行过滤。若希望过滤器拦截所有的访问请求，则可以通过通配符（*）设置<url-pattern>/*<url-pattern>来实现。

但过滤过程还没有结束，前面我们知道资源有不同的请求方式，如 REQUEST、INCLUDE、FORWARD、ERROR 等，为应对这些不同的请求方式，过滤器还必须解决第 3 个问题，即如何对待资源的不同请求方式。请求方式通过<dispatcher>来描述，主要有 4 种，

下面分别进行说明。

（1）REQUEST：当用户直接访问页面时，Web 容器将会调用该过滤器进行拦截；而通过其他方式访问，该过滤器则不会被调用；该方式是默认的方式，在没有特别说明 <dispatcher>的情况下，都按 RESQUEST 方式处理。

（2）INCLUDE：如果目标资源是通过 RequestDispatcher 的 include()方法访问的，那么该过滤器将被调用，除此以外，该过滤器不会被调用。

（3）FORWARD：若目标资源是通过 RequestDispatcher 的 forward()方法访问的，那么该过滤器将被调用，除此以外，该过滤器不会被调用。

（4）ERROR：如果目标资源是通过声明式异常处理机制调用的，那么该过滤器将被调用，除此以外，该过滤器不会被调用。

这 3 个问题被解决后，我们就可以正确地部署和配置过滤器了，web.xml 文件中的配置示例代码如下。

```
<filter>
    <filter-name>MyFilter</filter-name>
    <filter-class>filter.MyFilter</filter-class>
</filter>
<filter-mapping>
    <filter-name>MyFilter</filter-name>
    <url-pattern>/MyServlet</url-pattern>
    <dispatcher>REQUEST</dispatcher>
    <dispatcher>FORWARD</dispatcher>
    <dispatcher>INCLUDE</dispatcher>
    <dispatcher>ERROR</dispatcher>
</filter-mapping>
```

2. Annotation（注解）部署配置方式

采用 Annotation（注解）进行部署配置，其原理和 web.xml 配置文件部署配置方式基本一致，也是必须说明如何解决前述 3 个问题，只是摆放的位置不同，Annotation（注解）部署配置直接在过滤器代码中进行，比较方便，其在语法形式上也与 web.xml 配置文件部署配置略有差别，如下。

```
@WebFilter(
filterName = "MyFilter",
urlPatterns = {"/MyFilter "},
dispatcherTypes = {
        DispatcherType.REQUEST,
        DispatcherType.FORWARD,
        DispatcherType.ERROR,
        DispatcherType.INCLUDE
    }
)
```

其中 urlPatterns = {"/MyFilter "}为拦截路径的设置，设置拦截路径表示过滤器会对用户请求进行拦截，有以下 4 种拦截路径的方式。

（1）拦截具体资源的拦截路径为"/index.jsp"，只有访问 index.jsp 时才会被拦截。

（2）目录拦截的拦截路径为"/user/*"，访问"/user"下的任意资源，都会被拦截。

（3）后缀名拦截的拦截路径为"*.jsp"，访问后缀名为 jsp 的资源，都会被拦截。

（4）拦截所有资源的拦截路径为"/*"，访问所有资源，都会被拦截

拦截路径的配置方式和 Servlet 的请求资源路径配置方式相同，但表示的含义不同。

6.1.6　Filter 链

前面提到过，我们可以在一个 Web 应用程序中注册多个过滤器，每个过滤器都可以针对某个 URL 进行拦截。如果多个过滤器都对同一个 URL 进行拦截，那么这些过滤器就会组成一个 Filter 链（过滤器链）。Filter 链用 FilterChain 对象来表示，FilterChain 对象中有一个 doFilter()方法，该方法的作用就是让 Filter 链上的当前过滤器放行，使请求进入下一个过滤器。下面通过图 6-6 来描述 Filter 链的拦截过程。

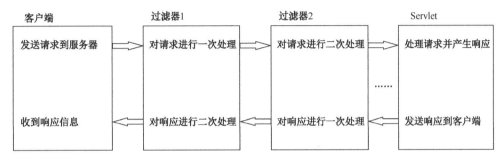

图 6-6　Filter 链的拦截过程

在图 6-6 中，当浏览器访问 Web 服务器中的资源时需要经过多个过滤器，首先过滤器 1 会对这个请求进行拦截，在过滤器 1 处理完请求后，通过调用过滤器 1 的 doFilter()方法将请求转发给过滤器 2，在过滤器 2 处理完请求后，同样调用自身的 doFilter()方法，再将请求传递给下一个过滤器。依次类推，每个过滤器在收到前一个过滤器传递来的请求后，先完成自己的处理，然后调用自身的 doFilter()方法将请求传递给下一个过滤器，直到 Filter 链上没有过滤器，最终将请求传递给目标资源。目标资源在处理完请求并做出响应后，其返回的响应会依次被之前 Filter 链上的过滤器逆序拦截，待所有过滤器处理完成后才将响应传递给客户端。

更为巧妙的是，我们可以对过滤器进行自由组合，只要设置好需要的触发条件，多个过滤器就可以分组协同工作，完成需要进行的工作了。然而用户只需要编写好过滤器触发后要执行的动作，其他就交给容器自动完成即可，使用起来也很方便。

为了使读者更好地学习 Filter 链，掌握多个过滤器对资源进行拦截的技术，我们给出一个实例，分步骤演示如何使用 Filter 链拦截 MyServlet 的一个请求，步骤如下。

（1）在 chapter06 项目的 filter 包中新建两个过滤器，分别为 MyFilter01 和 MyFilter02，如例 6-2 所示。

例 6-2　多个过滤器拦截演示。

编写 MyFilter01.java 文件，这是第一个过滤器，其内容如下。

```
package filter;
import java.io.*;
import javax.servlet.*;
import javax.servlet.annotation.WebFilter;
@WebFilter("/MyFilter01")
public class MyFilter01 implements Filter {
```

```
    public void init(FilterConfig fConfig) throws ServletException {
        // Filter对象在初始化时调用，可以配置一些初始化参数
    }
    public void doFilter(ServletRequest request, ServletResponse response,
        FilterChain chain) throws IOException, ServletException {
        // 用于拦截用户的请求，如果和当前过滤器的拦截路径匹配，那么该方法会被调用
        PrintWriter out=response.getWriter();
        out.write("Hello MyFilter01<br />");
        chain.doFilter(request, response);
    }
    public void destroy() {
        // Filter对象在销毁时自动调用，释放资源
    }
}
```

编写 MyFilter02.java 文件，这是第二个过滤器，其内容如下。

```
package filter;
import java.io.*;
import javax.servlet.Filter;
import javax.servlet.*;
import javax.servlet.annotation.WebFilter;
@WebFilter("/MyFilter02")
public class MyFilter02 implements Filter {
    public void init(FilterConfig fConfig) throws ServletException {
        // Filter对象在初始化时调用，可以配置一些初始化参数
    }
    public void doFilter(ServletRequest request, ServletResponse response,
        FilterChain chain) throws IOException, ServletException {
        // 用于拦截用户的请求，如果和当前过滤器的拦截路径匹配，那么该方法会被调用
        PrintWriter out=response.getWriter();
        out.write("MyFilter02 Before<br />");
        chain.doFilter(request, response);
        out.write("<br />MyFilter02 After<br />");
    }
    public void destroy() {
        // Filter对象在销毁时自动调用，释放资源
    }
}
```

（2）启动服务器，在浏览器地址栏中输入 http://localhost:8080/chapter06/MyServlet，MyServlet 页面的过滤显示结果如图 6-7 所示。

图 6-7　MyServlet 页面的过滤显示结果

从图 6-7 中可以看出，访问 MyServlet 的过程首先被 MyFilter01 拦截了，打印出 MyFilter01 中的 "Hello MyFilter01
"，然后又被 MyFilter02 拦截，打印出 MyFilter02

中的信息"MyFilter02 Before
"，直到请求被放行，才显示出 MyServlet 中的输出内容。之后响应逆序被过滤器拦截，先被 MyFilter02 拦截，打印出信息"
MyFilter02 After
"，然后转回 MyFilter01 中的 doFilter()方法，将请求结果返回给用户。

需要注意的是，Filter 链中的各个过滤器的拦截顺序与它们在 web.xml 文件中 <filter-mapping>元素映射的书写顺序一致，哪一个过滤器写在前就先执行，所以此例中用户访问 MyServlet 的请求先被 MyFilter01 拦截后，再被 MyFilter02 拦截。

6.2　过滤器实现统一全站编码

在 Web 开发中，我们经常会遇到中文乱码的问题。按照之前所学知识，解决乱码的通常做法是在 Servlet 程序中设置编码方式，但是如果多个 Servlet 程序都设置编码方式，那么必然会出现大量重复代码，重复代码不利于程序的维护和更新。为了解决重复代码的问题，我们可以考虑在过滤器中对获取到的请求和响应进行编码，由于过滤器中的代码只需要书写一次，所以不存在代码重复的问题，同时又可以为每个需要编码的 Servlet 提供服务，如此便完美地解决了大量重复代码的问题，实现了统一全站编码。下面我们分步骤演示一个实例，演示如何通过过滤器实现统一全站编码，同时解决中文乱码问题。

6.2.1　使用过滤器实现统一全站编码

使用过滤器实现统一全站编码的步骤如下。

（1）编写 form.jsp 页面。

在项目的 WebContent 目录中，编写 form.jsp 页面，该页面用于提交用户登录的表单信息，如例 6-3 所示

例 6-3 统一全站编码。

编写 form.jsp 文件，提交用户登录表单页面，其内容如下。

```
<%@ page language="java" contentType="text/html; charset=utf-8"
    pageEncoding="utf-8" import="java.util.*"%>
<!DOCTYPE html PUBLIC "-//W3C//DTD HTML 4.01 Transitional//EN"
"http://www.w3.org/TR/html4/loose.dtd">
<html>
<head>
<meta http-equiv="Content-Type" content="text/html; charset=UTF-8">
</head>
<center>
    <h3>用户登录</h3>
</center>
<body style="text-align: center;">
    <
a href="<%=request.getContextPath()%>/CharacterServlet?name=云财
&password=123456">单击超链接登录</a>
    <
form action="<%=request.getContextPath()%>/CharacterServlet"
    method="post">
    <table border="1" width="600px" cellpadding="0" cellspacing="0"
        align="center">
```

```
        <tr>
          <td height="30" align="center">用户名: </td>
          <td> <input type="text" name="name" />
          </td>
        </tr>
        <tr>
          <td height="30" align="center">密   码: </td>
          <td> <input type="password" name="password" />
          </td>
        </tr>
        <tr>
          <td height="30" colspan="2" align="center">
          <input type="submit" value="登录" />
               
          <
input type="reset" value="重置" />
          </td>
        </tr>
      </table>
    </form>
</body>
```

（2）创建 Servlet。

在项目的包中编写一个类，该类用于获取用户输入的请求参数，并将参数输出到控制台中。
编写 CharacterServlet.java 文件，处理用户请求参数，其内容如下。

```
package filter;
import java.io.IOException;
import javax.servlet.*;
import javax.servlet.http.*; import javax.servlet.annotation.WebFilter;
@WebServlet("/CharacterServlet")
public class CharacterServlet extends HttpServlet {
   public void doGet(HttpServletRequest request, HttpServletResponse
                     response)throws ServletException, IOException {
          System.out.println(request.getParameter("name"));
          System.out.println(request.getParameter("password"));
   }
   public void doPost(HttpServletRequest request, HttpServletResponse
                     response)throws ServletException, IOException {
          doGet(request, response);
   }
}
```

（3）创建过滤器。

在项目的包中编写一个类，该类用于拦截用户的访问请求，实现全站的统一编码功能。
编写 CharacterFilter.java 文件，拦截用户访问请求并进行编码。

```
package filter;
import java.io.*;
import javax.servlet.*;
import javax.servlet.http.*;
javax.servlet.annotation.WebFilter;
```

```
@WebFilter("/CharacterServlet")
public class CharacterFilter implements Filter {
    public void init(FilterConfig filterConfig) throws ServletException {
    }
    public void doFilter(ServletRequest req, ServletResponse resp,
        FilterChain chain) throws IOException, ServletException {
    HttpServletRequest request = (HttpServletRequest) req;
    HttpServletResponse response = (HttpServletResponse) resp;
    // 拦截所有请求，解决全站中文乱码问题
    // 指定request和response的编码
    request.setCharacterEncoding("UTF-8"); // 只对消息体有效
    response.setContentType("text/html;charset=UTF-8");
    chain.doFilter(request, response);
    }
    public void destroy() {
    }
}
```

（4）启动项目，进行测试。

启动服务器，打开浏览器，在地址栏中输入 http://localhost:8080/chapter06/form.jsp，此时浏览器窗口中会显示一个用户登录的表单，在表单中输入用户名"云财"和密码"123456"，如图 6-8 所示

图 6-8　登录页面

单击"登录"按钮提交表单，或单击图 6-8 中的"单击超链接登录"链接提交表单，此时，控制台窗口显示的结果如图 6-9 所示，从图 6-9 中可以看出，表单中输入的用户名和密码都正确地显示在控制台窗口中，而且中文信息没有出现乱码，这是因为所有的请求与响应都执行了 CharacterFilter 中的 doFilter()方法，将字符编码统一为 UTF-8。

图 6-9　控制台信息

从图 6-9 中可以看出，GET 方式提交表单与 POST 方式提交表单的效果是一样的，都不会出现中文乱码，因此，可以说明使用过滤器能够方便地实现统一全站编码的功能。

6.2.2 用户管理系统案例的登录功能改进

在第 5 章的用户管理系统案例中，我们使用会话技术有效防止了非法用户对用户信息的访问，但我们也提到这种技术还不够完善，原因是这种会话技术要在多个 JSP 页面中判断会话信息，因此效率不高，代码修改量大。

我们用过滤器来实现逻辑检测，工作量更小且效果更好，可以彻底地解决非法访问问题。下面我们具体地来完成这一改进工作。

（1）在 5.5 节内容的基础上进行修改，这些修改包括对 LoginServlet 的修改和对 userinfo.jsp、addUser.jsp、editUser.jsp 页面的修改。保留 LoginServlet 的修改，删除所有已经加入 JSP 页面的会话判断逻辑，代码如下。

```
<%
    User user = (User) session.getAttribute("user");
    if(user==null)  response.sendRedirect("login.jsp");
%>
```

将这些 JSP 页面重新放在一个新的文件夹下：在 web 目录下新建一个名为 jsp 的文件夹，将项目中的 userinfo.jsp、addUser.jsp、editUser.jsp、queryUser.jsp 这 4 个页面完全保存在"/jsp/"目录下。

（2）创建 example.servlet 包，然后在包内创建 MyFilter.java 文件，用于过滤任何访问 jsp 目录的请求，在 doFilter()方法中加入检测用户的代码，这意味着访问任何 jsp 目录中的页面，都首先要检测是否存在当前用户，若不存在则跳转至登录页面，如此就可以实现对非法访问的控制。

例 6-4 用户登录改进。

编写 MyFilter.java 文件，其内容如下。

```
@WebFilter("/jsp/*")
public class MyFilter implements javax.servlet.Filter {
    @Override
    public void init(FilterConfig filterConfig) throws ServletException {
    }
    @Override
    public void doFilter(ServletRequest request, ServletResponse response,
FilterChain chain) throws ServletException, IOException {
        HttpServletRequest req=(HttpServletRequest) request;
        HttpServletResponse res=(HttpServletResponse) response;
        HttpSession session = req.getSession();
        User user = (User) session.getAttribute("user");
        if (user == null) {
            res.sendRedirect(req.getContextPath()+"/login.jsp");
            return;
        }
        chain.doFilter(request,response);
    }}
```

（3）在 Servlet 的跳转链接中添加"/jsp/"路径，务必注意 login.jsp 页面要放在 web 目录下，否则会出现无限循环重定向。

6.3　监听器概述

在 GUI 编写过程中，我们经常会使用监听器（Listener）监听用户的操作，以便做出正确的响应，达到良好的人机交互效果。同样，Servlet 中也存在监听器，以便及时地对所发生的事件进行处理。

6.3.1　什么是监听器

监听器是用于监听 application、session、request 三个对象的创建、销毁或向其中添加、修改、删除属性时自动执行代码的功能组件。事件监听器在监听过程中涉及以下几个重要部分。

（1）事件（Event）：用户的一个操作，如单击一个按钮、创建一个对象等。

（2）事件源：产生事件的对象。

（3）事件监听器：负责监听事件源上发送的事件。

（4）事件处理器：监听器的成员方法，它是事件发生时触发的处理方法。

当用户进行一个操作触发了事件源上的事件时，事件监听器就会监听到此事件，然后调用相应的事件处理器来处理发生的事件，具体的操作步骤如下。

（1）将监听器绑定到事件源，即注册监听器中。

（2）事件发生时会自动触发监听器的事件处理器，将事件对象传递给事件处理器。

（3）被触发的事件处理器通过事件对象获得事件源，并对事件源进行处理。

在 Servlet 中使用的监听器习惯上称为 Servlet 事件监听器，Servlet 事件监听器其实就是一个实现了特定接口的 Java 程序，专门用于监听 Web 应用程序中域对象的创建和销毁过程，监听这些域对象属性的修改，以及感知绑定到 HttpSession 域中对象的状态。

Servlet 规范中总共定义了 8 种监听器，根据监听事件的不同可以将它们分为以下 3 类。

（1）用于监听域对象创建和销毁的事件监听器有 ServletContextListener、HttpSession-Listener 和 ServletRequestListener。

（2）用于监听域对象属性增加和删除的事件监听器有 ServletContextAttributeListener、HttpSessionAttributeListener 和 ServletRequestAttributeListener。

（3）用于监听绑定到 HttpSession 域中某个对象状态的事件监听器有 HttpSessionBindind-Listener 和 HttpSessionActivationListener。

在 Servlet 规范中，这 3 类事件监听器都定义了相应的接口，在编写事件监听器程序时只需要实现对应的接口即可。Web 服务器会根据监听器实现的接口，把它注册到被监听对象上，当触发了某个对象的监听事件时，Web 容器将会自动调用监听器上与之相关的方法对事件进行处理。下面我们分别介绍这 3 类事件监听器。

6.3.2　监听域对象的生命周期

在 Web 应用程序运行期间，Web 容器会创建和销毁 3 个比较重要的对象，即 ServletContext、HttpSession 和 ServletRequest，这些对象被称为域对象。为了监听域对象的生命周期，Servlet API 专门提供了 3 个接口，分别为 ServletContextListener、HttpSessionListener 和 ServletRequestListener，这 3 个接口可以分别用于监听不同域对象的生命周期。监听域对象生命周期监听器的方法如表 6-2 所示。

表 6-2　监听域对象生命周期监听器的方法

监听器	监听器描述	创建和销毁方法
ServletContextListener	监听 ServletContext 对象的创建与销毁过程	void contextInitialized (ServletContextEvent sce)
		void contextDestroyed (ServletContextEvent sce)
HttpSessionListener	监听 HttpSession 对象的创建和销毁过程	void sessionCreated (HttpSessionEvent se)
		void sessionDestroyed (HttpSessionEvent se)
ServletRequestListener	监听 ServletRequest 对象的创建和销毁过程	void requestInitialized (ServletRequestEvent sre)
		void requestDestroyed (ServletRequestEvent sre)

下面我们分别对这 3 个接口进行介绍。

1．ServletContextListener 接口

ServletContext 对象是 Web 应用程序中重要的对象，代表 Web 应用程序本身，为了监听该对象的创建与销毁过程，Servlet API 提供了一个 ServletContextListener 接口，当在 Web 应用程序中注册一个或多个实现了 ServletContextListener 接口的事件监听器时，Web 容器在创建或销毁每个 ServletContext 对象时就会产生一个与其对应的事件对象，然后依次调用每个 ServletContext 事件监听器中的处理方法，并将 ServletContext 事件对象传递给这些方法，从而完成事件的处理工作。

ServletContextListener 接口中共定义了两个事件处理方法，下面分别介绍。

（1）contextInitialized()方法。

完整的语法格式如下。

```
public void contextInitialized(servletContextEvent sce)
```

当 ServletContext 对象被创建时，Web 容器会调用 contextInitialized()方法。contextInitialized()方法接收一个 ServletContextEvent 类型的参数，方法内部可以通过这个参数来获取已创建的 ServletContext。

（2）contextDestroyed()方法。

完整的语法格式如下。

```
public void contextDestroyed(servletContextEvent sce)
```

当 ServletContext 对象即将被销毁时，Web 容器会调用此方法，并将 ServletContextEvent 对象传递给该方法。

2．HttpSessionListener 接口

HttpSessionListerner 接口用于完成会话操作，为了监听 HttpSession 对象的创建和销毁过程，Servlet API 中提供了一个 HttpSessionListener 接口，当 Web 应用程序中注册了一个或多个实现了 HttpSessionListener 接口的事件监听器时，Web 容器在创建或销毁每个 HttpSession 对象时就会产生一个 HttpSessionEvent 事件对象，然后依次调用每个 HttpSession 事件监听器中的相应方法，并将 HttpSessionEvent 事件对象传递给这些方法。

HttpSessionListerner 接口中共定义了两个事件处理方法，分别为 sessionCreated()方法和 sessionDestroy()方法，接下来讲解一下这两个方法。

（1）sessionCreated()方法。

完整的语法格式如下。

```
public void sessionCreated(HttpSessionEvent se)
```

每当一个HttpSession对象被创建时，Web容器都会调用sessionCreated()方法，sessionCreated()方法接受一个 HttpSessionEvent 类型的参数，sessionCreated()方法内部可以通过这个参数获取当前被创建的 HttpSession 对象。

（2）sessionDestroy()方法。

完整的语法格式如下。

```
public void sessionDestroy(HttpSessionEvent se)
```

每当一个 HttpSession 对象即将被销毁时，Web 容器都会调用 sessionDestroy()方法，并将 HttpSessionEvent 事件对象传递给这个方法。

3. ServletRequestListener 接口

ServletRequest 对象用于获取客户端发送的请求数据，为了监听 ServletRequest 对象的创建和销毁过程，Servlet API 提供了 ServletRequestListener 接口，当 Web 应用程序中注册了一个或多个实现了 ServletRequestListener 接口的事件监听器时，Web 容器在创建或销毁每个 ServletRequest 对象时都会产生一个 ServletRequestEvent 事件对象，然后依次调用每个 ServletRequest 事件监听器中的相应处理方法。

ServletRequestListener 接口中定义了两个事件处理方法，分别为 requestInitialized()方法和 requestDestroyed()方法，接下来我们对这两个方法进行讲解。

（1）requestInitialized()方法。

完整的语法格式如下。

```
public void requestInitialized(ServletRequestEvent sre)
```

每当创建一个 ServletRequest 对象时，Web 容器都会调用 requestInitialized()方法。requestInitialized()方法接收一个 ServletRequestEvent 类型的参数，方法内部可以通过这个参数来获取当前创建的 ServeltRequest 对象。

（2）requestDestroyed()方法。

完整的语法格式如下。

```
public void requestDestroyed(ServletRequestEvent sre)
```

每当一个 ServletRequest 对象销毁时，Web 容器都会调用 requestDestroyed()方法，并将 ServletRequestEvent 对象传递给这个方法。

6.3.3　注册监听器

共有 2 种注册 Servlet 监听器的方式。

1. 在 web.xml 中注册监听器

在 web.xml 中使用<listener>标签配置监听器，Web 容器会自动把监听器注册到事件源中，示例代码如下。

```
<?xml version="1.0" encoding="UTF-8"?>
<web-app xmlns="http://xmlns.jcp.org/xml/ns/javaee"
        xmlns:xsi="http://www.w3.org/2001/XMLSchema-instance"
        xsi:schemaLocation=
```

```
"http://xmlns.jcp.org/xml/ns/javaee http://xmlns.jcp.org/xml/ns/javaee/
web-app_4_0.xsd"
            version="4.0">
<listener>
  <listener-class>listener.MyListener</listener-class>
</listener>
</web-app>
```

2. 使用@WebListener 注册监听器

在 Listener 类上使用@WebListener 注解，可以将该 Java 类注册为一个 Listener 类，示例代码如下。

```
package net.biancheng.www.servlet;
import javax.servlet.ServletContextEvent;
import javax.servlet.ServletContextListener;
import javax.servlet.annotation.WebListener;
/**
* 监听器实例代码
*/
@WebListener
public class MyListener implements ServletContextListener {
    public MyListener() {
    }
    public void contextDestroyed(ServletContextEvent sce) {
    }
    public void contextInitialized(ServletContextEvent sce) {
    }
}
```

使用 HttpSessionBindingListener 和 HttpSessionActivationListener 时，不必进行注册，直接创建 Java 类实现这两个接口即可。

接下来我们通过一个实例来说明这 3 个接口的使用。要想对 Servlet 域对象的生命周期进行监听，首先需要实现域对象的 ServletContextListener、HttpSessionListener 和 ServletRequestListener 接口，这些接口中的方法和执行过程非常类似，可以为每个监听器单独编写一个类；也可以用一个类同时实现这 3 个接口，从而让这个类具有 3 个事件监听器的功能。下面将演示如何监听域对象的生命周期，具体步骤如下。

（1）创建一个项目，在这个项目中创建一个包，在该包中编写一个类，这个类实现了 3 个监听器接口，并实现了这些接口中的所有方法，如例 6-5 所示。

例 6-5 监听域对象的生命周期。

编写 MyListener.java 文件，实现对域对象的生命周期的监听，其内容如下。

```
package listener;
import javax.servlet.*;
import javax.servlet.http.*;
@WebListener
public class MyListener implements
    ServletContextListener, HttpSessionListener,ServletRequestListener {
  public void contextInitialized(ServletContextEvent arg0) {
    System.out.println("ServletContext对象被创建了");
  }
```

```
    public void contextDestroyed(ServletContextEvent arg0) {
        System.out.println("ServletContext对象被销毁了");
    }
    public void requestInitialized(ServletRequestEvent arg0) {
        System.out.println("ServletRequest对象被创建了");
    }
    public void requestDestroyed(ServletRequestEvent arg0) {
        System.out.println("ServletRequest对象被销毁了");
    }
    public void sessionCreated(HttpSessionEvent arg0) {
        System.out.println("HttpSession对象被创建了");
    }
    public void sessionDestroyed(HttpSessionEvent arg0) {
        System.out.println("HttpSession对象被销毁了");
    }
}
```

（2）项目部署完成后，启动服务器，控制台窗口显示的监听结果如图 6-10 所示。

```
Output
[2023-02-11 11:23:29,923] Artifact chapter06:war exploded2: Artifact is being deployed, please wait...
11-Feb-2023 11:23:30.265 警告 [RMI TCP Connection(3)-127.0.0.1] org.apache.tomcat.util.descriptor.web.WebXml.setVersion
ServletContext对象被创建了
11-Feb-2023 11:23:30.929 警告 [RMI TCP Connection(3)-127.0.0.1] org.apache.catalina.util.SessionIdGeneratorBase.createS
```

图 6-10　MyListener.java 运行后控制台窗口显示的监听结果

从图 6-10 中可以看出，ServletContext 对象被创建了，这是由于 Web 服务器在启动时会自动加载 Web 应用程序，并创建其对应的 ServletContext 对象，而在项目的 web.xml 文件中则配置了用于监听 ServletContext 对象被创建和销毁事件的监听器，所以 Web 服务器创建 ServletContext 对象后将调用监听器中的 contextInitialized()方法，从而输出“ServletContext 对象被创建了”这行信息。

（3）为了观察 ServletContext 对象的销毁信息，可以将已经启动的 Web 服务器关闭，此时，控制台窗口显示的结果如图 6-11 所示。

```
Output
NOTE: Picked up JDK_JAVA_OPTIONS:  --add-opens=java.base/java.lang=ALL-UNNAMED --add-opens=java.base/java.io=ALL-UNNAMED
11-Feb-2023 11:27:35.025 信息 [main] org.apache.coyote.AbstractProtocol.pause Pausing ProtocolHandler ["ajp-nio-8009"]
ServletContext对象被销毁了
11-Feb-2023 11:27:35.470 信息 [main] org.apache.catalina.core.StandardService.stopInternal Stopping service [Catalina]
11-Feb-2023 11:27:35.496 信息 [main] org.apache.coyote.AbstractProtocol.stop Stopping ProtocolHandler ["http-nio-8080"]
```

图 6-11　控制台窗口显示的结果

从图 6-11 中可以看出，Web 服务器在关闭之前，ServletContext 对象就被销毁了，并调用了监听器中的 contextDestroyed()方法。

（4）为了查看 HttpSessionListener 和 ServletRequestListener 的运行效果，在项目的 Web 目录中编写一个简单的 myjsp.jsp 页面，如例 6-6 所示。

例 6-6 查看 HttpSessionListener 和 ServletRequestListener 的运行效果。

编写 myjsp.jsp 文件，其内容如下。

```
<%@ page language="java" contentType="text/html; charset=utf-8"
    pageEncoding="utf-8"%>
<html>
<head>
```

```
<title>this is MyJsp.jsp page</title>
</head>
<body>
    这是一个测试监听器的页面
</body>
</html>
```

（5）为了尽快查看 HttpSession 对象的销毁过程，可以在项目的 web.xml 文件中设置会话超时时限为 2 分钟，具体代码如下。

```
<session-config>
  <session-timeout>2</session-timeout>
</session-config>
```

在上述配置中，<session-timeout>标签指定的会话超时时限必须为整数，若这个整数是 0 或负数，则会话永远不会超时；若这个数是正数，则项目中的会话将在指定的时间后超时。

（6）重新启动 Web 服务器，在浏览器地址栏中访问 myjsp.jsp 页面，此时控制台窗口的显示结果如图 6-12 所示。

```
Output
    ServletRequest对象被创建了
    HttpSession对象被创建了
    ServletRequest对象被销毁了
```

图 6-12　访问 myjsp.jsp 页面的控制台窗口显示结果

从图 6-12 中可以看出，当浏览器第一次访问页面时，Web 容器除了为这次请求创建 ServletRequest 对象，还创建了与这个浏览器对应的 HttpSession 对象，当这两个对象被创建时，Web 容器会调用监听器中的相应方法，当 Web 服务器完成这次请求后，ServletRequest 对象会随之销毁，在控制台窗口中输出"HttpSession 对象被销毁了"。如果此时单击浏览器窗口中的"刷新"按钮，再次访问页面，那么在控制台窗口中会再次输出 ServletRequest 对象被创建与销毁的信息，但不会创建新的 HttpSession 对象，这是因为 Web 容器不会为每次访问请求都创建一个新的 HttpSession 对象。

（7）关闭访问页面的浏览器窗口或保持浏览器窗口不刷新，与之对应的 HttpSession 对象将在 2 分钟之后销毁，此时，控制台窗口的显示结果如图 6-13 所示。

```
Output
    ServletRequest对象被销毁了
    HttpSession对象被销毁了
```

图 6-13　HttpSession 对象被销毁后控制台窗口的显示结果

从图 6-13 中可以看出，HttpSession 对象被销毁了，Web 服务器调用了 Listener 对象的 sessionDestroyed()方法。

6.3.4　监听域对象的属性变更

ServletContext、HttpSession 和 ServletRequest 这 3 个对象，都可以创建、删除和修改他们各自的属性，为了监听这 3 个对象的属性变更，Servlet API 专门提供了相应的接口，即 ServletContextAttributeListener、HttpSessionAttributeListener 和 ServletRequestAttributeListener，分别用于监听对象中属性的变更，接下来我们针对这 3 个接口进行详解。

1．监听对象属性变更的接口

在程序开发中，不仅需要对域对象进行监听，还需要对某个域对象属性的变更进行监听，为了完成这样的功能，Servlet API 专门提供了 ServletContextAttributeListener、HttpSessionAttributeListener 和 ServletRequestAttributeListener 接口，3 个接口都定义了同名的方法，分别用于处理被监听对象属性的增加、删除和替换，如表 6-3 所示。

表 6-3　监听对象属性变更的监听器的方法

监听器	监听器描述	方法
ServletContextAttributeListener	用于监听 ServletContext 对象的属性新增、移除和替换	public void attributeAdded (ServletContextAttributeEvent scae)
		public void attributeRemoved (ServletContextAttributeEvent scae)
		public void attributeReplaced (ServletContextAttributeEvent scae)
HttpSessionAttributeListener	用于监听 HttpSession 对象的属性新增、移除和替换	public void attributeAdded (HttpSessionBindingEvent hsbe)
		public void attributeRemoved (HttpSessionBindingEvent hsbe)
		public void attributeReplaced (HttpSessionBindingEvent hsbe)
ServletRequestAttributeListener	用于监听 HttpServletRequest 对象的属性新增、移除和替换	public void attributeAdded (ServletRequestAttributeEvent srae)
		public void attributeRemoved (ServletRequestAttributeEvent srae)
		public void attributeReplaced (ServletRequestAttributeEvent srae)

接下来分别讲解监听对象属性变更的监听器方法。

（1）attributeAdded()方法。

当向被监听域对象增加一个属性时，Web 容器就调用事件监听器的 attributeAdded()方法进行响应，该方法接收一个事件类型的参数，监听器可以通过这个参数获取正在增加属性的域对象和被保存在域中的属性对象。其有 3 种具体方法，如下。

① public void attributeAdded(ServletContextAttributeEvent scae)方法。

当向 ServletContext 对象中增加一个属性时，Web 容器就调用这个方法并传递一个 ServletContextEvent 类型的参数。

② public void attributeAdded(HttpSessionBindindEvent hsbe)方法。

当向 HttpSession 对象中增加一个属性时，Web 容器就调用这个方法并传递一个 HttpSessionBindindEvent 类型的参数。

③ public void attributeAdded(ServletRequestAttributeEvent scae)方法。

当向 ServletRequest 对象中增加一个属性时，Web 容器就调用这个方法并传递一个 ServletRequestAttributeEvent 类型的参数。

（2）attributeRemoved 方法。

当删除被监听对象中的一个属性时，Web 容器调用事件监听器的 attributeRemoved()方法进行响应。这个方法在各个域属性监听器中的完整语法定义分别如下。

① public void attributeRemoved (ServletContextAttributeEvent scae)。

② public void attributeRemoved (HttpSessionBindingEvent hsbe)。

③ public void attributeRemoved (ServletRequestAttributeEvent srae)。

这些方法接收的参数类型与 attributeAdded()方法一致，监听器可以通过这个参数获取正在删除属性的域对象。

（3）attributeReplaced()方法。

当被监听的域对象中的某个属性被替换时，Web 容器会调用事件监听器的 attributeReplaced()方法进行响应。这个方法在各个域属性监听器中的完整语法格式分别如下。

① public void attributeReplaced (ServletContextAttributeEvent scae)。

② public void attributeReplaced (HttpSessionBindingEvent hsbe)。

③ public void attributeReplaced (ServletRequestAttributeEvent srae)。

这些方法接收的参数类型与 attributeAdded()方法一致，监听器可以通过这个参数获取正在替换属性的域对象。

2. 监听域对象属性变更案例

下面用一个案例来介绍这 3 个接口在实际开发中的应用。

（1）在 chapter06 项目的 web 根目录中，编写一个 testattribute.jsp 页面，以观察各个域对象属性事件监听器的作用。

例 6-7 监听域对象的属性变更。

编写 testattribute.jsp 文件，监听信息显示页面，其内容如下。

```jsp
<%@ page language="java" contentType="text/html; charset=utf-8"
 pageEncoding="utf-8"%>
<html>
<head>
<title>Insert title here</title>
</head>
<body>
    <h3>这是一个测试对象属性信息监听器的页面</h3>
    <%
        getServletConfig().getServletContext().setAttribute("username",
"ynufe");
        getServletConfig().getServletContext().setAttribute("username",
"info");
        getServletConfig().getServletContext().removeAttribute("username");
        session.setAttribute("username", "ynufe");
        session.setAttribute("username", "info");
        session.removeAttribute("username");
        request.setAttribute("username", "ynufe");
        request.setAttribute("username", "info");
        request.removeAttribute("username");
    %>
</body>
</html>
```

在项目的包中，编写一个 MyAttributeListener 类，该类实现了这 3 个接口，包括接口内的所有方法。

编写 MyAttributeListener.java 文件，其内容如下。

```java
package listener;
import javax.servlet.*;
import javax.servlet.http.*;
@WebListener
public class MyAttributeListener implements
ServletContextAttributeListener,
    HttpSessionAttributeListener, ServletRequestAttributeListener {
```

```
    public void attributeAdded(ServletContextAttributeEvent sae) {
        String name = sae.getName();
        System.out.println("ServletContext添加属性: " + name + "="
            + sae.getServletContext().getAttribute(name)
);
    }
    public void attributeRemoved(ServletContextAttributeEvent sae) {
        String name = sae.getName();
        System.out.println("ServletContext移除属性: " + name);
    }
    public void attributeReplaced(ServletContextAttributeEvent sae) {
        String name = sae.getName();
        System.out.println("ServletContext替换属性: " + name + "="
            + sae.getServletContext().getAttribute(name)
);
    }
    public void attributeAdded(HttpSessionBindingEvent hbe) {
        String name = hbe.getName();
        System.out.println("HttpSession添加属性: " + name + "="
            + hbe.getSession().getAttribute(name)
);
    }
    public void attributeRemoved(HttpSessionBindingEvent hbe) {
        String name = hbe.getName();
        System.out.println("HttpSession移除属性: " + name);
    }
    public void attributeReplaced(HttpSessionBindingEvent hbe) {
        String name = hbe.getName();
        System.out.println("HttpSession替换属性: " + name + "="
            + hbe.getSession().getAttribute(name)
);
    }
    public void attributeAdded(ServletRequestAttributeEvent sra) {
        String name = sra.getName();
        System.out.println("ServletRequest添加属性: " + name + "="
            + sra.getServletRequest().getAttribute(name)
);
    }
    public void attributeRemoved(ServletRequestAttributeEvent sra) {
        String name = sra.getName();
        System.out.println("ServletRequest移除属性: " + name);
    }
    public void attributeReplaced(ServletRequestAttributeEvent sra) {
        String name = sra.getName();
        System.out.println("ServletRequest替换属性: " + name + "="
            + sra.getServletRequest().getAttribute(name)
);
    }
}
```

（2）启动服务器，在浏览器地址栏中输入 http://localhost:8080/chapter06/testattribute.jsp，
testattribute.jsp 访问后控制台窗口的显示结果如图 6-14 所示。

```
↑   29-Mar-2023 13:40:01.590 信息 [localhost-startStop-1] org.apache.catalina.startup.HostConfig.
↓   ServletRequest对象被创建了
⇉   ServletRequest替换属性, org.apache.catalina.ASYNC_SUPPORTED=false
↓↑  ServletContext添加属性, username=ynufe
    ServletContext替换属性, username=info
🖶  ServletContext移除属性: username
🗑  HttpSession添加属性, username=ynufe
    HttpSession替换属性, username=info
    HttpSession移除属性: username
    ServletRequest添加属性, username=ynufe
    ServletRequest替换属性, username=info
    ServletRequest移除属性: username
    ServletRequest对象被销毁了
```

图 6-14　testattribute.jsp 访问后控制台窗口的显示结果

从图 6-14 中可以看出，首先在 ServletContext、HttpSession 和 ServletRequest 域对象中分别增加一个属性 username=info，其次将 username 的属性值进行替换，最后将该属性删除。

6.3.5　感知被 HttpSession 绑定的事件监听器

在程序开发过程中我们经常使用 Session 域来存储对象，每个对象在该域中都有多种状态，为了观察 Session 域中对象的状态，Servlet API 还提供了两个特殊的监听器接口 HttpSessionBindindListener 和 HttpSessionActivationListener，这两个接口专门用于监听 JavaBean 对象在 Session 域中的状态，实现这两个接口的类不需要进行注册。感知被 HttpSession 绑定的事件监听器的方法如表 6-4 所示。

表 6-4　感知被 HttpSession 绑定的事件监听器的方法

监听器	描述	方法
HttpSessionBindingListener	用于监听 JavaBean 对象绑定到 HttpSession 对象和从 HttpSession 对象中解绑的事件	void valueBound (HttpSessionBindingEvent event)
		void valueUnbound (HttpSessionBindingEvent event)
HttpSessionActivationListener	用于监听 HttpSession 中对象活化和对象钝化的过程	void sessionWillPassivate (HttpSessionBindingEvent event)
		void sessionDidActive (HttpSessionBindingEvent event)

1．HttpSessionBindingListener 接口

该接口用于监听 JavaBean 对象绑定到 HttpSession 对象和从 HttpSession 对象解绑的事件。共定义了两个方法，分别是 valueBound()方法和 valueUnbound()方法。

（1）valueBound()方法。

完整语法格式如下。

```
void valueBound (HttpSessionBindingEvent event)
```

当对象被绑定到 HttpSession 对象中时，Web 容器将调用对象的 valueBound()方法并传递一个 HttpSessionBindingEvent 类型的事件对象，程序可以通过这个事件对象来获得将要绑定到的 HttpSession 对象。

（2）valueUnbound()方法。

完整语法格式如下。

```
void valueUnbound (HttpSessionBindingEvent event)
```

当对象从 HttpSession 对象中解除绑定时，Web 容器同样将调用对象的 valueUnbound()方法并传递一个 HttpSessionBindingEvent 类型的事件对象。

2．HttpSessionActivationListener 接口

当一个会话开始时，Servlet 容器会为会话创建一个 HttpSession 对象。Servlet 容器在某些特殊情况下会把这些 HttpSession 对象从内存中转移至硬盘，这个过程被称为持久化（钝化）。在持久化会话时，Servlet 容器不仅会持久化 HttpSession 对象，还会对它所有可以序列化的属性进行持久化，从而确保存放在会话范围内的共享数据不会丢失。所谓可序列化的属性就是指该属性所在的类实现了 Serializable 接口。会话从持久化的状态变为运行状态的过程被称为活化，一般情况下，当服务器重新启动或者单个 Web 应用程序启动时，处于会话中的客户端向 Web 应用程序发出 HTTP 请求时，相应的会话会被激活。

为了监听 HttpSession 中对象活化和对象钝化的过程，Servlet API 专门提供了 HttpSessionActivationListener 接口，该接口定义了两个事件处理方法，分别为 sessionWillPassivate()方法和 sessionDidActive()方法，下面针对这两个方法进行介绍。

（1）sessionWillPassivate()方法。

完整语法格式如下。

```
void sessionWillPassivate (HttpSessionBindingEvent event)
```

在绑定到 HttpSession 对象中的对象随 HttpSession 对象被钝化之前，Web 容器将调用这个方法并传递一个 HttpSessionEvent 类型的事件对象，程序通过这个事件对象可以获得当前被钝化的 HttpSession 对象。

（2）sessionDidActive()方法。

完整语法格式如下。

```
void sessionDidActive (HttpSessionBindingEvent event)
```

当绑定到 HttpSession 对象中的对象随 HttpSession 对象被活化之后，Web 容器将调用这个方法并传递一个 HttpSessionEvent 类型的事件对象。

感知被 HttpSession 对象绑定的事件监听器由于涉及的内容较多，在此我们就不提供例子进行演示，有兴趣的读者可以自行查阅相关资料。

6.4　本章小结

本章主要讲解了过滤器和监听器的相关知识及应用。对于过滤器而言，阐述了过滤器的定义、过滤器的工作流程、过滤器接口映射方式、过滤器开发步骤和过滤器部署配置方式，并介绍了过滤器实现统一全站编码的过程。对于监听器而言，讲解了监听器的定义与分类，并通过具体示例对容器状态、会话状态、请求状态及操作属性进行监听处理操作。

6.5　习题

一、单选题

1．下列选项中，可以充当过滤器的是（　　）。

A．Servlet B．Filter

C．Listener D．JSP

2．下列选项中，可作为<listener>元素子元素的是（ ）。

A．<listener-url> B．<listener-class>

C．<class-listener> D．<listener-name>

3．下列选项中，能够获取 FilterConfig 对象的是（ ）。

A．getServletConfig()

B．new FilterConfig()

C．getFilterConfig()

D．初始化时容器调用 init(FilterConfig config)方法注入值

4．下列选项中，用来让 Filter 链上的下一个过滤器执行的方法是（ ）。

A．service()方法 B．filter()方法

C．doFilter()方法 D．doGet()方法

5．当为域对象中增加属性时，调用的监听器方法是（ ）。

A．attributeAdded() B．attributeRemoved()

C．attributeReplaced D．addedAttribute()

二、填空题

1．用于注册 Filter 根元素的元素是_____。

2．产生事件的对象称为_____。

3．FilterConfig 接口的 getFilterName()方法用于返回在 web.xml 文件中_____元素的设置值。

4．ServletContext 对象被创建时，会调用 ServletContextListener 接口中的_____方法。

5．当向被监听的域对象中增加一个属性时，Web 容器就调用事件监听器的_____方法进行响应。

三、简答题

1．简述 HttpSessionListener 接口中定义的方法及方法的作用。

2．简述 FilterConfig 接口中 getFilterName()方法的作用。

第 7 章　EL 表达式与 JSTL

📑 **学习目标**

- 了解表达式语言（EL 表达式）的优点
- 掌握 EL 表达式的基本语法
- 掌握 EL 运算符的应用
- 掌握 EL 表达式中与作用域相关的 4 个隐含对象
- 掌握 EL 表达式中 "." 操作符与 "[ ]" 操作符的用法
- 掌握如何使用 EL 表达式访问 JavaBean 的属性
- 掌握 JSTL 中流程控制标签的用法
- 掌握 JSTL 中<c:forEach></c:forEach>标签的用法

　　在前面的章节中，使用 Servlet 向用户输出信息需要大量使用输出语句，因为 Servlet 擅长处理业务逻辑，而不擅长展示数据，所以在设计用户交互界面时非常麻烦，因此官方提供了 JSP，JSP 的出现很好地弥补了 Servlet 的不足，JSP 擅长展示数据，可以方便地开发与用户进行交互的界面，而且效率极高。这也是我们选择 JSP 开发交互式界面的原因。

　　但我们又发现，在 JSP 的开发过程中，当页面上需要输出交互过程中的某些数据时，只能直接使用 Java 代码来书写，这会使得页面混乱不堪，而且也会对客户端页面的设计造成困难，毕竟这要求页面开发人员同时精通前端页面设计和后端 Servlet 编程，能否尽可能地减少 JSP 页面中的 Java 代码呢？表达式语言（EL 表达式）和 JSTL 就能很好地解决这个问题，同时降低页面的复杂度，增强代码的复用性。本章将对这两种方式展开详细的介绍。

7.1　表达式语言（EL 表达式）

　　为了减少 JSP 页面中出现的 Java 代码，JSP 提供了很多标记，主要包括指令标记、声明标记、脚本标记、表达式标记、动作标记和注释标记，其中声明标记、脚本标记和表达式标记中包含 Java 脚本。这些标记的使用可以在一定程度上减少 Java 代码的使用，但仍不能完全摆脱对 Java 代码的依赖。为了消除 JSP 中的 Java 脚本，很明显必须消除声明标记、脚本标记和表达式标记中包含的 Java 脚本。为此，JSP 又发展出了 EL 表达式，它可以完美地替代表达式标记，如此就可以消除表达式标记中的 Java 代码了。下面我们就来详细介绍 EL 表达式的相关知识。

7.1.1 EL 的概念

表达式语言（Expression Language，EL），简称 EL 表达式，是 JSP 2.0 新增的技术规范，它是一种简单的数据访问语言。其设计目的是简化页面输出，它能够替代传统 JSP 中的输出表达式标记<%= %>，而且还提供了额外的功能，可以更自然地输出 JavaBean 的属性信息。

EL 表达式的语法比较简单，以$符号开始，代码写在$符号之后的{ }内，语法格式如下。

```
${ EL表达式 }
```

例如，${param.name}表示获取参数 name 的值，等同于<%=request.getParameter('name') %>。从形式和语法上我们可以看出，EL 表达式简化了 JSP 原有的表达式。

我们可以使用 EL 表达式获取 Servlet 中存储的数据，而且 EL 表达式明显简化了 JSP 页面的书写。

为了说明 EL 表达式的确可以简化 JSP 页面，接下来通过一个示例来对比使用 Java 代码与 EL 表达式获取信息的情况。首先创建一个项目 chapter07，其次在模块中创建一个 Servlet 包，包中编写一个用于存储用户名和密码的 Servlet。

例 7-1 使用 EL 表达式简化 JSP 页面。

```
package servlet;
import java.io.*;
import javax.servlet.*;
import javax.servlet.http.*;
public class MyServlet extends HttpServlet {
  public void doGet(HttpServletRequest request,
    HttpServletResponse  response) throws ServletException, IOException {
    request.setAttribute("username", "ynufe");
    request.setAttribute("password", "123");
    RequestDispatcher dispatcher = request.getRequestDispatcher
                                        ("/myjsp.jsp");
    dispatcher.forward(request, response);
  }
  public void doPost(HttpServletRequest request,
    HttpServletResponse response) throws ServletException, IOException {
    doGet(request, response);
  }
}
```

接下来在模块的 web 目录下编写一个 JSP 文件，用来获取 MyServlet 存储的信息，分别采用 Java 代码和 EL 表达式进行信息获取，代码如下。

```
<%@ page language="java" contentType="text/html; charset=utf-8"
  pageEncoding="utf-8"%>
<html>
<head></head>
<body>
  用户名: <%=request.getAttribute("username")%><br />
  密 码: <%=request.getAttribute("password")%><br />
  <hr>
  使用EL表达式:<br />
  用户名: ${username}<br />
  密 码: ${password}<br />
```

```
</body>
</html>
```

模块部署后，启动服务器并在浏览器地址栏中输入 http://localhost:8080/chapter07/myjsp.jsp，使用 EL 表达式简化的页面如图 7-1 所示。

图 7-1　使用 EL 表达式简化的页面

从图 7-1 中可以看到，EL 表达式和 Java 代码功能一样，可以成功获取 Servlet 中存储的信息，同时 EL 表达式明显简化了 JSP 页面的书写，从而使程序简洁易维护。另外，当域对象中的值不存在时，使用 EL 表达式进行信息获取时会返回空字符串；而使用 Java 方式进行信息获取时，返回值为 null 且会报空指针异常，所以在实际开发过程中推荐使用 EL 表达式。

7.1.2　EL 表达式基本语法

1．EL 表达式中的标识符

EL 表达式中的标识符，如变量名、常量名等，与 Java 语言标识符一样，可以由任意的字母（区分大小写）、数字和下划线组成，为避免出现非法标识符，还需要遵守以下规范。

（1）不能以数字开头。

（2）不能是 EL 表达式中的保留字。

（3）不能是 EL 隐式对象。

（4）不能包含一些特殊字符。

2．EL 表达式中的保留字

保留字是编程语言中事先定义好的有特殊含义的单词，与其他语言类似，EL 表达式中定义了许多保留字，它们不能作为标识符使用。以下为 EL 表达式中的保留字，如表 7-1 所示。

表 7-1　EL 表达式中的保留字

lt	le	gt	ge	eq	ne	true	false
and	or	not	instanceof	div	mod	empty	null

3．EL 表达式中的变量

变量是一个基本的存储单元，将变量映射到一个对象上，就可以通过变量的标识符操纵对象了，例如，在${ obj }中，obj 是一个变量。EL 表达式中的变量不用先声明后调用，可以直接使用，语法上较 Java 更为简单。

4．EL 表达式中的常量

EL 表达式中的常量也被称为字面量，它在程序运行过程中保持不变。EL 表达式中包含的多种常量与 Java 语言中的常量相对一致，如 true、false、null 等，不同是的 Java 语言中的字符串常量用双引号括起来表示，而 EL 表达式中的字符串常量可以用单引号或双引号括起来表示。

5．EL 表达式中的运算符

EL 表达式支持多种运算，方便进行结果表达，如+、-、*、/等。为此，EL 表达式提供了多种运算符来进行运算表示，根据运算方式的不同，EL 表达式中的运算符可以分为以下几种。

1）点运算符（.）

点运算符用于访问 JSP 页面中某些对象的属性，如 JavaBean 对象的属性，语法格式形如\${customer.name}，此表达式意味着访问 customer 对象的 name 属性。

2）方括号运算符（[]）

方括号运算符与点运算符功能相同，都用于访问 JSP 页面中对象的属性，但它们可以应用的对象类型又略有区别。另外，当需要获取的属性名中包含一些特殊字符，如-、? 等非数字或字母符号时，点运算符就无法使用了，此时只能使用方括号运算符。方括号运算符的语法格式示例如下。

```
${user["My-name"]}
```

虽然点运算符和方括号运算符在大多数情况下可以互换，但仍有所不同，为方便选用，我们总结了二者的不同。

（1）点运算符与方括号运算符在大多数情况下可以互换，都可以用于访问页面上对象的属性。

（2）点运算符主要用于访问的对象是映射（Map）类型和 JavaBean 类型的情况，对于映射类型的对象可以通过键值形式访问，对于 JavaBean 类型的对象可以通过属性名形式访问。

（3）方括号运算符除可以访问与点运算符同样类型的对象外，还可以访问 List 集合或 Array 数组中指定索引的某个元素，如\${user[1]}用于访问集合或数组中的第 2 个元素，而点运算符对此无能为力，由此可看到，方括号运算符相当于增强版的点运算符。

（4）方括号运算符可以和点运算符结合使用，如此便可以更好地表达需要访问的对象的相关属性。

3）算术运算符

算术运算符主要用于对整数和浮点数进行算术运算。使用算术运算符可以非常方便地在 JSP 页面上进行算术运算，并简化页面的代码。EL 表达式中的算术运算符如表 7-2 所示。

表 7-2　EL 表达式中的算术运算符

算术运算符	说明	范例	结果
+	加	\${5+2}	7
-	减	\${5-2}	3
*	乘	\${5*2}	10

续表

算术运算符	说明	范例	结果
/ 或 div	除	${5/2}	2
% 或 mod	求余	${5%2}	1

注意，EL 表达式中的+运算符与 Java 语言中的+运算符不同，它无法实现两个字符串的连接运算。如果该运算符连接的两个值不能转换为数值型的字符串，那么会抛出异常；反之，EL 表达式会自动将这两个字符转换为数值型数据，再进行运算。

4）比较运算符

比较运算符用于比较两个操作数的大小，操作数可以是各种常量、EL 变量或 EL 表达式，所有运算符的运算结果都是布尔类型。EL 表达式中的比较运算符如表 7-3 所示。

表 7-3　EL 表达式中的比较运算符

比较运算符	说明	范例	结果
== 或 eq	等于	${6==6} 或 ${6 eq 6}	true
		${"A"="a"} 或 ${"A" eq "a"}	false
!= 或 ne	不等于	${6!=6} 或 ${6 ne 6}	false
		${"A"!="a"} 或 ${"A" ne "a"}	true
< 或 lt	小于	${3<8} 或 ${3 lt 8}	true
		${"A"<"a"} 或 ${"A" lt "a"}	true
> 或 gt	大于	${3>8} 或 ${3 gt 8}	false
		${"A">"a"} 或 ${"A" gt "a"}	false
<= 或 le	小于或等于	${3<=8} 或 ${3 le 8}	true
		${"A"<="a"} 或 ${"A" le "a"}	true
>= 或 ge	大于或等于	${3>=8} 或 ${3 ge 8}	false
		${"A">="a"} 或 ${"A" ge "a"}	false

为了避免与 JSP 页面上的标签产生冲突，对于后 4 种比较运算符，EL 表达式中通常使用字母的表达形式，如使用 lt 代替<运算符。如果运算符后面是数字，那么运算符与数字之间至少要保留一个空格；但如果后面是其他符号，那么就不必保留了。

5）逻辑运算符

逻辑运算符用于对结果是布尔类型的表达式进行运算，也就是逻辑运算符的操作数必须是布尔类型的，运算结果仍然为布尔类型。EL 表达式中的逻辑运算符如表 7-4 所示。

表 7-4　EL 表达式中的逻辑运算符

逻辑运算符	说明	范例	结果
&& 或 and	与	${2>1&&3<4 } 或 ${2>1and3<4 }	true
|| 或 or	或	${2<1||3>4} 或 ${2<1or3>4}	false
! 或 not	非	${!(2>4)} 或 ${not (2>4)}	true

6）empty 运算符

empty 运算符用于判断某个对象是否为 null 或 " "，结果为布尔类型，基本语法格式为

${empty obj}，当 obj 变量不存在，即没有定义时，返回 true；当 obj 变量的值为 null 时，返回 true；如果 obj 引用的是集合类型对象，那么在集合中没有任何元素时，返回 true。

7）条件运算符

条件运算符用于执行某种条件判断，类似于 Java 语言中的条件表达式，其语法格式如下。

```
${条件表达式?表达式1:表达式2}
```

条件运算符的使用与 Java 条件表达式类似，就是根据条件表达式的判断从表达式 1 和表达式 2 中选择一个来执行，并返回运算的结果。

8）小括号运算符

小括号运算符的作用与 Java 语言中的小括号类似，用于改变其他运算符的优先级。小括号可以用来指定表达式的运算顺序，达到预期的运算结果。

9）EL 表达式中运算符的优先级

在 EL 表达式中，多种运算符混合运算时，EL 表达式中的运算符优先级如表 7-5 所示（由高至低，由左至右）。

表 7-5　EL 表达式中的运算符优先级

序号	优先级
1	[]
2	()
3	-（负）、not、！、empty
4	*、/、div、%、mod
5	+、-（减）
6	<、>、<=、>=、lt、gt、le、ge
7	==、!=、eq、ne
8	&&、and
9	||、or
10	${A?B:C}

7.1.3　禁用 EL 表达式

如果不想使用 EL 表达式，那么可以禁用 EL 表达式。禁用 EL 表达式的 3 种方法如下。

（1）禁用单个 EL 表达式。

在 EL 表达式前加\，如\${2+3}，那么该表达式的页面输出为${2+3}。

（2）禁用当前页面的 EL 表达式。

将 page 指令中的 isELIgnored 属性设置为 true，代码如下。

```
<%@ page isELIgnored="true" %>
```

（3）禁用整个 Web 应用程序的 EL 表达式。

在 web.xml 文件中配置<el-ignored>元素，代码如下。

```
<jsp-property-group>
        <url-pattern>*jsp</url-pattern>
        <el-ignored>false</el-ignored>
</jsp-property-group>
```

7.1.4　EL 表达式中的隐式对象

在 JSP 中，我们使用过隐式对象，在 EL 表达式中同样存在隐式对象。EL 表达式中的隐式对象一共有 11 个，具体如表 7-6 所示。

表 7-6　EL 表达式中的隐式对象

内置对象	说明
pageContext	表示当前 JSP 页面的 pageContext 对象
pageScope	获取 page 范围的变量
requestScope	获取 request 范围的变量
sessionScope	获取 session 范围的变量
applicationScope	获取 application 范围的变量
param	相当于 request.getParameter(String name)，获取单个参数的值
paramValues	相当于 request.getParameterValues(String name)，获取参数集合中的变量值
header	相当于 request.getHeader(String name)，获取 HTTP 请求头信息
headerValues	相当于 request.getHeaders(String name)，获取 HTTP 请求头数组信息
cookie	相当于 request.getCookies()，获取 Cookie 中的值
initParam	相当于 application.getInitParameter(String name)，获取 web.xml 文件中的参数值

其中，pageContext 是集大成者，通过 pageContext 对象可以获取其他 10 个隐式对象；pageScope、requestScope、sessionScope 和 applicationScope 是用于获取指定域的隐式对象；param 和 paramValues 是用于获取请求参数的隐式对象；header 和 headerValues 是用于获取 HTTP 请求消息头的隐式对象；cookie 是用于获取 Cookie 信息的隐式对象；initParam 是用于获取 Web 应用程序的初始化信息的隐式对象。

1. Web 域相关对象

pageScope、requestScope、sessionScope 和 applicationScope 这 4 个对象主要用于存储数据，之所以能够存储数据是由于它们内部都定义了 Map 集合，这些 Map 集合通常被称为域。这些 Map 集合有不同的作用域范围，不同的集合使用不同的作用域范围，通过这些 Map 集合我们就可以访问不同域中的对象了。例如，${pagesScope.userName}表示取出 page 范围的 userName 变量。

EL 表达式只能在这 4 个域中访问数据，为了更好地说明隐式对象是如何访问 JSP 域对象中的属性的，下面通过一个示例来进行演示。在模块 chapter07 的 web 目录下新建一个名为 scopes.jsp 的文件。

例 7-2 编写 scopes.jsp 文件，实现域对象值的读取，代码如下。

```
<%@ page language="java" contentType="text/html; charset=utf-8"
   pageEncoding="utf-8"%>
<html>
<head></head>
<body>
   <% pageContext.setAttribute("userName", "ynufe"); %>
   <% request.setAttribute("bookName", "Java Web"); %>
   <% session.setAttribute("userName", "peng"); %>
   <% application.setAttribute("bookName", "Java 基础"); %>
```

```
表达式\${pageScope.userName}的值为: ${pageScope.userName} <br />
表达式\${requestScope.bookName}的值为: ${requestScope.bookName} <br />
表达式\${sessionScope.userName}的值为: ${sessionScope.userName} <br />
表达式\${applicationScope.bookName}的值为: ${applicationScope.bookName}
    <br />
表达式\${userName}的值为: ${userName}
</body>
</html>
```

启动服务器，在浏览器地址栏中输入 http://localhost:8080/chapter07/scopes.jsp，scopes.jsp 页面的显示结果如图 7-2 所示。

图 7-2　scopes.jsp 页面的显示结果

从图 7-2 中可以看出，使用这 4 个 Map 隐式对象成功获取到了相应 JSP 中域对象的属性值。在使用 EL 表达式获取 JSP 中域对象的属性时，可以不指定这些 Map 隐式对象，而直接引用域对象的属性名，这时 EL 表达式就会按照 page、request、session、application 的顺序依次查找目标属性，若查找不到，则返回 null。这 4 个域对象的作用范围如图 7-3 所示。

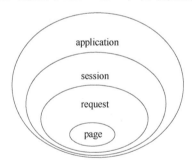

图 7-3　4 个域对象的作用范围

2．param 对象和 paramValues 对象

在 JSP 页面中，我们经常会获取客户端传递过来的请求参数，为此，EL 表达式提供了 param 和 paramValues 两个隐式对象。这两个隐式对象专门用于获取客户端请求参数。

param 对象用于获取请求参数中的某个参数值，数据类型是 Map 类型，与 request.get-Parameter()方法相同，在使用时，若想要获取的参数不存在，则返回空字符串，而不是 null。param 对象的语法格式如下。

```
${param.num}
```

若一个请求参数有多个值，则可使用 paramValues 对象来获取所有值，该对象用于返回请求参数的所有值组成的数组。若要获取某个请求参数的第 1 个值，则可以使用以下代码。

```
${paramValues.nums[0]}
```

为了让读者更好地使用这两个隐式对象，下面通过一个示例来进行演示。在模块 chapter07 的 web 目录下新建一个名为 param.jsp 的文件。

例 7-3 编写 param.jsp 文件，读取请求参数值，其内容如下。

```
<%@ page language="java" contentType="text/html; charset=utf-8"
    pageEncoding="utf-8"%>
<html>
<head></head>
<body style="text-align: center;">
    <form action="${pageContext.request.contextPath}/param.jsp">
        num1: <input type="text" name="num1"><br />
        num2: <input type="text" name="num"><br />
        num3: <input type="text" name="num"><br /> <br />
        <input type="submit" value="提交" />  
        <input type="submit" value="重置" />
        <hr>
        num1: ${param.num1}<br />
        num2: ${paramValues.num[0]}<br />
        num3: ${paramValues.num[1]}<br />
    </form>
</body>
</html>
```

启动服务器，在浏览器中访问 param.jsp 页面，浏览器窗口中显示一个表单，在表单中输入 3 个数字，即 1、2、3，然后单击"提交"按钮，param.jsp 页面的显示结果如图 7-4 所示。

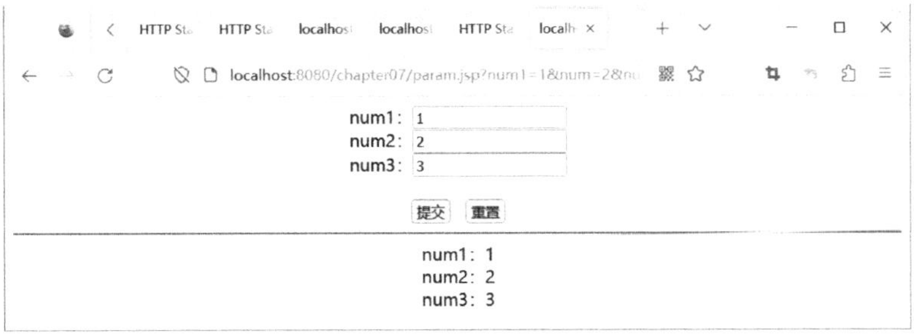

图 7-4　param.jsp 页面的显示结果

从图 7-4 中可以看出，输入的 3 个数字全部在浏览器中显示出来，结果验证了 paramValues 对象的确可以获取同一个请求参数的所有值，如果一个请求参数有多个值，且使用 param 来获取，那么只能返回请求参数的第 1 个值。

3. cookie 对象

在 JSP 中若需要跟踪会话，就可能需要获取客户端的 cookie 对象。为此，EL 表达式提供了 cookie 隐式对象，该对象是一个代表所有 Cookie 信息的 Map 集合，Map 集合中元素的键为各个 Cookie 的名称，值则为 cookie 对象，通过这个对象，就可以获取客户端的 Cookie 信息。获取客户端 Cookie 信息的语法格式如下。

获取 cookie 对象的信息：

```
${cookie.userName }
```

获取 cookie 对象的名称：

```
${cookie.userName.name }
```

获取 cookie 对象的值：

```
${cookie.userName.value }
```

为了让读者掌握 cookie 隐式对象，我们给出一个示例来演示如何获取 cookie 对象中的信息。在模块 chapter07 的 web 目录下新建一个名为 cookie.jsp 的文件。

例 7-4 编写 cookie.jsp 文件，读取 cookie 对象的值，其内容如下。

```
<%@ page language="java" contentType="text/html; charset=utf-8"
    pageEncoding="utf-8"%>
<html>
<head></head>
<body>
    cookie对象的信息: <br />
    ${cookie.userName } <br />
    cookie对象的名称和值: <br />
    ${cookie.userName.name }=${cookie.userName.value }
    <% response.addCookie(new Cookie("userName", "ynufe")); %>
</body>
</html>
```

启动服务器，在浏览器地址栏中输入 http://localhost:8080/chapter07/cookie.jsp，由于这是浏览器第一次访问 cookie.jsp 页面，服务器还没有接收到名为 userName 的 Cookie 信息，因此，浏览器窗口中显示为空。接下来刷新浏览器，第 2 次访问 cookie.jsp 页面，此时浏览器窗口中显示 cookie 对象的值的读取结果如图 7-5 所示。

图 7-5　cookie 对象的值的读取结果

从图 7-5 中可以看出，浏览器窗口中显示了获取到的 Cookie 信息，这是因为第 1 次访问时，服务器会向浏览器回写一个 Cookie，此时的 Cookie 信息存储在浏览器中，当刷新浏览器进行第 2 次访问时，由于浏览器中已经存储了名为 userName 的 Cookie 信息，当再次访问相同资源时，浏览器会将此 Cookie 信息一同发送给服务器，所以使用 EL 表达式便可以获取 cookie 对象的名称和值。

4．header 对象和 headerValues 对象

为了获取请求消息头中的信息，EL 表达式提供了两个隐式对象 header 和 headerValues。header 对象：用于获取请求头字段的某个值，示例代码如下。

```
${header["user-agent"]}
```

headerValues 对象：如果一个请求头字段有多个值，那么可以使用该对象，该对象用于返回请求头字段的所有值组成的数组，可以使用访问数组的方式获取其中任意一个有效值，示例代码如下。

```
${headerValues["Accept-language"][0]}
```

7.2　JSTL

在 EL 表达式的学习中，我们知道，EL 表达式可以完美地取代 JSP 页面的表达式标记，减少 Java 脚本的出现，但它的功能有限，还不足以取代 JSP 页面上的声明标记、脚本标记。仅靠 EL 表达式还不能解决 JSP 页面上出现的 Java 变量支持和流程控制等问题。这就需要引入本节将要介绍的 JSTL 了，JSTL 与 EL 表达式结合起来基本可以消除 JSP 页面上的 Java 脚本问题。

但是，随着 Java EE 技术的进一步发展，在实际开发中，JSTL 的应用却很少见，因为可替代 JSTL 的框架很多，它们的功能比 JSTL 更为完备，所以在本节的学习中，只要求掌握 JSTL 的思想即可，没有必要掌握它的每个细节。

7.2.1　JSTL 的概念

JSP 标准标签库（JavaServer Pages Standard Tag Library，JSTL）没有集成在 JSP 中，不能直接在 JSP 中使用，必须先导入 JSTL 的 JAR 文件。

JSTL 最初由 Sun 公司（已被 Oracle 收购）提供，封装了常见的 JSP 应用程序的核心功能，它提供了一套统一的、标准的标签组，这种标准化设计，使得应用程序可以轻松部署在任何支持 JSTL 的 JSP 容器中，而无须定制开发，很好地解决了不同厂商定制的标签中存在的冲突。

JSTL 一共提供了 5 个不同功能的标签库，分别对应着不同的场合，考虑到 JSP 页面主要用于输入输出，而不必存在过多的业务逻辑处理，这样的标签库已足够应对大多数场合了。

（1）core：主要负责核心功能的实现，包括变量支持、流程控制、URL 管理等。

（2）XML：与 XML 文档相关，包括 XML 核心操作、XML 流程控制、XML 转换。

（3）I18N：主要负责国际化、格式化（日期、时间、数字的格式化）。

（4）SQL：与数据库操作相关。

（5）Functions：在 JSTL 中定义的标准 EL 函数集，主要是对字符串的操作。

7.2.2　JSTL 的安装和使用

JSTL 目前有 3 个版本：JSTL1.0、JSTL1.1 和 JSTL1.2。JSTL1.0、JSTL1.1 包含 jstl.jar 和 standard.jar 两个 jar 包，需要引入才能使用。JSTL1.2 在 J2EE5 里的 jar 包是 jstl-1.2.jar，在 J2EE6 里的 jar 包是 jstl-imp.jar，要注意区分。

要想在项目中使用 JSTL，就必须安装正确版本的 JSTL。要安装 JSTL，可以从 Apache 的官网下载 JSTL 的安装包，然后将下载的安装包解压，此时，在 lib 目录下可以看到两个 jar 文件：jstl.jar 和 standard.jar。然后在需要使用 JSTL 的项目中导入 JSTL 包，也就是将 jstl.jar 和 standard.jar 这两个文件复制到项目的 lib 目录下。此时就为在项目的 JSP 文件中使用 JSTL 标签库做好了准备工作。

但仅导入 JSTL 包还不能在 JSP 页面上使用 JSTL 标签，还需要在 JSP 页面上使用 taglib 指令进行声明，声明页面上要使用的是那些标签库和它的前缀，其语法格式如下。

```
<% @taglib prefix="标签的前缀" uri="标签的URI" %>
```

如此才可在 JSP 页面上使用 JSTL 标签库中的标签。标签 URI 及建议的前缀如表 7-7 所示。

表 7-7　标签 URI 及建议的前缀

库名	URI	前缀
Core（核心库）	http://java.sun.com/jsp/jstl/core	c

169

续表

库名	URI	前缀
I18N（国际化）	http://java.sun.com/jsp/jstl/fmt	fmt
SQL	http://java.sun.com/jsp/jstl/sql	sql
XML	http://java.sun.com/jsp/jstl/xml	x
Functions	http://java.sun.com/jsp/jstl/functions	fn

为了使读者更好地认识和使用 JSTL，我们给出一个示例进行说明。编写一个 JSP 文件（test.jsp），使用 taglib 指令引入 Core 标签库，在此基础上使用<c:out>标签输出一段语句。

例 7-5 编写 test.jsp 文件，演示 JSTL 的引用，其内容如下。

```
<%@ page language="java" contentType="text/html; charset=utf-8"
  pageEncoding="utf-8"%>
<%@ taglib uri="http://java.sun.com/jsp/jstl/core" prefix="c"%>
<html>
<head></head>
<body>
  <c:out value="Hello World!"></c:out>
</body>
</html>
```

启动服务器，在浏览器地址栏中输入 http://localhost:8080/chapter07/test.jsp，test.jsp 页面的显示结果如图 7-6 所示。

图 7-6 test.jsp 页面的显示结果

从图 7-6 中可以看出，使用浏览器访问 test.jsp 页面时，成功地使用标签输出了语句。

7.2.3 JSTL 中的 Core 标签库

JSTL 包括 5 个标签库，使用起来还是比较烦琐的，由于 JSTL 的使用并不多见，所以本书不打算对这 5 个标签库都做介绍，而仅围绕 JSTL 的核心库——Core 标签库做讲解，感兴趣的读者可以查阅相关资料详细了解。

1．<c:out>标签

JSP 页面上经常需要输出文本，为此，Core 标签库提供了一个<c:out>标签，该标签可以将一段文本内容或表达式的结果输出到客户端。如果<c:out>标签输出的文本内容中包含需要进行转义的特殊字符，如>、<、&等，那么<c:out>标签会默认对它们进行 HTML 编码转换后再输出。<c:out>标签有两种语法格式，具体如下。

语法格式 1：没有标签体的情况。

```
    <c:out value="<string>" [default="defaultValue"] [escapeXml=
"{true|false}"]/>
```

语法格式 2：有标签体的情况。

```
<c:out value="<string>" [escapeXml="{true|false}"]>
defaultValue
</c:out>
```

在上述语法格式中，没有标签体的情况需要使用 default 属性指定默认值；有标签体的情况需要在标签体中指定输出的默认值。可以看到<c:out>标签有多个属性，接下来针对这些属性进行讲解，<c:out>标签的属性如表 7-8 所示。

表 7-8　<c:out>标签的属性

属性	描述	是否必要	默认值
value	要输出的内容	是	无
default	输出的默认值	否	主体中的内容
escapeXml	是否忽略 XML 特殊字符	否	true

只有当 value 属性的值为 null 时，<c:out>标签才会输出默认值，若没有指定默认值，则默认输出空字符串。

下面通过一个示例来演示如何在 JSP 页面中使用<c:out>标签，此示例使用<c:out>标签输出默认值。使用<c:out>标签输出默认值的方式有两种：一是通过<c:out>标签的 default 属性输出默认值；二是通过<c:out>标签的标签体输出默认值。在例 7-6 中我们将看到这两种方式的使用。

在模块 chapter07 的 web 目录下创建文件 c_out1.jsp。

例 7-6　编写 c_out1.jsp 文件，演示<c:out>标签的使用，其内容如下。

```
<%@ page language="java" contentType="text/html;charset=utf-8"
pageEncoding="utf-8"%>
<%@ taglib uri="http://java.sun.com/jsp/jstl/core" prefix="c"%>
<html>
<head></head>
<body>
    <%--第1个out标签 --%>
    userName属性的值为:
    <c:out value="${param.username}" default="unknown" />
    <br />
    <%--第2个out标签 --%>
    userName属性的值为:
    <c:out value="${param.username}">
        unknown
    </c:out>
</body>
</html>
```

启动服务器，在浏览器地址栏中输入 http://localhost:8080/chapter07/c_out1.jsp，c_out1.jsp 页面的显示结果如图 7-7 所示。

从图 7-7 中可以看到，在浏览器窗口输出了两个默认值（取值均为 unknown），这是通过使用<c:out>标签的 default 属性及标签体两种方式来设置的默认值，这两种方式效果相同。由于客户端在访问此页面时，并没有传递 username 参数，表达式${param.username}的值为 null，所以<c:out>标签会输出默认值。

图 7-7　c_out1.jsp 页面的显示结果

如果不想让<c:out>标签输出默认值，那么可以在客户端访问页面时传递一个参数，在浏览器地址栏中输入 http://localhost:8080/chapter07/c_out1.jsp?username=ynufe，浏览器窗口显示结果如图 7-8 所示。

图 7-8　访问页面时传递参数的浏览器窗口显示结果

2．<c:set>标签

在程序开发中，通常需要设置一些属性信息，Core 标签库提供了一个<c:set>标签用于设置域对象属性的值，或者设置对象中用于存储数据的 Map 对象及 JavaBean 对象属性的值。<c:set>标签有 4 种语法格式，具体如下。

语法格式 1：使用 value 属性设置域对象某个属性的值。

```
<c:set value="value" var="varName" [scope="{page|request|session|
application}"]/>
```

语法格式 2：标签体设置指定域中某个属性的值。

```
<c:set var="varName" [scope="{page|request|session|application}"]>
    body content
</c:set>
```

语法格式 3：使用 value 属性设置某个域对象属性的值。

```
<c:set value="value" var="varName" target="taget" property="propertyName"/>
```

语法格式 4：使用标签体设置某个对象属性的值。

```
<c:set var="varName" target="taget" property="propertyName"/>
    body content
</c:set>
```

</c:set>标签有多个属性，如表 7-9 所示。

表 7-9　</c:set>标签的多个属性

属性	描述	是否必要	默认值
value	要存储的值	否	主体的内容
target	要修改的属性所属的对象	否	无
property	要修改的属性	否	无
var	存储信息的变量	否	无
scope	var 属性的作用域	否	page

为方便用户了解</c:set>标签，下面我们通过一个具体的示例来演示此标签的使用，使

用</c:set>标签设置域对象中的某个属性的值，同时设置 UserBean 对象和 Map 对象中某个属性的值。

在 chapter07 模块中创建一个包 entity，在包内创建一个 User.java 程序，用于封装一个 user 对象。

例 7-7 编写 User.java 文件，演示<c:set>标签的使用，其内容如下。

```java
package entity;
public class User {
  private String username;
  private String password;
  public String getUsername() {
    return username;
  }
  public void setUsername(String username) {
    this.username = username;
  }
  public String getPassword() {
    return password;
  }
  public void setPassword(String password) {
    this.password = password;
  }
}
```

接下来在模块 chapter07 的 web 目录下创建一个 c_set.jsp 文件，该文件首先使用</c:set>标签设置域对象中的属性，其次设置 user 对象的属性，同时设置 Map 集合中某个属性的值，代码如下。

```jsp
<%@ page language="java" contentType="text/html; charset=utf-8"
pageEncoding="utf-8" import="java.util.*"%>
<%@ taglib uri="http://java.sun.com/jsp/jstl/core" prefix="c"%>
<html>
<head></head>
<body>
session域中userName属性的值为:
<c:set var="userName" value="ynufe" scope="session" />
<c:out value="${userName}" /><br>
session域中bookName属性的值为:
<c:set var="bookName" scope="session">
  Java Web
</c:set>
<c:out value="${bookName}" />
<hr>
<jsp:useBean id="user" class="entity.User"/>
  <c:set value="ynufe" target="${user}" property="username" />
  user对象的username属性的值为: <c:out value="${user.username}" /><br>
  <c:set value="123" target="${user}" property="password" />
  user对象的password属性的值为: <c:out value="${user.password}" /><hr>
  <%
      HashMap map = new HashMap();
      request.setAttribute("preferences",map);
  %>
```

```
    <c:set target="${preferences }" property="color" value="green" />
    map对象中color关键字的值为: <c:out value="${preferences.color}" />
</body>
</html>
```

启动服务器，在浏览器地址栏中输入 http://localhost:8080/chapter07/c_set.jsp，c_set.jsp
页面的显示结果如图 7-9 所示。

图 7-9　c_set.jsp 页面的显示结果

从图 7-9 中可以看出，浏览器中显示了 session 域中 userName 属性和 bookName 属性
的值，这是由于代码通过</c:set>标签的 value 属性和标签主体在 session 域中将 userName
属性的值设置为 ynufe，将 bookName 属性的值设置为 Java Web。接下来浏览器同时输出了
user 对象相关属性的值及 map 对象中 color 关键字的值，这是由于在代码中通常使用</c:set>
标签中的 target 属性指定要设置的 user 对象，并使用 property 将 username 设置为属性名称，
使用 value 将 username 属性的值设置为 ynufe，同理，passward 属性也是这样设置的，这样
便完成了 user 对象属性的设置。然而，对于 map 对象而言，首先需要定义一个 Map 集合，
其次通过 target 属性将 Map 集合指定为要设置属性的对象，并将 color 属性的值设置为
green，这样便完成了 Map 集合属性的设置。

3．<c:remove>标签

使用标签可以在 JSP 页面中设置域对象中的属性，同样也可以使用<c:remove>标签删
除域对象中的属性，该标签专门用于删除各种域对象的属性，语法格式如下。

```
<c:remove var="varName" [scope="{page|request|session|application}"]/>
```
<c:remove>标签的属性如表 7-10 所示。

表 7-10　<c:remove>标签的属性

属性	描述	是否必要	默认值
var	要移除的变量名称	是	无
scope	变量所属的作用域	否	所有作用域

为方便读者学习和使用<c:remove>标签，接下来演示一个具体的案例。在模块 chapter07
的 web 目录下创建一个名为 c_remove.jsp 的文件。

例 7-8 编写 c_remove.jsp 文件，演示<c:out>标签的使用，其内容如下。

```
<%@ page language="java" contentType="text/html; charset=utf-8"
pageEncoding="utf-8"%>
<%@ taglib uri="http://java.sun.com/jsp/jstl/core" prefix="c"%>
<html>
<head></head>
<body>
```

```
<c:set value="云南财经" var="school" scope="request" />
<c:set value="www.ynufe.edu.cn" var="url" scope="request" />
School: <c:out value="${school}" /><br>
URL: <c:out value="${url}" /><br><hr>
使用标签删除属性后<br>
<c:remove var="school" scope="request" />
<c:remove var="url" scope="request" />
School: <c:out value="${school}" /><br>
URL: <c:out value="${url}" /><br>
</body>
</html>
```

启动服务器，在浏览器地址栏中输入 http://localhost:8080/chapter07/c_remove.jsp，c_remove.jsp 页面的显示结果如图 7-10 所示。

图 7-10　c_remove.jsp 页面的显示结果

从图 7-10 中可以看出，在没有使用<c:remove>标签移除属性前，属性值被正确地显示了出来；而在使用<c:remove>标签后，属性值为空。所以可以说明<c:remove>标签已经将对象中的指定属性删除了。

4．<c:if>标签

在 JSP 程序开发中，当需要进行条件判断时，可以使用 Cookie 标签库中的<c:if>标签，该标签专门用于完成 JSP 页面中的条件判断，它有两种语法格式，具体如下。

语法格式 1：没有标签体的情况。

```
<c:if test="testCondition" var="result" [scope="{page|request|session|application}"] />
```

语法格式 2：有标签体的情况。

```
<c:if test="testCondition" var="result" [scope="{page|request|session|application}"] >
    Body content
</c:if>
```

在上述语法格式中，可以看到<c:if>标签有 3 个属性，接下来针对这 3 个属性进行讲解，具体如表 7-11 所示。

表 7-11　<c:if>标签有的属性

属性	描述	是否必要	默认值
test	条件	是	无
var	用于存储条件结果的变量	否	无
scope	var 属性的作用域	否	page

下面通过一个示例来演示如何在 JSP 页面中使用<c:if>标签。在模块 chapter07 的 web 目录下创建一个名为 c_if.jsp 的文件，代码如下。

例 7-9 编写 c_if.jsp 文件，演示<c:if>标签的使用，其内容如下。

```
<%@ page language="java" contentType="text/html; charset=utf-8"
pageEncoding="utf-8" import="java.util.*"%>
<%@ taglib uri="http://java.sun.com/jsp/jstl/core" prefix="c"%>
<html>
<head></head>
<body>
    <c:set value="1" var="visitCount" property="visitCount" />
    <c:if test="${visitCount==1 }">
      This is you first visit. Welcome to the site!
    </c:if>
</body>
</html>
```

启动服务器，在浏览器地址栏中输入 http://localhost:8080/chapter07/c_if.jsp，c_if.jsp 页面的显示结果如图 7-11 所示。

图 7-11   c_if.jsp 页面的显示结果

从图 7-11 中可以看出，浏览器窗口中显示了</c:if>标签中的内容。这是因为在 c_if.jsp 文件中使用了</c:if>标签，当执行到</c:if>标签时会通过 test 属性来判断表达式 ${visitCount==1}是否为 true。若为 true，则输出标签体中的内容；否则输出空字符串。

5. <c:choose></c:choose>标签

在程序开发中不仅需要使用 if 条件语句，还需要使用 if-else 语句，为了在 JSP 中实现同样的功能，Core 标签库提供了<c:choose>标签，该标签用于指定多个条件选择的组合标签，它必须与<c:when>标签、<c:otherwise>标签一起使用。

<c:choose>标签没有属性，在它的标签体中只能嵌套一个或多个<c:when>标签，以及零个或一个<c:otherwise>标签，且同一个<c:choose>标签中所有的<c:when>子标签必须出现在<c:otherwise>子标签之前。

<c:when>子标签只有一个 test 属性，该属性的值为布尔类型。test 属性支持动态值，其值可以是一个条件表达式，若该条件表达式的值为 true，则执行这个<c:when>标签体的内容。

<c:otherwise>标签没有属性，它可作为<c:choose>标签的最后一个分支，当然也可以不出现。当所有<c:when>子标签的 test 条件都不成立时，才执行和输出<c:otherwise>标签体的内容。

上述 3 个标签的语法格式如下。

```
<c:choose>
    <c:when test="testCondition">
```

```
      body content
    </c:when>
  <c:when test="testCondition">
      body content
    </c:when>
  ...
  <c:otherwise>
      conditional block
    </c:otherwise>
</c:choose>
```

为了让读者更好地了解这 3 个标签，接下来通过一个具体示例来演示这些标签的使用。在 chapter07 模块的 web 目录下创建一个名为 c_choose.jsp 的文件。

例 7-10 编写 c_choose.jsp 文件，演示<c: choose >标签的使用，其内容如下。

```
<%@ page language="java" contentType="text/html; charset=utf-8"
pageEncoding="utf-8" import="java.util.*"%>
<%@ taglib uri="http://java.sun.com/jsp/jstl/core" prefix="c"%>
<html>
<head></head>
<body>
  <c:choose>
    <c:when test="${empty param.username}">
      unKnown user.
    </c:when>
    <c:when test="${param.username=='ynufe'}">
      ${ param.username} is manager.
    </c:when>
    <c:otherwise>
      ${ param.username} is employee.
    </c:otherwise>
  </c:choose>
</body>
</html>
```

启动服务器，在浏览器地址栏中输入 http://localhost:8080/chapter07/c_choose.jsp，c_choose.jsp 页面的显示结果如图 7-12 所示。

图 7-12　c_choose.jsp 页面的显示结果

从图 7-12 中可以看出，当使用"http://localhost:8080/chapter07/c_choose.jsp"网址直接访问页面时，浏览器中显示信息为"unKnown user."。这是因为在访问页面时没有在 URL 中传递参数，<c:when test="${empty param.username}">标签中的 test 属性值为 true，所以会输出<c:when>标签体中的内容。如果在访问页面时传递一个参数 username=ynufe，那么此时浏览器窗口的显示结果如图 7-13 所示。

图 7-13　<c: choose >标签使用参数时浏览器窗口的显示结果

从图 7-13 中可以看出，浏览器窗口中显示了信息"ynufe is manager."。这是因为在访问页面时传递了 username 参数，当执行<c:when test="${empty param.username}">标签时，test 属性值为 false，因此不会输出相应标签体的内容，在随后执行<c:when test="${param.username=='ynufe'}">标签时，此标签中的 test 属性值为 true，于是就输出了此标签体中的内容。

6．<c:forEach></c:forEach>标签

在 JSP 页面中，经常需要对集合对象进行循环操作，Core 标签库中提供的<c:forEach>标签可以满足需要，此标签专门用于迭代集合对象中的元素，如 Set、List、Map 和数组等，并且能重复执行标签体中的内容，它同样有两种语法格式，具体如下。

语法格式 1：迭代包含多个对象的集合。

```
<c:forEach [var="varname"] items="collection" [varStatue="varStatusName"]
[begin="begin"] [end="end"] [step="step"]>
     Body content
</c:forEach>
```

语法格式 2：迭代指定范围的集合。

```
<c:forEach [var="varname"] [varStatue="varStatusName"] begin="begin" end=
"end" [step="step"]>
     Body content
</c:forEach>
```

<c:forEach>标签的属性如表 7-12 所示。

表 7-12　<c:forEach>标签的属性

属性	描述	是否必要	默认值
items	要被循环的信息	否	无
begin	开始的元素（0=第一个元素，1=第二个元素）	否	0
end	最后一个元素（0=第一个元素，1=第二个元素）	否	last element
step	每一次迭代的步长	否	1
var	代表当前条目的变量名称	否	无
varStatus	代表循环状态下的变量名称	否	无

在程序开发中，<c:forEach>标签经常被用来进行循环迭代，下面通过几个具体示例进行演示。首先在数组和 Map 集合中添加一些元素，其次将数组和 Map 集合分别赋值给<c:forEach>标签的 items 属性，最后使用 EL 表达式获取数组和 Map 集合中的元素。

例 7-11 编写 c_foreach1.jsp 文件，演示<c: forEach >标签的使用，其内容如下。

```
<%@ page language="java" contentType="text/html; charset=utf-8"
    pageEncoding="utf-8" import="java.util.*"%>
```

```
<%@ taglib uri="http://java.sun.com/jsp/jstl/core" prefix="c"%>
<html>
<head></head>
<body>
  <%
    String[] fruits = { "apple", "orange", "grape", "banana" };
  %>
  String数组中的元素:
  <br />
  <c:forEach var="name" items="<%=fruits%>">
    ${name}<br />
  </c:forEach>
  <%
    Map userMap = new HashMap();
    userMap.put("Tom", "123");
    userMap.put("Make", "123");
    userMap.put("Lina", "123");
  %>
  <hr/>
  HashMap集合中的元素:
  <br />
  <c:forEach var="entry" items="<%=userMap%>">
      ${entry.key} ${entry.value}<br />
  </c:forEach>
</body>
</html>
```

启动服务器，在浏览器地址栏中输入 http://localhost:8080/chapter07/c_foreach1.jsp，c_foreach1.jsp 页面的显示结果如图 7-14 所示。

图 7-14　c_foreach1.jsp 页面的显示结果

从图 7-14 中可以看出，数组中的元素和 Map 集合中的元素都可以通过<c:forEach>标签进行迭代访问。

<c:forEach>标签的 begin、end 和 step 属性分别用于指定循环的起始索引、结束索引和步长，使用这些属性可以迭代集合对象中某一范围内的元素。我们在模块 chapter07 中的 web 目录下创建一个名为 c_foreach2.jsp 的文件，使用<c:forEach>标签的 begin、end 和 step 属性来控制迭代的范围。

例 7-12 编写 c_foreach2.jsp 文件，演示<c: forEach >标签中 begin、end 和 step 属性的使用，其内容如下。

```
<%@ page language="java" contentType="text/html; charset=utf-8"
pageEncoding="utf-8" import="java.util.*"%>
<%@ taglib uri="http://java.sun.com/jsp/jstl/core" prefix="c"%>
<html>
<head></head>
<body>
  colorsList集合（指定迭代范围和步长）<br />
  <%
    List colorsList=new ArrayList();
    colorsList.add("red");
    colorsList.add("yellow");
    colorsList.add("blue");
    colorsList.add("green");
    colorsList.add("black");
  %>
  <c:forEach var="color" items="<%=colorsList%>" begin="1"
    end="3" step="2">
    ${color} 
  </c:forEach>
</body>
</html>
```

启动服务器，在浏览器地址栏中输入 http://localhost:8080/chapter07/c_foreach2.jsp，c_foreach2.jsp 页面的显示结果如图 7-15 所示。

图 7-15　c_foreach2.jsp 页面的显示结果

从图 7-15 中可以看到，浏览器窗口中显示了 colorsList 集合中的 yellow 和 green 两个元素。只显示这两个元素是因为在使用<c:forEach>标签迭代 List 集合时指定了迭代的起始索引为 1，在<c:forEach>标签中指定了步长为 2，同时指定了迭代的结束索引为 3。

<c:forEach>标签的 varStatus 属性用于设置一个 javax.servlet.jsp.jstl.core.LoopTagStatus 类型的变量，这个变量包含从集合中取出元素的状态信息，使用<c:forEach>标签的 varStatus 属性可以获取以下信息。

（1）count：表示当前元素在集合中的序号，从 1 开始计数。

（2）index：表示当前元素在集合中的索引，从 0 开始计数。

（3）first：表示当前元素是否为集合中的第 1 个元素。

（4）last：表示当前元素是否为集合中的最后 1 个元素。

接下来通过一个示例来演示如何使用<c:forEach>标签的 varStatus 属性获取集合中元素的状态信息。在模块 chapter07 中 web 目录下创建一个名为 c_foreach3.jsp 的文件。

例 7-13 编写 c_foreach3.jsp 文件，演示<c: forEach >标签中 varStatus 属性的使用，其内容如下。

```
<%@ page language="java" contentType="text/html; charset=utf-8"
pageEncoding="utf-8" import="java.util.*"%>
<%@ taglib uri="http://java.sun.com/jsp/jstl/core" prefix="c"%>
<html>
<head></head>
<body style="text-align: center;">
   <%
     List userList = new ArrayList();
     userList.add("Tom");
     userList.add("Make");
     userList.add("Lina");
   %>
   <table border="1">
     <tr>
        <td>序号</td>
        <td>索引</td>
        <td>是否为第一个元素</td>
        <td>是否为最后一个元素</td>
        <td>元素的值</td>
     </tr>
     <c:forEach var="name" items="<%=userList%>" varStatus="status">
        <tr>
          <td>${status.count}</td>
          <td>${status.index}</td>
          <td>${status.first}</td>
          <td>${status.last}</td>
          <td>${name}</td>
        </tr>
     </c:forEach>
   </table>
</body>
</html>
```

启动服务器，在浏览器地址栏中输入 http://localhost:8080/chapter07/c_foreach3.jsp，c_foreach3.jsp 页面的显示结果如图 7-16 所示。

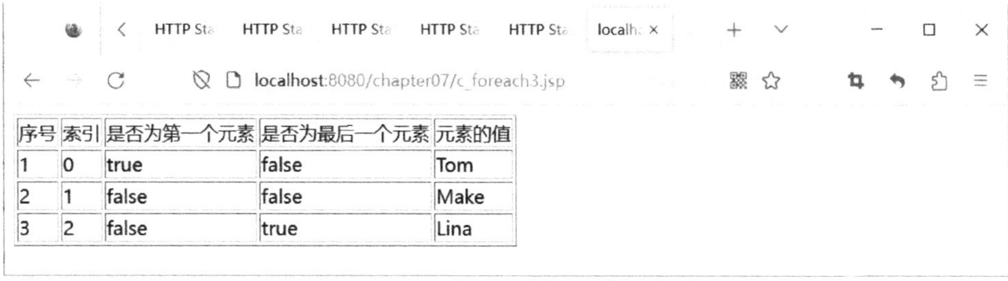

图 7-16　c_foreach3.jsp 页面的显示结果

从图 7-16 中可以看出，使用<c:forEach>标签迭代集合中的元素时，可以通过 varStatus 属性获取集合中元素的序号和索引，因此，使用 varStatus 属性可以很方便地获取集合中元素的状态信息。

7．<c:forTokens>标签

<c:forTokens>标签与<c:forEach>标签类似，都可以完成迭代功能，只不过<c:forTokens>标签用于迭代字符串中用指定分隔符分隔的子字符，并且能重复执行标签体，语法格式如下。

```
<c:forTokens items="StringOfTokens" delims="delimiters" [var="varName"]
[varStatus="varStatusName"] [begin="begin"] [end="end"] [step="step"]>
    Body content
</c:forToens>
```

<c:forTokens>标签有多个属性，如表 7-13 所示。

表 7-13 <c:forTokens>标签的属性

属性	描述	是否必要	默认值
items	要被循环的信息	否	无
begin	开始的元素（0=第一个元素，1=第二个元素）	否	0
end	最后一个元素（0=第一个元素，1=第二个元素）	否	last element
step	每一次迭代的步长	否	1
var	代表当前条目的变量名称	否	无
varStatus	代表循环状态下的变量名称	否	无
delims	分隔符	是	无

接下来通过一个示例演示<c:forTokens>标签的使用，在模块 chapter07 的 web 目录下创建文件 c_fortokens.jsp。

例 7-14 编写 c_fortokens.jsp 文件，演示<c: forTokens >标签的使用，其内容如下。

```
<%@ page language="java" contentType="text/html; charset=utf-8"
pageEncoding="utf-8" import="java.util.*"%>
<%@ taglib uri="http://java.sun.com/jsp/jstl/core" prefix="c"%>
<html>
<head></head>
<body>
    使用"|"和","作为分隔符<br>
    <c:forTokens var="token"
       items="Spring,Summer|autumn,winter" delims="|,">
       ${token}
    </c:forTokens>
    <hr>
    使用"--"作为分隔符<br>
    <c:forTokens var="token" items="Day--Week--Month--Year" delims="--">
       ${token}
    </c:forTokens>
</body>
</html>
```

启动服务器，在浏览器地址栏中输入 http://localhost:8080/chapter07/c_fortokens.jsp，c_fortokens.jsp 页面的显示结果如图 7-17 所示。

从图 7-17 中可以看出，使用</c:forTokens>标签，按照分隔符"|"和","将字符串"Spring,Summer| autumn,winter"分割为 Spring、Summer、autumn、winter；按照分隔符 "--"

将字符串"Day--Week--Month--Year"分割为 Day、Week、Month、Year。

图 7-17 c_fortokens.jsp 页面的显示结果

在 Core 标签库中，除了上述标签，还有<c:param>、<c:redirect>、<c:url>等标签，其中<c:param>标签用于获取 URL 地址中的附加参数，<c:url>标签用于按特定的规则重新构造 URL，<c:redirect>标签负责重定向。限于篇幅不再详细描述，读者可自行查阅相关资料。

7.2.4 自定义标签库

通过 JSTL 和 EL 表达式的结合基本可以消除 JSP 页面上的 Java 代码，但那是在 JSP 页面上没有复制逻辑处理的情况下实现的。有时候必须在 JSP 页面中处理某些逻辑功能，此时仅靠 JSTL 就不够用了，为解决这个问题，在不添加 Java 代码的情况下，JSP 从 1.1 版本开始，支持用户开发自己的标签，也就是自定义标签。

那么什么是自定义标签呢？自定义标签可以有效地将 HTML 代码与 Java 代码分离，从而使不懂 Java 编程的 HTML 设计人员也可以编写出功能强大的 JSP 页面。JSP 规范中定义了多个用于开发自定义标签的接口和类，它们都位于 javax.servlet.jsp.tagext 包中，这些自定义标签的继承关系如图 7-18 所示。

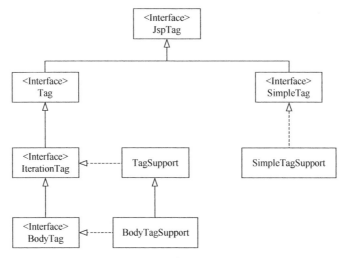

图 7-18 自定义标签的继承关系

从图 7-18 中可以看出，所有的标签处理器类都需要实现 javax.servlet.jsp.tagext. JspTag 接口，这个接口是在 JSP2.0 中新增的一个标识接口，它没有任何方法，主要是作为 javax.servlet.jsp.tagext.Tag 标签和 javax.servlet.jsp.tagext.SimpleTag 标签的共同基类。在 JSP2.0 之前，所有的标签类都需要实现 Tag 接口，这样的标签称为传统标签。后来为了简化标签的开发，JSP2.0 规范定义了一种新型的标签，称为简单标签，简单标签的处理类要实现 SimpleTag 接口。

　　由于自定义标签相对复杂，而且适用范围有限，本书不再做进一步介绍，感兴趣的读者可以参阅相关资料进行深入了解。

7.3　本章小结

　　本章主要介绍了 EL 表达式与 JSTL 的基础知识，以及 EL 表达式的主要用法和 JSTL 中常用的标签。通过引入 EL 表达式和 JSTL，在 JSP 页面中简化了设计工作，消除了 Java 的代码片段，因此使用 JSP 页面更加简洁。EL 表达式在当前的企业级开发中有较多应用，而 JSTL 的应用就较为少见，因为随着前端工程化的技术演进，JSTL 逐渐被前端框架所替代，所以在学习中要重点关注 EL 表达式，对于 JSTL，掌握其思想即可。

7.4　习题

1．名词解释：EL 表达式、JSTL。
2．EL 表达式中与作用域相关的隐含对象有几个？分别是什么？
3．在网页中使用 JSTL，需要提前做哪些设置？
4．如果想在页面中使用 JSTL 核心库，那么 taglib 应如何设置？

Java Web开发框架

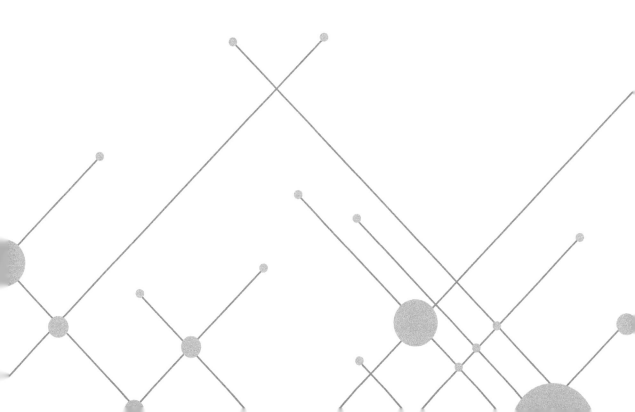

第8章 Spring 框架基础

- 掌握 Spring 框架的相关配置
- 掌握 Spring 框架依赖注入的 3 种方式
- 掌握 Spring 框架 Bean 的作用域和装配方式
- 掌握 Spring 框架中的组件扫描及注解开发
- 掌握 Spring 框架中 AOP 的开发

Spring 框架是 Java 中最具有活力的框架之一，也是学习 Java 企业开发的首选框架之一。Spring 框架具有较强的伸缩性，可以方便地整合其他优秀框架。在本章中，我们将学习 Spring 框架的基本概念、Spring IoC 容器的设计理念、Spring 框架依赖注入的 3 种方式、Spring 框架 Bean 的作用域和装配方式、Spring 框架 AOP 的开发。通过本章的学习，我们可以理解 Spring 框架的一些设计理念，掌握 Spring 框架的基本使用，帮助我们更加高效地开发。

8.1 Spring 框架的简介

8.1.1 Spring 框架的基本概念

Spring 框架是一个基于 Java 平台的轻量级、一站式构建企业级应用的解决方案，提供全面的基础架构支持开发 Java 应用程序。Spring 框架提供了声明式事务管理、远程访问、Web 服务，以及数据持久化等方面的技术支持。Spring 框架的用途不仅局限于服务端的开发，任何 Java 应用都可以从中受益。

Spring 框架采用分层架构，根据不同的功能被划分成多个模块，这些模块大体可分为数据访问/集成层、Web 层、AOP 层、核心容器层和测试层 5 个模块（见图 8-1）。Spring 框架允许自由选择需要使用的模块，不必引入其余模块。

数据访问/集成层（Data Access/Integration）：包括 JDBC、ORM、OXM、JMS 和 Transactions 模块。JDBC 模块提供了一个 JDBC 的抽象层，大幅减少了在开发过程中对数据库操作的编码。ORM 模块为 JPA、JDO、Hibernate 和 iBatis 等数据库框架提供了集成方案，还提供了一个支持实体对象/XML 映射的抽象层实现方案，如 JAXB、Castor、XMLBeans、JiBX 和 XStream。JMS 模块指的是 Java 消息服务，具有生产和消费信息的功能。Transactions 模块是事务模块，支持编程和声明式事务管理。

Web 层：包括 Web、Servlet、WebSocket 和 Portlet 模块。Web 模块提供了 Web 开发所需的必要组件，如多文件上传功能，可以使用 Servlet 监听器来初始化 Spring IoC 容器及 Web 应用上下文。Servlet 模块提供了 MVC 模式的 Web 应用程序实现方法。Portlet 模块提供了在 Portlet 环境中与 Web 服务相关的支持。

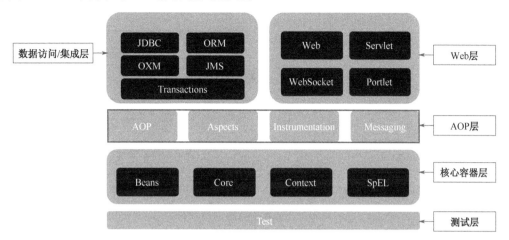

图 8-1　Spring 框架整体结构

AOP 层：包括 AOP、Aspects、Instrumentation、Messaging 模块。AOP 模块提供了面向切面的编程实现，允许定义方法拦截器和切入点，将代码按照功能进行分离，以降低模块之间的耦合性。Aspects 模块提供了一个功能强大且成熟的面向切面编程的 AspectJ 框架的集成。Instrumentation 模块提供了类工具的支持和类加载器的实现。Messaging 模块提供了对消息传递体系的支持。

核心容器层（Core Container）：Spring 框架的核心容器是其他模块建立的基础部分，由 Beans、Core、Context 和 Expression Language（SpEL）模块组成。Beans 模块提供了 BeanFactory 接口，是工厂模式的经典实现，在 Spring 框架中，管理对象通常被称为 Bean 实例。Core 核心模块提供了 Spring 框架的基本组成部分，包括控制反转（IoC）和依赖注入（DI）功能。Context 上下文模块建立在 Core 模块和 Beans 模块的基础之上，是访问定义和配置任何对象的媒介。Expression Language 模块是运行时查询和操作对象图的强大的表达式语言。

测试层：Test 模块使用 Junit 框架或 TestNG 框架进行测试，提供对 Spring 应用的单元测试和集成测试支持。

8.1.2　在 IDEA 中配置 Spring 应用程序

在 IDEA 配置 Spring 应用程序的步骤如下。

1. 创建项目

（1）首先打开 IDEA，单击 New Project→Java，配置好 Java 的 SDK 后，单击"NEXT"按钮，得到如图 8-2 所示的窗口。

（2）其次弹出是否创建模板选项，如图 8-3 所示，直接单击"Next"按钮跳过即可。

（3）最后输入项目名称（Project name），单击"Finish"按钮，如图 8-4 所示，此时完成项目的创建操作。

图 8-2　IDEA 中新建 Java 项目

图 8-3　创建模板选项窗口

图 8-4　项目名称修改窗口

2. 添加 Spring 框架支持

共有两种添加 Spring 框架支持的方法。

（1）方式一。

① 在 IDEA 中右击项目文件夹，单击"Add Framework Support..."（见图 8-5）。

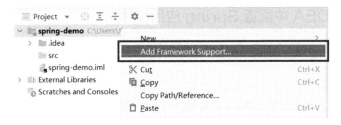

图 8-5　选择"Add Framework Support..."

② 在弹出的 Add Framework Support 窗口左侧勾选 Spring 框架后，在右侧勾选 Create empty spring-config.xml 选项和 Download 选项，如图 8-6 所示。

③ 单击"OK"按钮后，IDEA 会自动下载 Spring 框架的依赖 jar 包，并创建一个空白的 spring-config.xml 配置文件，到这里 Spring 框架的开发环境已经配置完成，目录结

构如图 8-7 所示。项目根目录下生成的 lib 文件夹就是 Spring 框架相关组件的 jar 包，src 目录的 spring-config.xml 就是 Spring 框架的配置文件，后面编写的 Java 代码都放置在 src 目录下。

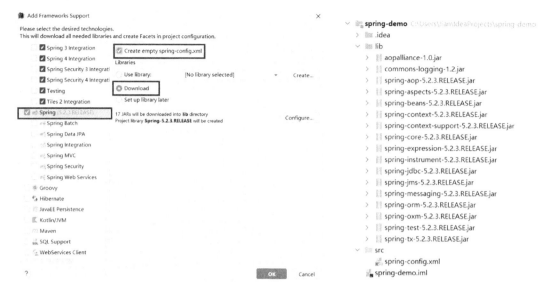

图 8-6　打开的 Add Framework Support 窗口　　　　图 8-7　项目的目录结构

（2）方式二。

在方式一中，通过 IDEA 的 **Add Framework Support** 窗口添加框架支持可供选择的方法版本有限，我们还可以通过另一种方式实现。

① 在根目录中创建一个 libs 文件夹，将从官网下载的 Spring 框架的相关 jar 包放入该文件夹下，右击 libs 文件夹，单击"Add as Library..."，将其添加为项目的 lib 库，如图 8-8 所示。

图 8-8　添加依赖库

189

② 鼠标右击 src 目录，选择 New→XML Configuration File→Spring Config，可以创建一个 spring-config.xml 配置文件，如图 8-9 所示。

图 8-9　方式二中创建 Spring 配置文件

上述两种添加 Spring 框架支持的方法均可，但这里更推荐初学者使用方式一来添加 Spring 框架支持，后续熟悉项目的目录结构后再使用方式二。

8.2　Spring IoC 容器

8.2.1　Spring IoC 容器概述

控制反转（Inversion of Control，IoC）能够将创建实例的权利反转给 Spring IoC 容器，由 Spring IoC 容器创建实例。这是面向对象编程的一种设计原则，可以用来降低计算机代码之间的耦合度。在软件工程中，耦合度指的是对象之间的依赖性，对象之间的耦合度越强，维护成本越高。耦合度的强弱取决于模块间接口的复杂性、调用模块的方式，以及通过界面传送数据的多少。

控制反转的概念对 Spring 框架的初学者来说难以理解，下面我们对这个概念进行简单介绍。

当某个 Java 对象（调用者）需要调用另一个 Java 对象（被调用者，即被依赖对象）时，在传统程序中，调用者通常会采用 new 运算符创建一个对象，这种方式会导致调用者与被调用者之间的耦合度增强，不利于后期项目的升级和维护。调用者创建被调用者如图 8-10 所示。

图 8-10　调用者创建被调用者

在使用 Spring 框架后，对象的实例不再由调用者创建，而是由 Spring IoC 容器创建，对象之间的关系由 Spring IoC 容器负责控制，不再由调用者控制。这样，对象之间的这种依赖关系由程序转移到 Spring IoC 容器，控制权发生了反转，这就是 Spring 框架的控制反转。

从 Spring IoC 容器的角度看，Spring IoC 容器负责将被依赖对象赋值给调用者的成员变量，这相当于调用者注入了它依赖的实例，这就是 Spring 框架的依赖注入，如图 8-11 所示。

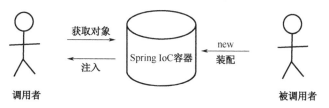

图 8-11　由容器注入被调用者

控制反转也被称为依赖注入（Dependency Injection，DI），是面向对象编程的一种设计理念，用来降低程序代码间的耦合度，在 MVC 的设计模式中经常使用。我们首先需要考虑什么是依赖。依赖在代码中一般指通过局部变量、方法参数、返回值等建立的对于其他对象的调用关系。例如，在 A 类的方法中，实例化了 B 类的对象并调用其方法以完成特定的功能，即 A 类依赖 B 类。

Spring IoC 容器实现了控制反转和依赖注入，使用某种形式的配置文件（可以用 XML、Java 注解或 Java 代码方式来编写）告诉 Spring IoC 容器要实例化、配置和组装应用程序中的哪些对象，这些对象在 Spring IoC 容器中被称为 Bean。

在 Spring 框架中，BeanFactory 接口和 ApplicationContext 接口都可以代表 Spring IoC 容器。其中最基本的接口就是 BeanFactory 接口，负责配置、创建、管理 Bean。ApplicationContext 接口是 BeanFactory 接口的子接口，也被称为 Spring 上下文。另外，ApplicationContext 接口还是 ResourceLoader 接口的子接口，拥有加载配置文件的一些方法。

ApplicationContext 接口有以下实现类。

（1）ClassPathXmlApplicationContext 实现类从类路径下加载 XML 配置文件来初始化容器。

（2）FileSystemXmlApplicationContext 实现类从系统文件目录中加载 XML 配置文件来初始化容器。

（3）AnnotationConfigApplicationContext 实现类通过解析注解的方式来初始化容器。

在 IDEA 中完成 Spring 环境配置的基础上，下面通过示例讲解 Spring IoC 容器的基本使用步骤。

例 8-1 Spring IoC 容器的基本使用步骤。

（1）编写 Bean 类的代码。

在 src 目录下创建一个 org.example.dao 包来放置持久层类代码，在该包中创建一个 UserDao 类，添加一个 getUserList()方法，代码如下。

```java
package org.example.dao;

// UserDao类
public class UserDao {
    // 获取用户列表方法
    public void getUserList(){
        // 用输入语句来代替功能的执行
        System.out.println("获取用户列表...");
    }
}
```

（2）编写配置文件，装配 bean。

在 Spring-config.xml 配置文件中使用 bean 标签，以及 bean 标签的 id 属性给这个 bean 起别名，并使用 class 属性配置这个 bean 的全限定类名（包名.类名），代码如下。

```xml
<?xml version="1.0" encoding="UTF-8"?>
<beans xmlns="http://www.springframework.org/schema/beans"
    xmlns:xsi="http://www.w3.org/2001/XMLSchema-instance"
    xsi:schemaLocation="http://www.springframework.org/schema/beans
                        http://www.springframework.org/schema/beans/
                            spring-beans.xsd">


<!-- 装配bean -->
<bean id="userDao" class="org.example.dao.UserDao"></bean>


</beans>
```

编写上述配置文件后，Spring 框架会根据 bean 标签中 class 属性的全限定类名找到 org.example.dao 包下的 UserDao 类，并新建（new）一个 userDao 对象，将其装配到 Spring IoC 容器中；使用 id 属性起的别名是这个 bean 在容器中的名称，后续从容器中获取 bean 时可以使用这个 id 名来获取。若没有定义 id 名，则 Spring IoC 容器在默认装配 bean 时用类名的首字母小写形式作为别名。

（3）创建 Spring IoC 容器对象，获取 bean。

① 创建 Spring IoC 容器对象。首先创建一个 org.example.test 包来放置测试代码，在这个包中新建一个 Test01 测试类，在 main()方法中使用 ClassPathXmlApplicationContext 类创建 Spring IoC 容器，传入配置文件名称，即"spring-config.xml"，由此便可通过读取类目录下的配置文件来初始化 Spring IoC 容器。

② 获取 bean。可以通过 Spring IoC 容器的 getBean()方法从容器中获取 bean。传入的参数可以是字符串形式(配置文件中 bean 标签的 id 名)，通过这种方式获取的对象是 Object 类型的对象，需要进行强制类型转换（向下转型）；传入的参数也可以是类的字节码形式，通过这种方式获取的对象就是传入参数中指定类型的对象。Spring 框架自动对这个对象进行了类型转换。

③ 执行 Bean 中的方法。通过获取的 bean 可以直接执行 bean 中的方法，代码如下。

```
package org.example.test;
public class Test1 {
    public static void main(String[] args) {
        // 创建Spring IoC容器：读取类目录下的配置文件
        ApplicationContext context = new ClassPathXmlApplicationContext
                                    ("spring-config.xml");
        // 从Spring IoC容器中获取bean：通过配置文件bean标签的id名来获取对象，须进行
           强制类型转换
        UserDao userDao1 = (UserDao) context.getBean("userDao");
        userDao1.getUserList();
        // 从Spring IoC容器中获取bean：通过类的字节码来获取对象，无须进行强制类型转换
        UserDao userDao2 =  context.getBean(UserDao.class);
        userDao2.getUserList();
    }
}
```

getUserList()方法正常执行，执行结果如图 8-12 所示，说明通过配置文件 bean 标签的 id 名和类的字节码来获取对象的两种形式均可以获取 bean，并执行 bean 中的方法。

图 8-12　getUserList()方法正常执行的结果

例 8-1 通过 ClassPathXmlApplicationContext 实现类从类路径下加载 XML 配置文件来初始化容器；Spring 框架还支持从系统文件目录中加载 XML 配置文件来初始化容器，需要使用 FileSystemXmlApplicationContext 实现类，代码形式如下。

```
ApplicationContext context = new FileSystemXmlApplicationContext
("C:\\Users\\Jian\\IdeaProjects\\spring-demo\\src\\spring-config.xml");
```

基于 Java 配置类，AnnotationConfigApplicationContext 实现类可通过解析注解的方式初始化 Spring IoC 容器，此时传入的参数是配置类的字节码文件，代码形式如下。

```
ApplicationContext context = new AnnotationConfigApplicationContext
(SpringConfig.class);
```

由于这些实现类都是 ApplicationContext 类的子类，所以从容器中获取 Bean 都是通过 getBean()方法实现的。

8.2.2　Spring IoC 容器的设计

在 Spring 框架中，bean 是一个广义的概念，任何的 Java 对象、Java 组件（包括数据源、事务管理器等）都被当成 bean 来处理。Spring IoC 容器除负责创建 bean 外，还要管理 bean 之间的依赖关系。

Spring IoC 容器的设计思想是应用程序类与配置文件相结合，如图 8-13 所示。配置文

件中记录了 Spring 框架要创建的 bean 及 bean 之间的依赖关系等内容，由 Spring IoC 容器创建并管理对象。当要使用这些 bean 时，可以直接从 Spring IoC 容器提供的方法中获取。

图 8-13　Spring IoC 容器的设计思想

狭义上的 Spring IoC 容器，在底层源码上就是一个 Map 集合。这个 Map 集合存储的键（key）是当前 bean 的别名，若不指定，则默认将 class 类名的首字母小写作为 key，bean 信息作为值（value）。存储 bean 的 Map 集合在 DefaultListableBeanFactory 类中。

DefaultListableBeanFactory 类的部分源码如下。

```
/** Map of bean definition objects, keyed by bean name. */
private final Map<String, BeanDefinition> beanDefinitionMap = new
ConcurrentHashMap<>(256);
```

当 Spring IoC 容器扫描到 Bean 时，会将这个 bean 的描述信息以包名加类名的方式存到 beanDefinitionMap 中，而 value 是 bean 的定义对象 beanDefinition，存储的是类的定义（描述信息）。

Spring IoC 容器在启动的过程中，对 bean 进行初始化、实例化时，大致分为两步：第一步将 class 文件转换为 beanDefinition 对象，第二步根据 beanDefinition 对象，按照配置的要求进行初始化、实例化。

Spring IoC 容器为什么不在扫描到 class 文件后，立即进行初始化、实例化呢？这是因为在 Spring 框架提供的容器管理功能中，某些 class 类并不需要立刻初始化，如原型 bean（作用域设置为 prototype 的 bean）是在需要使用时初始化的。beanDefinitionMap 中的 beanDefinition 对象相当于一个中转站，存放了 bean 的所有信息（包含作用域范围），在初始化时根据 beanDefinition 对象的属性信息进行。

8.2.3　Spring 框架中的依赖注入

每个软件都是由很多"组件"构成的。这里的"组件"是指广义的组件——组成部件，它可能是函数，可能是类，可能是包，也可能是微服务。软件的架构就是组件和组件之间的关系；而这些组件和组件之间的关系，就是广义的依赖关系。依赖注入就是将一个 bean 和它依赖的对象连接在一起的过程。

假如 Pen 类有 write()方法，用来表示笔的书写功能；Student 类有 study()方法，用来表示学生的学习动作。下面我们讨论学生学习需要用到笔的情况。

Pen 类的代码如下。

```
public class Pen {
    public void write(){
        System.out.println("pen write...");
    }
}
```

Student 类的代码如下。

```
public class Student {
```

```
    private Pen pen;

    public void study(){
        System.out.println("student study...");
        pen.write();
    }
}
```

这里只定义了 Student 类与 Pen 类之间的依赖关系，但是并没有给 Student 类传入 Pen 类的实例对象，直接新建（new）一个 student 对象调用 study()方法就会出现 NullPointer-Exception 异常。要想使代码正常执行，可以继续完善 Student 类的代码，通过构造器参数及 setter()方法注入 Pen 类的实例对象。

完善后的 Student 类代码如下。

```
public class Student {

    private Pen pen;

    // Setter方法和Getter方法
    public Pen getPen() {
        return pen;
    }
    public void setPen(Pen pen) {
        this.pen = pen;
    }

    // 构造器方法
    public Student() {
    }

    public Student(Pen pen) {
        this.pen = pen;
    }

    public void study(){
        System.out.println("student study...");
        pen.write();
    }
}
```

接下来编写一个测试代码，学习在 Java 代码中是如何进行依赖注入的。在测试代码中，首先在 testConstructorDI()方法中编写构造器注入的代码，也就是简单地在创建对象时传入依赖的对象实例；其次在 testSetterDI()方法中编写 Setter 注入的代码，这里通过 Setter 方法传入依赖的对象实例；最后分别在 main()函数中调用这些方法。

测试代码如下。

```
public class TestDemo {
    // 构造器注入测试方法
    public static void testConstructorDI(){
        Pen pen = new Pen();
        Student student = new Student(pen);
```

```
        student.study();
    }
    // Setter注入测试方法
    public static void testSetterDI(){
        Pen pen = new Pen();
        Student student = new Student();
        student.setPen(pen);
        student.study();
    }
    // 在main()函数中执行测试方法
    public static void main(String[] args) {
        System.out.println("构造器注入测试: ");
        testConstructorDI();

        System.out.println("----------分割线--------------");
        System.out.println("Setter方法注入测试: ");
        testSetterDI();
    }
}
```

study()方法和 write()方法成功执行，执行结果如图 8-14 所示，可以看到，Java 中这种简单的依赖注入的形式，直接在代码中将两个对象连接在一起。

图 8-14　study()方法和 write()方法成功执行的执行结果

当把一个 bean 交给 Spring IoC 容器管理时，它依赖的对象同样要在构造器参数、对象实例化之后，通过 Setter 方法注入其属性或方法参数。但是在 Spring 框架中则不必手动创建对象，而是在配置文件中描述如何创建它们；不必在代码中直接将对象连接在一起，而是在配置文件中描述哪些对象需要哪些服务，再由 Spring IoC 容器将它们连接在一起。

8.3　依赖注入的 3 种方式

8.3.1　构造器注入

基于构造函数的依赖注入是通过容器调用具有参数的构造方法，构造方法中的每个参数都表示一个依赖项。在 Spring 框架中，构造器可以通过形参名称、形参位置、形参类型注入依赖。这些注入的参数可以是基本类型，也可以是引用类型（包含 Spring IoC 容器中的 bean）。

例 8-2 演示 Spring 框架中构造器注入的基本使用方法。

（1）编写 bean 的代码。在 src 目录下的 org.example.dao 包中编辑 UserDao 类代码，添加 name 字段和 age 字段，添加构造方法。

UserDao 类的代码如下。

```java
public class UserDao {

    private String name;
    private Integer age;

// 获取用户列表
    public void getUserList(){
        // 用打印一段话来模拟获取用户列表功能的执行
        System.out.println("获取用户列表...");
    }

// 构造器函数
    public UserDao(String name, Integer age) {
        this.name = name;
        this.age = age;
    }
}
```

（2）编写 spring-config.xml 配置文件，装配 bean。

① 方式一：根据构造器的形参名称形式注入，在 XML 配置文件中编写如下代码。

```xml
<bean id="userDao" class="org.example.dao.UserDao">
<constructor-arg name="name" value="张三"></constructor-arg>
<constructor-arg name="age" value="18"></constructor-arg>
</bean>
```

这里使用 constructor-arg 标签的 name 属性指定形参的名称，使用 value 属性指定要注入的值。

② 方式二：根据构造器的形参位置注入，在 XML 配置文件中编写如下代码。

```xml
<bean id="userDao" class="org.example.dao.UserDao">
<constructor-arg index="0" value="张三"></constructor-arg>
<constructor-arg index="1" value="18"></constructor-arg>
</bean>
```

这里使用 constructor-arg 标签的 index 属性指定形参的位置，使用 value 属性指定要注入的值。

③ 方式三：根据构造器的形参类型注入，在 XML 配置文件中编写如下代码。

```xml
<bean id="userDao" class="org.example.dao.UserDao">
<constructor-arg type="java.lang.String" value="张三"></constructor-arg>
<constructor-arg type="java.lang.Integer" value="18"></constructor-arg>
</bean>
```

这里使用 constructor-arg 标签的 type 属性指定形参的类型，使用 value 属性指定要注入的值。

④ 方式四：注入 Spring IoC 容器中的其他 bean。这里还需要添加其他 bean 的代码，以及在 UserDao 类中添加这个 Bean 类型字段，并完善构造器方法。

（3）在 src 目录下的 org.example.dao 包中添加一个 OrderDao 类，并在 UserDao 类中添

加一个 OrderDao 类，以及一个含 OrderDao 参数的构造器方法。

OrderDao 类的代码如下。

```
public class OrderDao {
    // 创建订单方法
    public void createOrder(){
        // 使用输出语句模拟创建订单功能
        System.out.println("创建订单...");
    }
}
```

UserDao 类的代码如下。

```
public class UserDao {

    private String name;
    private Integer age;
    private OrderDao orderDao;

    // 获取用户列表方法
    public void getUserList(){
        System.out.println("获取用户列表...");
    }


    public UserDao(String name, Integer age) {
        this.name = name;
        this.age = age;
    }

    // 包含orderDao字段的构造器方法
    public UserDao(String name, Integer age, OrderDao orderDao) {
        this.name = name;
        this.age = age;
        this.orderDao = orderDao;
    }
}
```

（4）在 spring-config.xml 配置文件中装配 OrderDao 类和 UserDao 类，在装配 UserDao 类时使用含 OrderDao 字段的构造器方法，代码如下。

```
<bean id="orderDao" class="org.example.dao.OrderDao"></bean>

<bean id="userDao" class="org.example.dao.UserDao">
<constructor-arg name="name" value="张三"></constructor-arg>
<constructor-arg name="age" value="18"></constructor-arg>
<constructor-arg name="order" ref="orderDao"></constructor-arg>
</bean>
```

这里使用 constructor-arg 标签的 name 属性指定形参的名称，同时使用 ref 属性指定要注入容器的 bean 的 id 名。

以上是对 4 种构造器注入方式的介绍。在实际项目开发中，方式一和方法四的使用较频繁，需要熟练掌握。方式二和方式三了解即可，要根据实际情况灵活运用。

8.3.2　Setter 注入

基于 Setter 方法的依赖注入（Setter 注入）是指通过 bean 中的 Setter 方法给对象注入依赖项。首先，在 bean 中需要保证有 Setter 方法来接受注入的依赖对象，其次，在 Spring 框架的 XML 配置文件中的 bean 标签下，通过 property 标签描述依赖注入的方式。

例 8-3 演示 Spring 框架中 Setter 注入的基本使用方法。

（1）编写 bean 的代码。以 org.example.dao 包中的 UserDao 类为例，补充 UserDao 类中各字段的 Setter 方法和 Getter 方法，代码如下。

```java
public class UserDao {

    private String name;
    private Integer age;
    private OrderDao orderDao;

    // Setter方法和Getter方法
    public String getName() {
        return name;
    }
    public void setName(String name) {
        this.name = name;
    }
    public Integer getAge() {
        return age;
    }
    public void setAge(Integer age) {
        this.age = age;
    }
    public OrderDao getOrderDao() {
        return orderDao;
    }
    public void setOrderDao(OrderDao orderDao) {
        this.orderDao = orderDao;
    }

    // 获取用户列表
    public void getUserList(){
        System.out.println("获取用户列表...");
    }

    // 构造器方法
    public UserDao(String name, Integer age) {
        this.name = name;
        this.age = age;
    }
    public UserDao(String name, Integer age, OrderDao orderDao) {
        this.name = name;
        this.age = age;
        this.orderDao = orderDao;
    }

}
```

（2）编写 spring-config.xml 配置文件，装配 bean，代码如下。

```xml
<bean id="orderDao" class="org.example.dao.OrderDao"></bean>
<bean id="userDao" class="org.example.dao.UserDao">
<property name="name" value="张三"></property>
<property name="age" value="100"></property>
<property name="order" ref="orderDao"></property>
</bean>
```

这里使用 property 标签的 name 属性指定形参的名称，使用 value 属性指定要注入的值，使用 ref 属性指定要注入容器的 bean 的 id 名。

以上是对 Setter 注入的介绍。在项目开发中 Setter 注入的使用情况也较多，需要熟练掌握。

8.3.3　接口注入

接口注入和 Setter 注入类似，都是通过特定的方法注入被依赖对象，二者的主要区别为：在 Setter 注入中，需要在类中实现 Setter 方法，并使用 Setter 方法注入依赖对象，被注入的具体对象是在配置文件中使用<property>标签定义的；而在接口注入中，需要实现特定的 BeanFactoryAware 接口，使用该接口提供的 setBeanFactory()方法注入依赖对象，被注入的具体对象是在 setBeanFactory()方法中定义的。

例 8-4　演示 Spring 框架中接口注入的基本使用方法。

（1）编写 bean 的代码。这里仍使用之前 org.example.dao 包中创建的 OrderDao 类，同时新建一个 UserDao2 类实现 BeanFactoryAware 接口，并使用 setBeanFactory()方法注入依赖对象，代码如下。

```java
public class UserDao2 implements BeanFactoryAware {
    private String name;
    private Integer age;
private OrderDao orderDao;

    // 创建订单方法
    public void createOrder(){
        // 调用orderDao对象中的方法
        this.orderDao.createOrder();
    }

    @Override
    public void setBeanFactory(BeanFactory beanFactory) throws
BeansException {

    this.name = "张三";
        this.age = 18;
        // 这里是从容器中获取bean
        OrderDao orderDao = beanFactory.getBean(OrderDao.class);
        this.orderDao = orderDao;
    }
}
```

（2）编写 spring-config.xml 配置文件，装配 bean，代码如下。

```xml
<?xml version="1.0" encoding="UTF-8"?>
<beans xmlns="http://www.springframework.org/schema/beans"
      xmlns:xsi="http://www.w3.org/2001/XMLSchema-instance"
xsi:schemaLocation="http://www.springframework.org/schema/beans
http://www.springframework.org/schema/beans/spring-beans.xsd">

<bean id="orderDao" class="org.example.dao.OrderDao"/>
<bean id="userDao" class="org.example.dao.UserDao2"/>
</beans>
```

由于 UserDao2 类已经通过 BeanFactoryAware 接口的 setBeanFactory()方法注入了依赖，所以这里只需要进行 bean 的装配。

（3）编写测试代码。在测试代码中创建容器，并从 Spring IoC 容器中获取 userDao2 对象，然后调用 createOrder()方法，代码如下。

```java
public class Test2 {
    public static void main(String[] args) {
        // 创建容器
        ApplicationContext context = new ClassPathXmlApplicationContext
                                    ("spring-config.xml");
        // 从容器中获取Bean
        UserDao2 userDao2 = context.getBean(UserDao2.class);
        // 执行Bean中的方法
        userDao2.createOrder();
    }
}
```

createOrder()方法成功执行，执行结果如图 8-15 所示，使用接口注入方式并没有在 XML 配置文件中定义依赖关系，可见通过 BeanFactoryAware 接口使用 setBeanFactory()方法同样能够完成依赖的注入。

图 8-15　createOrder()方法成功执行的执行结果

以上是对接口注入的介绍，这种方法的依赖注入是硬编码在 bean 中的，侵入性较强，在项目开发中使用较少，了解即可。

8.4　bean 的作用域

8.4.1　作用域的分类

Spring 框架中主要有 5 种类型的作用域，分别是 singleton、prototype、request、session、global-session。Spring 框架中的作用域描述如表 8-1 所示。

表 8-1　Spring 框架中的作用域描述

作用域	描述
singleton	默认作用域，将 bean 的作用域定义为在 Spring IoC 容器中以单例形式存在
prototype	将 bean 的作用域定义为在 Spring IoC 容器中以多例形式存在
request	将 bean 的作用域定义为在一个 HTTP 请求的生命周期内有效。每次 HTTP 请求后都会创建一个新的 bean，仅用于 WebApplicationContext 环境
session	将 bean 的作用域定义为在一个 HTTP 会话的生命周期内有效。同一个 HTTP 会话共享一个 bean，仅用于 WebApplicationContext 环境
global-session	类似于标准的 HTTP 会话作用域，不过它仅在基于 Portlet 的 Web 应用程序中才有意义

8.4.2　singleton

singleton 是 Spring 框架中默认的作用域，若在 bean 标签中没有定义 scope 属性，则 Spring 框架默认会以单例模式创建 bean。

单例模式就是采取一定的方法保证在整个软件系统中，某个类只能存在一个对象实例，且该类只提供一个取得其实例的方法。在 Java 中定义一个简单的单例类需要以下步骤：① 私有化构造器；② 在类内部创建对象实例；③ 提供一个共有的静态方法返回实例对象。

例 8-5 演示 Java 中单例类的创建。

（1）编写单例类 Singleton，代码如下。

```java
class Singleton {
    // 构造器私有化
    private Singleton() {}

    // 在本类内部创建对象实例
    private final static  Singleton instance = new Singleton();

    // 提供一个公有的静态方法，返回实例对象
    public static Singleton getInstance() {
        return instance;
    }
}
```

（2）测试代码如下。

```java
public class Test3 {
    public static void main(String[] args) {
        Singleton singleton1 = Singleton.getInstance();
        Singleton singleton2 = Singleton.getInstance();

        System.out.println(singleton1);
        System.out.println(singleton2);
    }
}
```

首先定义一个测试方法，多次获取 Singleton 类的实例，其次打印输出对象的地址值。测试代码运行结果如图 8-16 所示，singleton1 和 singleton2 输出的对象地址值相同，这就表示这里的类是单例类，创建的对象是单例对象。

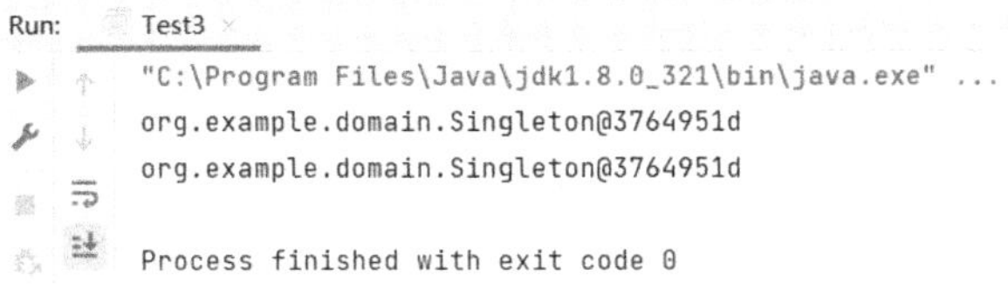

```
Run:      Test3 ×
  ▶   ↑    "C:\Program Files\Java\jdk1.8.0_321\bin\java.exe" ...
  ⚙   ↓    org.example.domain.Singleton@3764951d
          org.example.domain.Singleton@3764951d
  ◫   ⇥
  ⧉   ↕    Process finished with exit code 0
```

图 8-16　singleton1 和 singleton2 输出对象地址值相同的测试代码运行结果

Spring 框架提供了更为简洁的创建单例对象的方法，默认创建的对象就是单例对象，也可以在 bean 标签中通过 scope 属性设置为单例模式。

例 8-6 演示 Spring 框架中单例模式的使用。

（1）编写 bean 的代码。

这里使用的是之前 org.example.dao 包中创建的 OrderDao 类，代码如下。

```java
public class OrderDao {
    // 创建订单方法
    public void createOrder(){
        // 使用输出语句来模拟创建订单功能
        System.out.println("创建订单...");
    }
}
```

（2）编写 spring-config.xml 配置文件，装配 bean。

```xml
<bean id="orderDao" class="org.example.dao.OrderDao"></bean>
```

或者使用以下配置方式。

```xml
<bean id="orderDao" class="org.example.dao.OrderDao"
        scope="singleton"></bean>
```

这两种装配 bean 的方式均可，一种是显式地声明 scope 属性为 singleton；另一种是不写 scope 属性，Spring IoC 容器会默认创建单例类。

（3）测试代码如下。

```java
public class Test3 {
    public static void main(String[] args) {

        ApplicationContext context = new ClassPathXmlApplicationContext
                                    ("spring-config.xml");

        OrderDao orderDao1 = context.getBean(OrderDao.class);
        OrderDao orderDao2 = context.getBean(OrderDao.class);

        System.out.println(orderDao1);
        System.out.println(orderDao2);

    }
}
```

测试代码运行结果如图 8-17 所示，orderDao1 和 orderDao2 输出的对象地址值相同，可见两次从 Spring IoC 容器中获取的 orderDao 对象是同一个（引用地址值相同）。

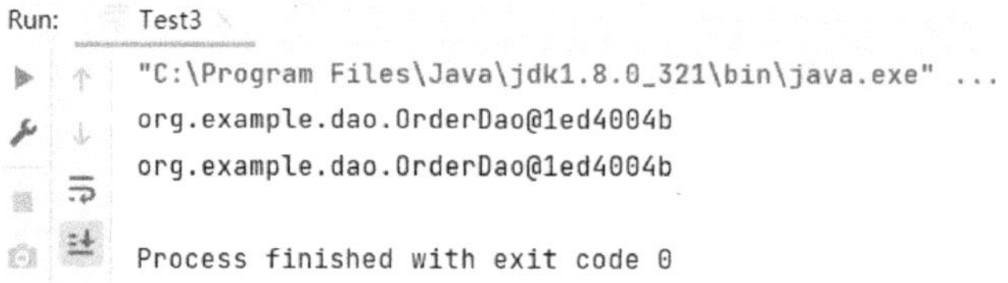

```
Run:        Test3
    ▶  ↑    "C:\Program Files\Java\jdk1.8.0_321\bin\java.exe" ...
    ⚲  ↓    org.example.dao.OrderDao@1ed4004b
       ⇥    org.example.dao.OrderDao@1ed4004b
    ▣  ⬇
    ◎  ⬇    Process finished with exit code 0
```

图 8-17　orderDao1 和 orderDao2 输出对象地址值相同的测试代码运行结果

8.4.3　prototype

prototype 作用域会将 bean 定义为在 Spring IoC 容器中以多例形式存在的对象，即每次从 Spring IoC 容器中获取 prototype 作用域的 bean 时，都会创建一个新的实例。在 XML 配置文件的 bean 标签中将 scope 属性设置为 prototype，就表示这个 bean 是多例的。

例 8-7 演示 Spring 框架中的 prototype 作用域。

（1）编写 bean 的代码。

这里仍然使用之前 org.example.dao 包中创建的 OrderDao 类。

```
public class OrderDao {
    // 创建订单方法
    public void createOrder(){
        // 使用输出语句模拟创建订单功能
        System.out.println("创建订单...");
    }
}
```

（2）编写 spring-config.xml 配置文件，装配 bean。

```
<bean id="orderDao" class="org.example.dao.OrderDao"
scope="prototype"></bean>
```

这里在 bean 标签中显示地声明了 scope 属性值为 prototype，表示该对象要用原型模式进行装配。

（3）测试代码如下。

```
public class Test3 {
    public static void main(String[] args) {

        ApplicationContext context = new
ClassPathXmlApplicationContext("spring-config.xml");

        OrderDao orderDao1 = context.getBean(OrderDao.class);
        OrderDao orderDao2 = context.getBean(OrderDao.class);

        System.out.println(orderDao1);
        System.out.println(orderDao2);

    }
}
```

测试代码运行结果如图 8-18 所示，orderDao1 和 orderDao2 输出的对象的地址值不同，可见设置 scope 为 prototype 后，从 Spring IoC 容器中多次获取的对象不是同一个（引用地址值不同）。

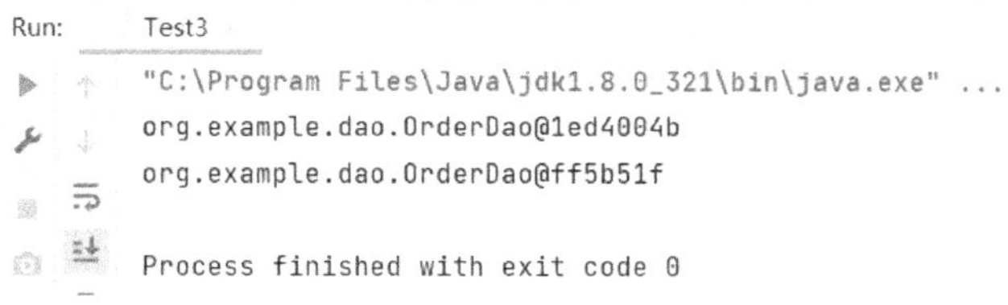

```
Run:    Test3
   ▶  ↑   "C:\Program Files\Java\jdk1.8.0_321\bin\java.exe" ...
   ✎  ↓   org.example.dao.OrderDao@1ed4004b
   ⊟  ⇥   org.example.dao.OrderDao@ff5b51f
   ⊡  ↕↓  Process finished with exit code 0
       ─
```

图 8-18　orderDao1 和 orderDao2 输出对象地址值不同的测试代码运行结果

8.5　Spring 框架中 bean 的装配方式

8.5.1　基于 XML 装配 bean

Spring 框架基本的 XML 配置文件可以在 beans 标签内添加 bean 标签来装配 bean。bean 标签的常用属性说明如表 8-2 所示。

表 8-2　bean 标签的常用属性说明

属性名称	说明
id	bean 的唯一标识名，必须以字母开头，且不能包含特殊字符
name	用来为 bean 指定一个或多个别名，且能包含特殊字符。若 bean 没有 id，则 name 可被当作 id 使用
class	用来定义类的全限定名（包名+类名）。
scope	设置 bean 的作用域
init-method	bean 的初始化方法，在对象创建时被调用
destroy-method	bean 的销毁方法，在对象销毁或容器关闭时被调用
factory-bean	配置 bean 工厂的实例对象
factory-method	配置 bean 的工厂方法

bean 标签内有 constructor-arg 标签和 property 标签：constructor-arg 标签通过构造器进行依赖注入，常用的属性说明如表 8-3 所示。property 标签上常用的属性有 name、ref、value，使用方式与在 constructor-arg 标签上的相同。

表 8-3　constructor-arg 标签上常用的属性说明

属性名称	说明
name	构造器注入时按照形参名称注入
type	构造器注入时按照形参类型注入
index	构造器注入时按照形参位置注入
ref	注入已经在 Spring IoC 容器中的 bean
value	要注入的属性值

例 8-8　演示 bean 标签中 init-method、destroy-method、factory-method 属性的使用。

（1）编写 bean 的代码。

这里仍然使用之前 org.example.dao 包中创建的 OrderDao 类，添加了 init()初始化方法、destroy()销毁方法及 getOrderDao()工厂方法，代码如下。

```
public class OrderDao {
```

```
    // 创建订单方法
    public void createOrder(){
        // 使用输出语句模拟创建订单功能
        System.out.println("创建订单...");
    }
    // 初始化方法
    public void init(){
        System.out.println("初始化方法...");
    }
    // 销毁方法
    public void destroy(){
        System.out.println("销毁方法...");
    }
    // 创建OrderDao对象的工厂方法
    public static OrderDao getOrderDao(){
        System.out.println("getOrderDao 方法执行...");
        return new OrderDao();
    }
}
```

（2）编写 spring-config.xml 配置文件，装配 bean。

```
<bean id="orderDao" class="org.example.dao.OrderDao" init-method="init"
destroy-method= "destroy" factory-method="getOrderDao"></bean>
```

这里在 bean 标签中用 init-method 指定初始化方法，用 destroy-method 指定销毁方法，用 factory-method 指定创建对象的工厂方法。

（3）测试代码如下。

```
public class Test4 {
    public static void main(String[] args) {
        ClassPathXmlApplicationContext context = new
ClassPathXmlApplicationContext("spring-config.xml");
        OrderDao orderDao = context.getBean(OrderDao.class);
        // 关闭容器，使orderDao对象中的销毁方法能够触发
        context.close();
    }
}
```

在这个测试代码中创建了容器，获取了 orderDao 对象，然后使用 close()方法关闭了容器。测试代码运行结果如图 8-19 所示，init()方法、destroy()方法和 getOrderDao()方法成功执行，可见这里 Spring 框架通过 factory-method 方法指定的工厂方法创建 orderDao 对象，并且在创建对象时执行了 init-method 指定的初始化方法，在容器关闭时执行了 destroy-method 指定的销毁方法。

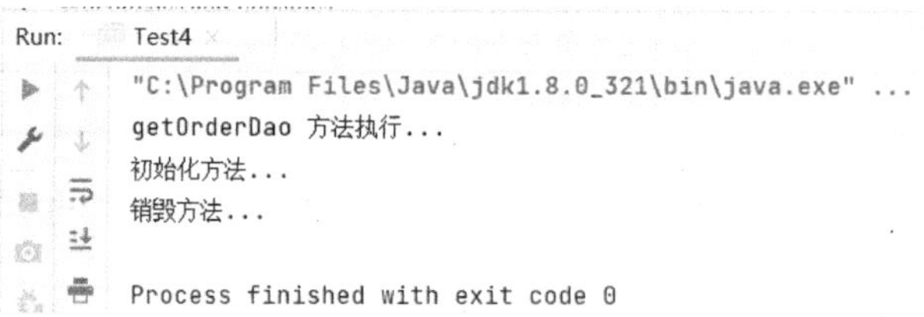

图 8-19　init()方法、destroy()方法和 getOrderDao()方法成功执行的测试代码运行结果

8.5.2　基于组件扫描注解装配 bean

Spring 框架支持基于组件扫描注解装配 bean 的方式，通过装配 bean 相关的注解 @Component，可以简化配置，提升开发效率。要使 Spring 框架能够识别相应的注解，需要配置组件扫描，有通过 XML 配置文件开启组件扫描和基于 Java 配置类开启组件扫描两种方式。

（1）方式一：通过 XML 配置文件开启组件扫描。

例 8-9 演示通过 XML 配置文件开启组件扫描。

① 编写 bean 的代码。

这里在 org.example.dao 包中创建了两个简单的 bean，然后分别在 UserDao 类及 OrderDao 类上添加@Component 注解，表明在扫描 Spring 组件时要将这些 bean 装配到容器中，代码如下。

```
@Component
public class UserDao {
    public void createUser(){
        System.out.println("创建用户...");
    }
}
@Component
public class OrderDao {
    public void createOrder(){
        System.out.println("创建订单...");
    }
}
```

② 编写 spring-config.xml 配置文件，开启组件扫描。

在 XML 配置文件中，通过 context:component-scan 标签的 base-package 属性配置要扫描的包为 org.example 包，这样 Spring 框架会扫描 org.example 包（包含其子包）下所有配置了装配相关注解的 bean，代码如下。

```
<?xml version="1.0" encoding="UTF-8"?>
<beans xmlns="http://www.springframework.org/schema/beans"
xmlns:xsi="http://www.w3.org/2001/XMLSchema-instance"
xmlns:context="http://www.springframework.org/schema/context"
xsi:schemaLocation="http://www.springframework.org/schema/beans
http://www.springframework.org/schema/beans/spring-beans.xsd
http://www.springframework.org/schema/context
http://www.springframework.org/schema/context/spring-context.xsd">

    // 开启组件扫描，配置要扫描的包为org.example包
<context:component-scan base-package="org.example"/>
</beans>
```

注意，这里要使用 context 系列的标签，就需要添加对应的 xsd 约束。

③ 测试代码如下。

```
public class SpringDemoTest {
    public static void main(String[] args) {
        // 创建容器
        ApplicationContext context = new ClassPathXmlApplicationContext
                                ("applicationContext.xml");
```

```
        // 从容器中获取bean,并执行bean中的方法
        UserDao userDao = context.getBean(UserDao.class);
        userDao.createUser();

        OrderDao orderDao = context.getBean(OrderDao.class);
        orderDao.createOrder();

    }
}
```

测试代码运行结果如图 8-20 所示，createUser()方法和 createOrder()方法成功执行。从测试结果来看，UserDao 类和 OrderDao 类中的方法都能够正常执行。我们只在 XML 配置文件中开启了组件扫描，以及在要装配的 bean 上使用了注解，这种基于组件扫描注解的方式很大程度上简化了开发，让我们不必在 XML 配置文件中进行烦琐的装配操作。

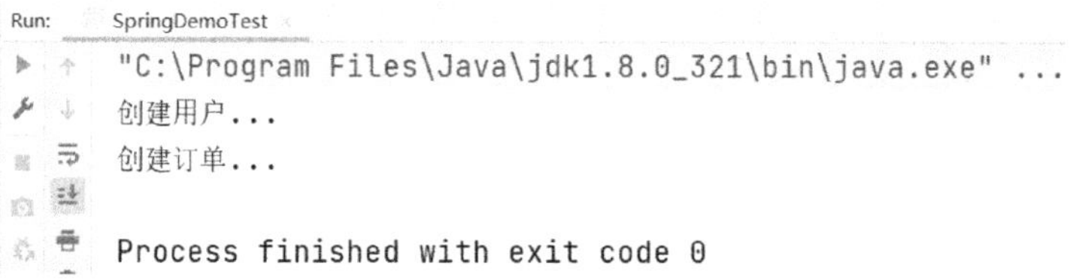

```
Run:        SpringDemoTest
  ▶  ↑    "C:\Program Files\Java\jdk1.8.0_321\bin\java.exe" ...
  🔧  ↓    创建用户...
  ■  ⇥    创建订单...
  📷  ▦
  🐞  🖥    Process finished with exit code 0
```

图 8-20   createUser()方法和 createOrder()方法成功执行的测试代码运行结果

Spring 框架还支持通过 Java 配置类的方式开启组件扫描。可以用@Configuration 注解表明该类为 Spring 配置类，@ComponentScan 注解开启组件扫描并配置需要扫描的包，此时已经不需要 XML 配置文件了。这时需要通过 AnnotationConfigApplicationContext 实现类创建 Spring IoC 容器，详细操作见方式二。

（2）方式二：基于 Java 配置类开启组件扫描，如例 8-10 所示。

例 8-10 演示基于 Java 配置类开启组件扫描。

① 编写 bean 的代码。

这里仍然可以使用 org.example.dao 包中创建的 UserDao 类、OrderDao 类，无须做修改，代码如下。

```
@Component
public class UserDao {
    public void createUser(){
        System.out.println("创建用户...");
    }
}
@Component
public class OrderDao {
    public void createOrder(){
        System.out.println("创建订单...");
    }
}
```

② 编写 Java 配置类，开启组件扫描。

在 src 目录下新建一个 org.example.config 包，这个包用来放置与 Java 配置相关的代码。然后在该包中创建一个 Java 配置类 SpringConfig，代码如下。

```
@Configuration
@ComponentScan(basePackages = {"org.example"})
public class SpringConfig {

}
```

在这个代码中，使用@Configuration 注解声明 SpringConfig 是配置类，用@ComponentScan 注解开启组件扫描，使用 basePackages 属性设置需要扫描的包，这里设置需要扫描的包为 org.example 包。Spring 框架会扫描该包下所有的类，当扫描到某个类上写了@Component 注解时，会自动将其装配到 Spring IoC 容器中。

③ 测试代码如下。

```
public class SpringDemoTest2 {
    public static void main(String[] args) {
        // 创建Spring IoC容器
        ApplicationContext context = new AnnotationConfigApplicationContext
                                    (SpringConfig.class);
        // 从Spring IoC容器中获取bean,并执行bean中的方法
        UserDao userDao = context.getBean(UserDao.class);
        userDao.createUser();

        OrderDao orderDao = context.getBean(OrderDao.class);
        orderDao.createOrder();
    }
}
```

测试代码运行结果如图 8-21 所示，与图 8-20 中的测试代码运行结果一样。但是对比 XML 配置文件，使用 Java 配置类更加简洁，简化了一些复杂的配置。

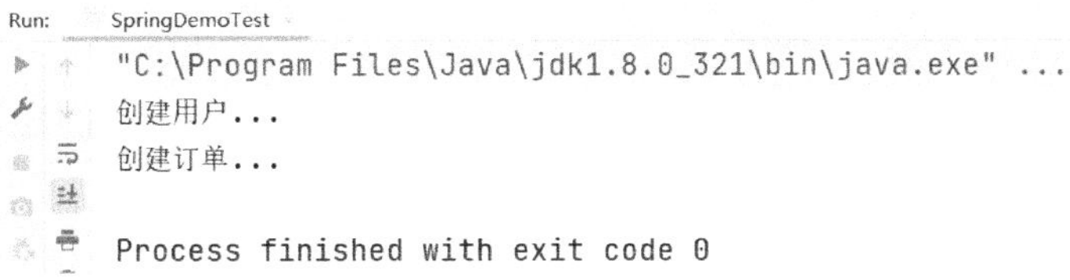

图 8-21　测试代码运行结果

8.5.3　基于注解装配 bean

在 XML 配置文件或 Java 配置类开启组件扫描后，便可以基于注解来装配 bean 了，一些常用的装配 bean 相关的注解说明如表 8-4 所示。

表 8-4　装配 bean 相关的注解说明

注解名称	说明
@Component	作用在类上，该注解把一个 bean 装配到 Spring IoC 容器，表示这是一个常规的 bean
@Service	作用在类上，功能同@Component，同时表示这个 bean 是一个服务层对象
@Repository	作用在类上，功能同@Component，同时表示这个 bean 是一个持久层对象
@Bean	@Bean 只能存在于配置类中，当配置类中的方法存在这个注解时，这个注解会将方法的返回值放入 Spring IoC 容器。当@Bean 标注的方法中有参数时，会到 Spring IoC 容器中寻找该类型的 bean 作为参数注入该方法

续表

注解名称	说明
@PostConstruct	作用在方法上，设置该方法为初始化方法
@PreDestroy	作用在方法上，设置该方法为销毁方法

例 8-11 演示@Repository、@PostConstruct、@PreDestroy 注解的使用。

（1）编写 bean 的代码。

在 src 目录下的 org.exmpale.dao 包中创建一个 OrderDao2 类，@Repository 注解声明这是一个持久层 bean，在组件扫描时会将其装配到 Spring IoC 容器中；@PostConstruct 注解指定了初始化方法；@PreDestroy 注解指定了销毁方法。

```
@Repository
public class OrderDao2 {
    // 创建订单方法
    public void createOrder(){
        // 使用输出语句来模拟创建订单功能
        System.out.println("创建订单...");
    }
    @PostConstruct
    public void init(){
        System.out.println("初始化方法...");
    }
    @PreDestroy
    public void destroy(){
        System.out.println("销毁方法...");
    }
}
```

（2）编写 Java 配置类，开启组件扫描。

这里配置文件并未添加新的内容，仍可以使用之前的 SpringConfig 配置类，代码如下。

```
@Configuration
@ComponentScan(basePackages = {"org.example"})
public class SpringConfig {
}
```

（3）测试。

在测试代码中使用 AnnotationConfigApplicationContext 注解来读取 Java 配置类，从 Spring IoC 容器中获取 orderDao2 对象，并调用它的 createOrder()方法，然后关闭 Spring IoC 容器。

```
public class Test5 {
    public static void main(String[] args) {
        AnnotationConfigApplicationContext context = new
AnnotationConfigApplicationContext(SpringConfig.class);
        OrderDao2 orderDao2 = context.getBean(OrderDao2.class);
        orderDao2.createOrder();
        context.close();
    }
}
```

测试代码运行结果如图 8-22 所示，init()方法、destroy()方法和 getOrderDao()方法也成功执行，可见 orderDao2 对象在组件扫描中装配到了容器中，同时@PostConstruct 注解指定的初始化方法和@PreDestroy 注解指定的销毁方法均能正常使用。

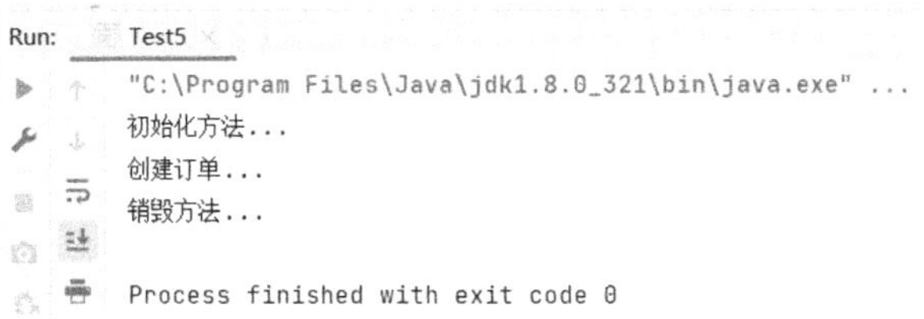

图 8-22　使用注解后的测试代码运行结果

8.5.4　基于@Autowired 注解自动装配

@Autowired 注解默认是按照类型自动装配的，Spring 框架会从其容器中寻找匹配类型匹配的对象，并将其注入作用的属性或方法参数。

用于字段上的@Autowired 注解与 XML 配置文件中的 property 标签能够实现相同的功能，自动注入该字段类型的 bean。

@Autowired 注解用在方法上时，如果该方法没有参数，那么 Spring IoC 容器会在类加载完后执行一次该方法，这里 Spring 框架不建议将@Autowired 注解用于空参方法中；如果方法中有参数，那么会向 Spring IoC 容器中自动注入该方法的参数，然后执行一次该方法。

例 8-12　演示使用@Autowired 进行自动装配的过程。

（1）编写 bean 的代码。

UserDao 类的代码如下。

```java
@Repository
public class UserDao {
    public void save(){
        System.out.println("创建用户...");
    }
}
```

UserService 类的代码如下。

```java
@Service
public class UserService {

    @Autowired
    public void save(UserDao userDao){
        userDao.save();
    }
}
```

在 UserService 类的 save()方法中使用@Autowired 注解注入 userDao 对象。

（2）编写 Java 配置类，开启组件扫描。

```java
@Configuration
@ComponentScan(basePackages = {"org.example"})
public class SpringConfig {

}
```

（3）测试代码如下。

```java
public class SpringDemoTest {
    public static void main(String[] args) {
```

```
        // 创建容器
        ApplicationContext context = new AnnotationConfigApplicationContext
                                (SpringConfig.class);
        // 从容器中获取Bean
        UserService userService = context.getBean(UserService.class);
    }
}
```

测试代码运行结果如图 8-23 所示，save()方法成功执行。我们在测试代码中只获取了 userService 对象，而 Spring 框架已经为我们调用了拥有@Autowired 注解的 save()方法。

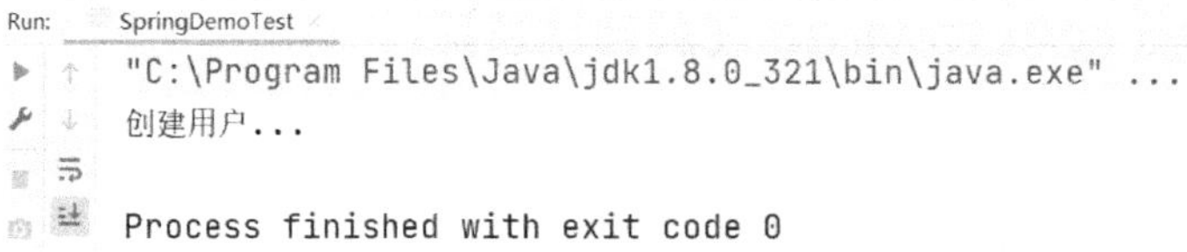

```
Run:        SpringDemoTest
 ▶  ↑    "C:\Program Files\Java\jdk1.8.0_321\bin\java.exe" ...
 🔧  ↓    创建用户...
 ▤  ⤢
 ⬚  ⤴    Process finished with exit code 0
```

图 8-23 使用自动装配注解的测试代码运行结果

@Autowired 注解按类型自动注入可能会有多个同类型的 bean 在 Spring IoC 容器中的情况。此时 Spring 框架提供了@Primary 注解和@Qualifier 注解来控制 bean 的选择过程。@Primary 注解用来表明这个 bean 是首选的 bean，会在@Autowired 注解自动装配中优先注入；@Qualifier 注解在自动装配的基础上，通过名称来指定需要注入哪个 bean。

在实际项目中，随着业务量增大，会有读写分离的需求及按业务模块分库的需求，在项目中会有在各个数据源之间来回切换的场景，这样我们需要配置多个数据源，从而操作不同数据库中的数据。但将不同的数据源对象放在 Spring 框架在进行依赖注入的时候，就需要使用@Primary 注解和@Qualifier 注解进行选择了。

例如，项目中有个下单的功能，要求下单的同时记录日志，而订单和日志系统在使用不同数据源时，可以使用@Primary 注解和@Qualifier 注解来实现不同数据源的注入。

例 8-13 演示@Primary 注解和@Qualifier 注解的使用。

（1）编写 bean 的代码。

使用@Autowired 注解注入首选的 db1 数据源，添加 saveLog()方法模拟将日志保存到数据库的功能。LogDao 类的代码如下。

```
@Repository
public class LogDao {
    @Autowired
    private DataSource db1;

    public void saveLog() throws SQLException {
        // 使用输出语句来模拟日志保存功能
        DruidDataSource db1 = (DruidDataSource) this.db1;
        System.out.println("保存日志 -->" + db1.getUrl());
    }
}
```

使用@Autowired 注解和@Qualifier 注解指定注入的 db2 数据源，添加 createOrder()方法模拟创建订单功能。OrderDao 类的代码如下。

```
@Repository
public class OrderDao {
```

```
@Autowired
@Qualifier("db2")
private DataSource db2;

// 创建订单方法
public void createOrder(){
    DruidDataSource db2 = (DruidDataSource) this.db2;
    // 使用输出语句来模拟创建订单功能
    System.out.println("创建订单 -->" + db2.getUrl());
    }
}
```

在 src 目录下新建一个 org.example.service 包，用来存放业务逻辑层代码。这里添加了一个 OrderService 类，该类中有 createOrder()方法，其中分别调用了 orderDao 对象的创建订单方法和 logDao 对象的日志保存方法。OrderService 类的代码如下。

```
@Service
public class OrderService {
    @Autowired
    private LogDao logDao;
    @Autowired
    private OrderDao orderDao;

    public void createOrder() throws SQLException {
        orderDao.createOrder();
        logDao.saveLog();
    }
}
```

（2）编写 Java 配置类，开启组件扫描，添加一个数据源配置类。

Java 配置类的代码如下。

```
@Configuration
@ComponentScan(basePackages = {"org.example"})
public class SpringConfig {

}
```

添加 db1 数据源和 db2 数据源的配置，在 db1 数据源上使用@Primary 注解来指定首选的数据源。数据源配置类的代码如下。

```
@Configuration
public class DataSourceConfiguration {
    // 装配db1数据源，@Primary注解设置其为首选的数据源
    @Primary
    @Bean("db1")
    public DataSource firstDataSource() {
        DruidDataSource db1 = new DruidDataSource();
        db1.setDriverClassName("com.mysql.jdbc.Driver");
        db1.setUrl("jdbc:mysql://localhost:3306/db1");
        db1.setUsername("root");
        db1.setPassword("123456");
        return db1;
    }
```

```
    // 装配db2数据源
    @Bean("db2")
    public DataSource secondDataSource() {
        DruidDataSource db2 = new DruidDataSource();
        db2.setDriverClassName("com.mysql.jdbc.Driver");
        db2.setUrl("jdbc:mysql://localhost:3306/db2");
        db2.setUsername("root");
        db2.setPassword("123456");
        return db2;
    }
}
```

（3）测试。

创建 Spring IoC 容器，从该容器中获取 orderService 对象，并调用 orderService 对象的 createOrder()方法。

```
public class Test6 {
    public static void main(String[] args) throws SQLException {
        AnnotationConfigApplicationContext context = new
AnnotationConfigApplicationContext(SpringConfig.class);

        OrderService orderService = context.getBean(OrderService.class);
        orderService.createOrder();
    }
}
```

测试代码运行结果如图 8-24 所示，可见创建订单和保存日志使用了不同的数据源，创建订单使用了 db2 数据源，保存日志使用了 db1 数据源。

图 8-24　测试代码运行结果

8.6　Spring 框架的 AOP

8.6.1　AOP 的概念

面向切面编程（Aspect-Oriented Programming，AOP）是一种编程范式，可以在不改变源码的情况下对目标对象进行功能（动态）增强，为目标对象动态织入一些功能或属性。AOP 的一些核心术语如表 8-5 所示。

在 Spring 框架中，我们可以抽取一些共性功能，将这些共性功能作为 AOP 的通知，并在运行时动态地将其加入某些方法执行过程，去增强这些方法的功能。这些通知分为以下 5 种类型：前置通知（Before）、后置通知（After）、环绕通知（Around）、返回后通知（AfterReturning）、异常后通知（AfterThrowing），Spring 框架中 5 种类型通知的作用描述如表 8-6 所示。

表 8-5　AOP 的一些核心术语

术语	说明
织入（Weaving）	将切面连接到其他应用程序类型或对象上，并创建一个被通知的对象
切面（Aspect）	切面由通知和切入点组成，在 Spring 框架的 AOP 中是一个类
切入点（PointCut）	切入点是指目标类连接点的部分信息，在 Spring 框架的 AOP 中是指目标对象的某个方法
连接点（JoinPoint）	连接点是在目标对象执行过程中可以拦截到的方法，在 Spring 框架的 AOP 中一般是类初始化前、类初始化后、方法调用前、方法调用后、方法抛出异常后等方位信息
通知（Advice）	通知是织入到目标对象连接点上的一段程序代码，在 Spring 框架的 AOP 中一般是指增强功能的那部分代码

表 8-6　Spring 框架中 5 种类型通知的作用描述

通知类型	作用
前置通知	在切入点方法执行前执行增强操作
后置通知	在切入点方法执行后执行，无论切入点方法内部是否出现异常，后置通知都会执行增强操作
环绕通知	手动调用切入点方法并对其进行增强的通知方式
返回后通知	在切入点方法执行后执行，若切入点方法内部出现异常，则不会执行增强操作
异常后通知	在切入点方法执行后执行，只有切入点方法内部出现异常后，才执行增强操作

8.6.2　Spring 框架中 AOP 环境配置

Spring 框架一般都是基于 AspectJ 类实现 AOP 操作，而 AspectJ 类不是 Spring 框架的组成部分，AspectJ 是独立的 AOP 框架，实际中一般把 AspectJ 类和 Spring 框架一起使用，进行 AOP 操作。使用 Spring 框架进行 AOP 编程时，除了要添加 Spring 框架中 spring-aop 的 jar 包，还需要添加 AspectJ 的 jar 包。

下面我们进入阿里云 Maven 仓库的搜索界面，输入关键字"com.springsource.org.aspectj.weaver"，搜索并找到 jar 包位置，单击"下载"按钮，如图 8-25 所示。

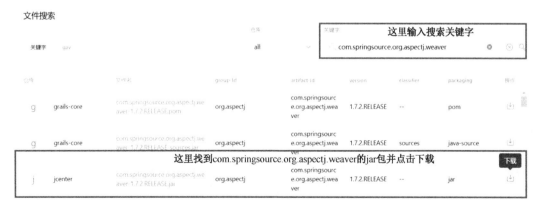

图 8-25　下载 jar 包

下载完成后，将 jar 包复制到项目的 lib 文件夹中。

8.6.3 Spring 框架的 AOP 的使用

在 Spring 框架中，可以通过 XML 配置文件来配置 AOP。Spring 框架利用<aop:config>标签声明这是一段 AOP 配置的相关内容；利用<aop:aspect>标签声明切面的实例是哪个 bean；利用<aop:before>、<aop:after>、<aop:after-returning>、<aop:after-throwing>、<aop:around>标签声明这是 5 种不同类型通知的相关内容，其中，method 属性用来设置要用切面中的哪个方法来进行增强，pointcut 属性用来设置切入点表达式（execution），通过切入点表达式找到切入点。切入点表达式的语法格式如下。

```
返回值类型 全限定类名.方法()
```

这里支持使用通配符"*"来匹配多个切入点。

假设 userDao 对象的 save()方法在执行前要获取数据库连接，在执行后要关闭数据库连接，那么可以通过 AOP 来实现。我们需要定义一个通知类，在通知类中编写要增强的功能，通过 XML 配置文件来配置 AOP。

例 8-14 演示 Spring 框架中 AOP 的使用。

（1）编写 Bean 和切面类代码。

UserDao 类的代码如下。

```
public class UserDao {
    public void save(){
        System.out.println("创建用户...");
    }
}
```

切面类的代码如下。

```
public class AdviceDemo {
public void before() {
    // 用打印一段话来模拟获取数据库连接
        System.out.println("前置通知: 获取数据库连接...");
    }

public void after() {
    // 用打印一段话来模拟释放数据库连接
        System.out.println("后置通知: 关闭数据库连接...");
    }
}
```

（2）编写 XML 配置文件，配置 AOP 切面。

```
<?xml version="1.0" encoding="UTF-8"?>
<beans xmlns="http://www.springframework.org/schema/beans"
xmlns:xsi="http://www.w3.org/2001/XMLSchema-instance"
xmlns:aop="http://www.springframework.org/schema/aop"
xsi:schemaLocation="http://www.springframework.org/schema/beans
http://www.springframework.org/schema/beans/spring-beans.xsd
http://www.springframework.org/schema/aop
https://www.springframework.org/schema/aop/spring-aop.xsd">

<bean id="userDao" class="org.example.dao.UserDao"/>
<!-- 装配切面类 -->
<bean id="adviceDemo" class="org.example.advice.AdviceDemo"/>
```

```
<!-- 配置AOP -->
<aop:config>
<!-- 声明切面 -->
<aop:aspect ref="adviceDemo">
<!-- 设置前置增强 -->
<aop:before method="before" pointcut="execution(* org.example.dao.
UserDao.save())"></aop:before>
<!-- 设置后置增强 -->
<aop:after method="after" pointcut="execution(* org.example.dao.
UserDao.save())"></aop:after>
</aop:aspect>
</aop:config>
</beans>
```

注意，这里要使用 AOP 系列的标签，就需要添加对应的 xsd 约束。

（3）测试代码如下。

```
public class SpringDemoTest {
    public static void main(String[] args) {
        // 创建Spring IoC容器
        ApplicationContext context = new ClassPathXmlApplicationContext
                                    ("applicationContext.xml");
        // 从Spring IoC容器中获取bean,并执行bean中的方法
        UserDao userDao = context.getBean(UserDao.class);
        userDao.save();
    }
}
```

测试代码运行结果如图 8-26 所示，可以看到，前置通知在 save()方法前执行，后置通知在 save()方法后执行，通过 AOP 可以对 UserDao 类的 save()方法进行增强，且无须改动 UserDao 类的代码，这是一种无侵入式的编程风格。

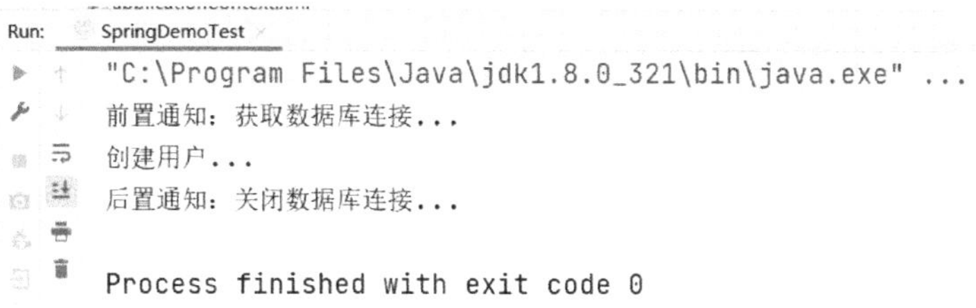

图 8-26　测试代码运行结果

例 8-14 仅仅对 userDao 对象的 save()方法进行了增强，假如获取、关闭数据库连接是所有 Dao 类中共用的方法，那么我们可以在切入点中使用通配符 "*"，将 pointcut 属性设置为 "execution(*org.example.dao.*.*(..))"，"org.example.dao.*.*" 中的第一个 "*" 表示的是 dao 包下的所有类，第二个 "*" 表示的是所有方法。"org.example.dao.*.*(..)" 括号中的 ".." 表示这些方法的参数可以是任意数量。

例 8-14 完成了前置通知和后置通知的调试，而异常后通知、返回后通知的使用与前置通知、后置通知并无区别，只是通知调用的时机不同。然而环绕通知需要我们通过 ProceedingJoinPoint 对象手动地调用被增强的方法，在被增强方法执行前、执行后、异常后、返回后添加增强的功能。

例 8-15 演示环绕通知的使用。

```java
public Object around(ProceedingJoinPoint pjp) {
    Object res = null;
    try {
        Object[] args = pjp.getArgs(); //得到方法执行所需的参数
        System.out.println("环绕通知：前置通知...");
        res = pjp.proceed(args); //在这里执行被增强的方法
        System.out.println("环绕通知：后置通知...");
        return res;
    } catch (Throwable e) {
        System.out.println("环绕通知：异常后通知...");
        throw new RuntimeException(e);
    } finally {
        System.out.println("环绕通知：返回后通知...");
    }
}
```

ProceedingJoinPoint 对象（例 8-15 中的 pjb 对象）可以利用 proceed()方法调用被拦截的连接点方法。可以在 proceed()方法执行前后编写一些进行增强的代码，使得通过这一个环绕通知就可以实现前置通知、后置通知、异常后通知、返回后通知等功能。

8.6.4　Spring 框架注解风格的 AOP 开发

在 Spring 框架中，可以使用注解开发 AOP，需要在配置文件中开启 AOP 的相关注解支持。在 XML 配置文件中，要使用<aop:aspectj-autoproxy/>标签来开启注解支持；而在 Java 配置类中，则要使用@EnableAspectJAutoProxy 注解来开启支持。

我们可以将@Aspect 注解放在类上来声明这是一个切面类；然后将@Before、@After、@AfterReturning、@AfterThrowing、@Around 这些注解放在方法上声明 5 种类型的通知；用@Pointcut 注解声明一个切入点表达式；最后通知类便可以修改成注解形式，如例 8-16 所示。

例 8-16 注解形式的切面类。

```java
@Aspect
public class AdviceDemo {
    @Pointcut("execution(* org.example.dao.UserDao.save())")
    public void pt(){

    }

    @Before("pt()")
    public void before() {
        // 打印一段话，模拟获取数据库连接的过程
        System.out.println("前置通知：获取数据库连接...");
    }

    @After("pt()")
    public void after() {
        // 打印一段话，模拟关闭数据库连接的过程
        System.out.println("后置通知：关闭数据库连接...");
    }
}
```

8.7 本章小结

本章介绍了 Spring 框架的基本概念，学习了 Spring IoC 容器的相关知识，详细介绍了依赖注入的 3 种方式，以及 bean 的作用域及装配方式，这些基础知识在 Spring 框架中常有运用，还讲解了 AOP 相关的面向切面编程的知识，这些技术将有效地提高我们的开发效率。

8.8 习题

一、填空题

1．Spring 框架中通过 XML 配置文件创建容器的实现类是_____和_____，通过注解及 Java 配置类创建容器的实现类是_____。

2．bean 的生命周期是指 bean 实例被_____、_____和_____的过程。

3．Spring 框架中依赖注入的方式有_____、_____和_____。

4．Spring 框架的 XML 配置文件中构造器注入用_____标签配置，Setter 注入要用到_____标签。接口注入需要实现_____接口，在_____方法中注入依赖。

5．Spring 框架中 bean 的作用域有_____、_____、_____、_____和_____。默认的作用域是_____。

6．Spring 框架的 XML 配置文件中用_____标签开启组件扫描，用_____属性配置要扫描的包。

7．Spring 框架中 AOP 的通知类型有_____、_____、_____、_____和_____。

8．在 Spring 框架中，用_____注解装配持久层对象，用_____注解装配服务层对象，用_____注解装配常规对象。_____注解指定初始化方法，_____注解指定销毁方法。

二、单选题

1．下列说法不正确的是（　　）。

    A．Spring 是一个轻量级框架，大大简化了 Java 企业级应用开发

    B．Spring 框架是企业级应用开发的一站式选择，可以取代其他已有框架

    C．Spring 框架最基本的部分是 Spring Core 模块，提供 IoC 和依赖注入

    D．Spring 框架的 AOP 是基于 Spring Core 模块的符合规范的面向切面编程的实现

2．下列关于 Spring 框架特性中 IoC 描述错误的是（　　）。

    A．IoC 就是指程序之间的关系由程序代码直接操控

    B．所谓"控制反转"，是指控制权由应用代码转到外部容器，是一种控制权的转移

    C．IoC 将控制创建的职责搬进了框架中，并将其从应用代码中脱离

    D．当使用 Spring IoC 容器时，只需要指出组件需要的对象，在运行时 Spring IoC 容器会根据 XML 配置数据将对象提供给使用者

3．如何给 Spring IoC 容器提供配置元数据？（　　　）

    A．XML 配置文件　　　　　　　　　B．基于注解的配置

    C．基于 Java 的配置　　　　　　　　D．以上都是

4．ApplicationContext 接口通常的实现类是什么？（　　　）

    A．FileSystemXmlApplicationContext 实现类

    B．ClassPathXmlApplicationContext 实现类

    C．WebXmlApplicationContext 实现类

    D．以上都是

5．下列哪项不是 Spring 框架中依赖注入的方式？（　　　）

    A．接口注入　　　　　　　　　　　B．构造器注入

    C．指针注入　　　　　　　　　　　D．设值注入

6．下列哪项不是 Spring 框架中的 Scope 属性？（　　　）

    A．singleton　　　　　　　　　　　B．prototype

    C．request　　　　　　　　　　　　D．response

三、编程题

编写一个 Spring 应用程序：

（1）创建学员类 Student，并添加姓名、年龄、性别等字段。通过 Spring 框架构造器注入方式，给 student 对象中的字段注入值。

（2）使用 Spring 框架装配、获取 student 对象。

（3）创建教师类 Teacher，为其添加初始化方法及销毁方法，并通过 Spring 框架进行配置。

（4）给教师类添加一个 teach()方法，给学员类 Student 添加一个 study()方法。假设学员类的 study()方法依赖教师类的 teach()方法，请通过 Spring 框架的 Setter 方法注入依赖关系。

（5）假设在学员类的 study()方法执行前，student 对象需要先到教室，在 study()方法执行后离开教室，请通过 Spring 框架的 AOP 进行功能的增强。

第9章 Spring MVC 框架的使用

📰 **学习目标**

- 掌握 MVC 模式的设计思想
- 掌握 Spring MVC 框架的相关组件及简单应用开发
- 掌握 Spring MVC 框架的工作机制
- 掌握 Spring MVC 框架控制器的开发
- 掌握 Spring MVC 框架注解风格的开发
- 掌握 Spring MVC 框架中拦截器及异常处理器的应用

在本章中，我们将学习 MVC 设计模式、Spring MVC 框架、如何开发一个 Spring MVC 框架的简单应用程序、Spring MVC 框架的工作机制、基于注解的 Spring MVC 框架开发、请求处理方法的返回类型、Spring MVC 框架中拦截器及异常处理器的应用。通过本章的学习，我们还可以了解一些优秀的设计思想，进一步理解框架的作用，从而更加高效地开发 Web 应用程序。

9.1 MVC 设计模式

MVC 设计模式是常用的设计模式之一，将整个程序分为 3 个层次：模型（Model）层、视图（View）层与控制器（Controller）层。模型层负责处理程序需要的数据或信息；控制器层负责接收用户发送的请求，获取模型层中的数据，然后对其进行相应的操作；视图层负责为用户提供操作界面和展示数据，会将最终的数据渲染到视图页面上，最后展示给用户；MVC 设计模式中各组件的交互如图 9-1 所示。

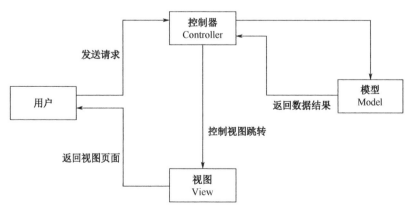

图 9-1 MVC 设计模式中各组件的交互

　　我们在开发一个 Web 项目的时候，通常也会采用分层的思想，将代码分成 DAO 层、Service 层、Controller 层。DAO 层是数据访问层（Data Access Object），这一层中包含一些对数据的操作代码，如对某个表的增删改查，大多数情况下，DAO 层中的类和数据库中的表一一对应。Service 层是服务层，能够将一个或多个 DAO 类的基础数据操作方法封装成一个服务方法，并将一系列对数据的基础操作代码封装成一系列服务。Controller 层是控制层，负责请求转发，接受页面传来的参数，并将这些参数传给 Service 层处理，最后接收到 Service 层的返回值再传给页面。

　　这种将程序的输入输出、数据处理及数据展示分离开来的设计模式使程序结构变得灵活且清晰，同时也描述了程序各对象间的通信方式，降低了程序的耦合度，有助于后期的程序维护。

9.2　Spring MVC 框架的介绍

　　Spring MVC 框架是包含在 Spring 框架中的一个基于 MVC 设计思想的 Web 应用程序框架，目的是简化开发工作、提高开发效率。Spring MVC 框架本质上可以认为是对 Java Web 中 Servlet 对象的封装，从而简化了对 Servlet 对象的开发。

　　Spring MVC 框架将 HTTP 请求分派给处理程序并返回相应的响应数据，其中可配置内容有处理程序映射、视图解析、区域设置、时区和主题解析等。其主要入口是 DispatcherServlet 类（前端控制器），Spring MVC 框架在容器初始化时，会调用 DispatcherServlet 类的 onRefresh()方法，通过 initStrategies()方法来初始化 Spring MVC 框架的各个组件。

　　DispatcherServlet 类的部分源码如下。

```
protected void onRefresh(ApplicationContext context) {
  this.initStrategies(context);
}
protected void initStrategies(ApplicationContext context) {
  this.initMultipartResolver(context);
  this.initLocaleResolver(context);
  this.initThemeResolver(context);
  this.initHandlerMappings(context);
  this.initHandlerAdapters(context);
  this.initHandlerExceptionResolvers(context);
  this.initRequestToViewNameTranslator(context);
  this.initViewResolvers(context);
  this.initFlashMapManager(context);
}
```

　　从上述源码中可以看到，Spring MVC 框架有 MultipartResolver、LocaleResolver、ThemeResolver、HandlerMapping、HandlerAdapter、HandlerExceptionResolver、RequestToViewNameTranslator、ViewResolver、FlashMapManager 九大组件。Spring MVC 框架的九大组件说明如表 9-1 所示。

表 9-1　Spring MVC 框架的九大组件说明

组件名	功能说明
MultipartResolver	多文件上传组件。将 enctype 为"multipart/form-data"的表单的 Request 请求包装成 multipartHttpServletRequest 对象

续表

组件名	功能说明
LocaleResolver	多语言支持组件。用于支持国际化多语言切换，主要作用是从 Request 请求中解析出 local 参数的值
ThemeResolver	主题模板处理组件。主要用于支持 Web 页面的多主题风格，可以通过 themeResolver 对象来读取和解析页面主题样式配置
HandlerMapping	处理器映射器组件。主要用来保存 URL 和业务逻辑的对应关系，它本质上就是一个 Map 对象，key 为 URL 地址，value 为对应 Controller 层中的处理方法
HandlerAdapter	处理器适配器组件。主要功能是动态解析参数及动态适配业务逻辑对应的 Handler
HandlerExceptionResolver	异常处理器组件。主要功能是对不同的异常进行拦截，并实现对异常个性化处理的目的，可以给不同的异常配置不同的 modelAndView 对象。handlerExceptionResolver 对象根据异常类型，将处理封装为一个 modelAndView 对象，从而将异常信息转换为更加友好的 Web 页面展示
RequestToViewNameTranslator	视图名称提取组件。主要功能是从 Request 请求中提取 viewName。这个 viewName 可以设置在 URL 参数上，也可以设置在 Request 请求的 Header 属性上
ViewResolver	视图渲染组件。其作用相当于模板引擎，就是根据视图名称找到视图对应的模板文件，然后进行解析
FlashMapManager	闪存管理组件。其相当于一个参数缓存器，用来保证请求跳转过程中参数不丢失，可以用 Redirect（重定向）做到和 Forward（转发）同样的效果

Spring MVC 框架的九大组件的设计目标为明确各个组件的职责，从而实现解耦。

9.3　Spring MVC 框架的工作机制与应用示例

9.3.1　Spring MVC 框架的工作机制

Spring MVC 框架的工作机制本质上就是其五大组件交互的过程，如图 9-2 所示。

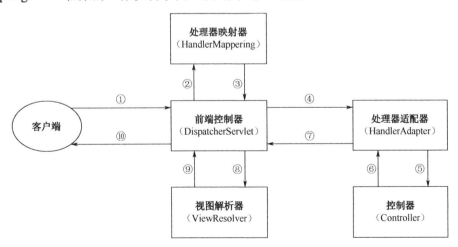

图 9-2　Spring MVC 框架的工作机制

Spring MVC 框架的工作机制如下。

（1）客户端向服务器端发起请求，前端控制器（DispatcherServlet）拦截用户的请求。

（2）前端控制器端请求处理器映射器（HandlerMappering）查找处理器（Handler）：通过 XML 配置或注解进行查找。

（3）找到处理器（Handler）后，处理器映射器（HandlerMappering）向前端控制器返回处理器执行链（HandlerExecutionChain）。

（4）前端控制器（DispatcherServlet）调用处理器适配器（HandlerAdapter）。

（5）处理器适配器将请求转发给对应的处理器方法进行处理，这里执行的处理器就是 Controller 中定义的方法。

（6）处理器执行完毕后，向处理器适配器返回 modelAndView 对象。

（7）处理器适配器向前端控制器返回 modelAndView 对象。

（8）前端控制器请求视图解析器（ViewResolver）进行视图解析。

（9）视图解析器找到对应的视图后，向前端控制器返回视图（View）。

（10）前端控制器对视图（View）进行渲染后向客户端返回响应结果。

9.3.2　开发一个 Spring MVC 框架的简单应用程序

1．创建项目

打开 IDEA 创建一个 Java 项目，输入项目名称为"springmvc-demo"。

2．添加框架支持

（1）在 IDEA 中右击项目文件夹→选择"Add Frameworks Support"。

（2）在"Add Frameworks Support"窗口中勾选 Web Appliaction、Spring 和 Spring MVC 三项，然后单击"OK"按钮（见图 9-3）。

图 9-3　通过 IDEA 创建一个基于 Spring MVC 框架的 Web 项目

（3）IDEA 会自动生成一个基于 Spring MVC 框架的 Web 项目目录结构，如图 9-4 所示。

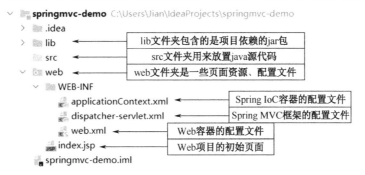

图 9-4　IDEA 生成的基于 Spring MVC 框架的 Web 项目目录结构

3．编辑 web.xml 配置文件

找到"web/WEB-INF/web.xml"配置文件，并进行如下操作。

（1）在 Servlet 标签下配置一个 Spring MVC 框架的前端控制器（dispatcherServlet 对象）；在 init-param 标签下配置 contextConfigLocation 参数，设置 Spring MVC 框架配置文件的路径；将 load-on-startup 的值设置为 1，让 Web 服务器一启动就加载前端控制器这个对象。

（2）在 servlet-mapping 标签中配置前端控制器需要拦截的路径。这里把路径设置成".form"形式，Spring MVC 框架的前端控制器就会拦截后缀为".form"的请求，让这些请求找到可执行的处理程序。

例 9-1 编写 web.xml 配置文件。

```xml
<?xml version="1.0" encoding="UTF-8"?>
<web-app xmlns="http://xmlns.jcp.org/xml/ns/javaee"
        xmlns:xsi="http://www.w3.org/2001/XMLSchema-instance"
        xsi:schemaLocation="http://xmlns.jcp.org/xml/ns/javaee
        http://xmlns.jcp.org/xml/ns/javaee/web-app_4_0.xsd"
     version="4.0">
    <!-- 配置Servlet容器的参数: 设置Spring配置文件的位置 -->
    <context-param>
        <param-name>contextConfigLocation</param-name>
        <param-value>/WEB-INF/applicationContext.xml</param-value>
    </context-param>
    <!-- 配置Servlet容器的监听器: 让Servlet容器在创建时加载Spring配置文件 -->
    <listener>
        <listener-class>org.springframework.web.context.ContextLoaderListener</listener-class>
    </listener>
    <!-- 配置Spring MVC的前端控制器 -->
    <servlet>
        <servlet-name>dispatcher</servlet-name>
        <servlet-class>org.springframework.web.servlet.DispatcherServlet</servlet-class>
        <!-- 设置初始化参数: Spring MVC配置文件的路径 -->
        <init-param>
            <param-name>contextConfigLocation</param-name>
            <param-value>/WEB-INF/dispatcher-servlet.xml</param-value>
        </init-param>
        <!-- 设置Servlet容器启动时加载前端控制器-->
        <load-on-startup>1</load-on-startup>
```

```
  </servlet>
  <!-- 配置前端控制器拦截的路径 -->
  <servlet-mapping>
      <servlet-name>dispatcher</servlet-name>
      <url-pattern>*.form</url-pattern>
  </servlet-mapping>
</web-app>
```

4. 编辑项目的配置文件 dispatcher-servlet.xml

找到"web/WEB-INF/dispatcher-servlet.xml"配置文件，具体操作步骤如下。

（1）添加<mvc:annotation-driven>标签，开启注解驱动支持。添加后 Spring MVC 框架会自动注册 requestMappingHandlerMapping 对象与 requestMappingHandlerAdapter 对象两个 bean，这是 Spring MVC 框架分发请求必需的，并且提供了数据绑定、@NumberFormatannotation、@DateTimeFormat、@Valid、读写 XML 的支持，以及读写 JSON 的支持（默认为 Jackson）等功能。

（2）添加<context:component-scan>标签，开启组件扫描，设置 Spring MVC 框架扫描 controller 对象相关的注解。

（3）配置一个"org.springframework.web.servlet.view.InternalResourceViewResolver"视图解析器，prefix 配置视图的路径前缀，suffix 配置视图的后缀，让 Spring MVC 框架可以找到视图位置。

例 9-2 编写 dispatcher-servlet.xml 配置文件。

```
<?xml version="1.0" encoding="UTF-8"?>
<beans xmlns="http://www.springframework.org/schema/beans"
     xmlns:xsi="http://www.w3.org/2001/XMLSchema-instance"
     xmlns:mvc="http://www.springframework.org/schema/mvc"
     xmlns:context="http://www.springframework.org/schema/context"
     xsi:schemaLocation="http://www.springframework.org/schema/beans
     http://www.springframework.org/schema/beans/spring-beans.xsd
     http://www.springframework.org/schema/mvc
     http://www.springframework.org/schema/mvc//spring-mvc.xsd
     http://www.springframework.org/schema/context
https://www.springframework.org/schema/context/spring-context.xsd">

  <!-- 开启注解驱动支持-->
  <mvc:annotation-driven/>
  <!-- 开启组件扫描: 设置Spring MVC只扫描Controller相关的注解 -->
  <context:component-scan base-package="org.example.controller"/>
  <!-- 配置视图解析器: 让Spring MVC可以找到视图位置 -->
  <bean id="viewResolver" class=" org.springframework.web.servlet.view.
                              InternalResourceViewResolver">
      <property name="prefix" value="/views/"/>
      <property name="suffix" value=".jsp"/>
  </bean>
</beans>
```

5. 编写 Controller 类

在 src 文件夹下新建 org.example.controller 包，在 org.example.controller 包下创建一个 Controller 类，用@Controller 注解声明这是一个 Controller 类，@RequestMapping ("/user")

定义访问这个控制器的父级路径，如例 9-3 所示。

例 9-3 Controller 类。

```
@Controller
@RequestMapping("/user")
public class UserController {

    @RequestMapping(value = "/list",method = RequestMethod.GET)
    public String userList(){
    System.out.println("获取用户列表...");
        // 返回userList.jsp视图
        return "userList";
    }
}
```

6. 创建视图

在 web 文件夹下创建一个 views 文件夹，然后在 views 文件夹下创建一个 userList.jsp 视图页面，这里简单地在页面中用文字来展示，如例 9-4 所示。

例 9-4 userList.jsp 视图页面。

```
<%@ page contentType="text/html;charset=UTF-8" language="java" %>
<html>
    <head>
        <title>$Title$</title>
    </head>
    <body>
        <h1>用户列表页面</h1>
    </body>
</html>
```

7. 最终的目录结构展示

最终，基于 Spring MVC 框架的 Web 项目目录结构展示如图 9-5 所示。

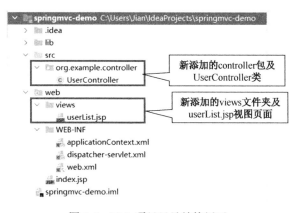

图 9-5 Web 项目目录结构展示

8. 部署项目

这里通过 IDEA 将项目部署到 Tomcat 服务器中，具体步骤如下。

（1）单击 IDEA 中的快捷运行栏菜单"Add configurations"，打开 IDEA 部署配置页，如图 9-6 所示。

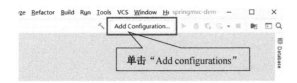

图 9-6　通过单击"Add configurations"

（2）单击"+"添加一个 Tomcat 服务器，配置 Server 环境，如图 9-7 所示。

图 9-7　添加并配置一个 Tomcat 服务器

（3）在 IDEA 的 Tomcat 服务器配置中，通过配置页面的 Deployment 选项部署该项目，如图 9-8 所示。这里部署的 war 包是一个完整的 Web 应用程序，是一个可以在 Web 容器中直接运行的模块，它包含 Servlet 对象、HTML 页面、Java 类、图像文件，以及组成 Web 应用程序的其他资源。

图 9-8　在 Tomcat 服务器上部署项目

9. 访问控制器（Controller）

启动项目，访问控制器（Controller）。

通过 IDEA 将项目部署到 Tomcat 服务器后，便可以在 IDEA 中启动该项目了。我们使用浏览器访问 http://localhost:8080/springmvc_demo_war_exploded/user/list.form，便可以发送请求到项目中的 UserController 控制器。在浏览器中可以看到 UserController 控制器返回了一个 userList.html 视图页面，如图 9-9 所示。同时观察 Tomcat 服务器的运行后台，可以看到 UserController 控制器中定义的输出语句成功执行，如图 9-10 所示。

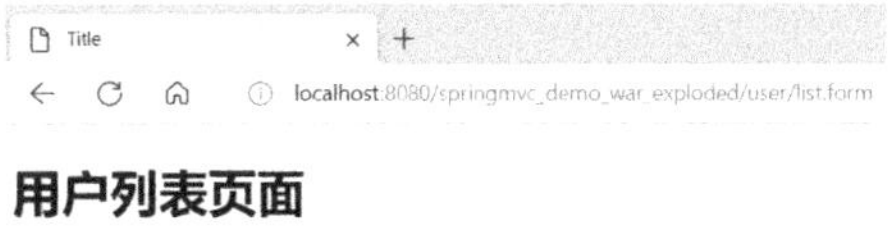

用户列表页面

图 9-9　UserController 返回的 userList.html 视图页面

图 9-10　Tomcat 服务器后台执行了 UserController 控制器中的输出语句

9.4　基于注解的 Spring MVC 框架开发

9.4.1　@Controller 注解

@Controller 是类级别的注解，该注解装饰的类将作为一个 Controller 类。从 Spring MVC 框架的源码中可以看到，@Controller 注解就是@Component 注解的别名，给它起别名是为了让 Spring MVC 框架区分这是 Controller 类，由 Spring MVC 框架加载这个类，而不是让 Spring 框架加载 bean。

```
@Controller源码如下。
    @Target({ElementType.TYPE})
    @Retention(RetentionPolicy.RUNTIME)
    @Documented
    @Component
    public @interface Controller {
        @AliasFor(annotation = Component.class )
        String value() default "";
    }
```

9.4.2　@RequestMapping 注解

@RequestMapping 注解是类级别和方法级别的注解，将 URL 映射到整个类或特定的处理程序方法中。该注解通常装饰在类上，用来表示 URL 的路径前缀；该注解装饰在方法上可以指定请求方法（GET 请求、POST 请求等）、请求参数条件和 URL 子路径。

例 9-5 演示了@Controller 注解和@RequestMapping 注解的使用，在 Controller 类上写了@RequestMapping("/user")，在方法中写了@RequestMapping(value = "/save",method = {RequestMethod.POST})。我们在访问这个处理器方法时需要使用 POST 请求方式，访问地址为 http://localhost:8080/springmvc_demo_war_exploded/user/list.form（这里有".form"后缀，是因为在前端控制器中设置了需要拦截的路径，见例 9-1 的 web.xml 配置文件中对前端控制器的配置）。

例 9-5 @Controller 注解和@RequestMapping 注解的使用

```
@Controller
@RequestMapping("/user")
public class UserController {

    @RequestMapping(value = "/save",method = {RequestMethod.POST})
    public void saveUser(){
        System.out.println("保存用户...");
    }
}
```

Spring MVC 框架支持方法级组合的注解，有助于简化常见的 HTTP 请求方法和更好地表达带批注的处理程序方法的语义，如@GetMapping、@PostMapping、@PutMapping、@DeleteMapping、@PatchMapping 等一系列注解。

例 9-6 演示@GetMapping、@PostMapping、@PutMapping、@DeleteMapping 注解的使用。

```
// @GetMapping等价于@RequestMapping(method = {RequestMethod.GET})
@GetMapping
public void getUser(){
    System.out.println("获取用户...");
}

// @PostMapping("/save")等价于@RequestMapping(value = "/save",method =
    {RequestMethod. Post})
@PostMapping("/save")
public void saveUser(){
    System.out.println("保存用户...");
}

// @PutMapping("/update")等价于@RequestMapping(value = "/update",method =
    {RequestMethod.Put})
@PutMapping("/update")
public void updateUser(){
    System.out.println("修改用户...");
}

// @DeleteMapping("/delete")等价于@RequestMapping(value = "/delete",method =
    {RequestMethod.Delete})
@DeleteMapping("/delete")
public void deleteUser(){
    System.out.println("删除用户...");
}
```

从例 9-6 中可以看到，这种组合注解的形式进一步简化了控制器方法的开发。

9.4.3　@SessionAttribute 注解和@SessionAttributes 注解

@SessionAttributes 注解是类级别的注解，该注解用在 Controller 类上，用来在多个请求之间共享数据，将 Model 数据存储在 session 对象中。

@SessionAttribute 是方法级别的注解，该注解用在控制器方法的参数列表中，用来读取已经保存在 session 对象中的数据。

例 9-7 演示了@SessionAttribute 注解和@SessionAttributes 注解的使用，在 UserController 控制器类上写了@SessionAttributes("user")，这指的是将 modelMap 对象中 key 为 user 的 Model 数据共享到 session 对象中；而 getUser()方法上的@SessionAttribute("user")是要从 session 对象中获取 key 为 user 的数据，并将其注入 user 对象。

例 9-7 演示@SessionAttribute 注解和@SessionAttributes 注解的使用。

```
@Controller
@RequestMapping("/user")
@SessionAttributes("user")  //将modelMap对象中key为user的Model数据共享到
                            session对象中
public class UserController {

    @PostMapping("/save")
     public String saveUser(ModelMap model) {
        //向modelMap对象中添加key为user的属性
        model.addAttribute("user", new User("张三", 18));
        return "result";
    }


@GetMapping
//@SessionAttribute从session对象中获取数据，并将其注入user对象
public String getUser(@SessionAttribute("user") User user) {
    System.out.println(user);
        return "result";
    }
}
```

9.4.4　控制器方法中处理请求方法的参数类型

控制器方法中处理请求方法的参数类型主要有请求对象、响应对象、会话对象、模型对象、流对象和实体类对象，相关说明如表 9-2 所示。

表 9-2　控制器方法中处理请求方法的参数类型相关说明

参数类型	功能说明
请求对象	ServletRequest 类和 HttpServletRequest 类都代表请求对象。HttpServletRequest 类继承自 ServletRequest 类，比 ServletRequest 类多了一些针对 HTTP 协议的方法。可以用来获取请求中的相关数据
响应对象	ServletResponse 类和 HttpServletResponse 类都代表响应对象，HttpServletResponse 类继承自 ServletResponse 类，比 ServletResponse 类多了一些针对 HTTP 协议的方法。可以用来设置响应的相关数据
会话对象	HttpSession 类代表会话对象，可以用来对 session 对象进行相关操作

续表

参数类型	功能说明
模型对象	Map 类、Model 类、ModelMap 类都代表模型对象，可以用于页面的数据渲染
流对象	InputStream 类、InputStreamReader 类都代表输入流对象，可以用来获取请求中的数据；OuputStream 类、OuputStreamReader 类都代表输出流对象，可以用来输出响应数据
实体类对象	项目中的 User 类、Order 类等实体类都可以作为参数，用来接收请求中的数据

控制器方法中处理请求方法除表 9-2 中的这些参数外，还支持使用注解来实现特定的功能。控制器方法的参数上常用的注解如表 9-3 所示。

表 9-3　控制器方法的参数上常用的注解

注解类型	功能说明
@PathVariable	用于获取 URL 地址中的占位符，并将其绑定到控制器方法的参数上。例如，请求 URL 地址中的 /user/{id}，这个 {id} 就是 URL 地址占位符
@RequestParam	用于获取 HTTP 请求参数，并将其绑定到控制器方法的参数中
@RequestHeader	用于获取 HTTP 请求消息头上的数据，并将其绑定到控制器方法的参数中
@RequestBody	用于获取 HTTP 请求体数据，并将其绑定到控制器方法的参数中
@CookieValue	用于获取 HTTP 请求 cookie 对象中的数据，并将其绑定到控制器方法的参数中
@SessionAttribute	用于获取 HTTP 请求 session 对象中的数据，并将其绑定到控制器方法的参数中

以下代码描述了@PathVariable 获取请求中路径参数的方法。

```
@RequestMapping(value = "/{id}",method = RequestMethod.GET)
public String getUserById(@PathVariable Integer id) {
    System.out.println(id);
    return "userDetail";
}
```

这时使用 http://localhost:8080/springmvc_demo_war_exploded/user/10001.form 访问这个方法，在控制器方法中可以获取从这个 URL 地址传来的路径参数"10001"，然后根据 id 获取用户。

以下代码描述了使用@RequestParam 注解获取请求中请求参数的方法。

```
@RequestMapping(method = RequestMethod.GET)
public String getUserById(@RequestParam Integer id) {
    System.out.println(id);
    return "userDetail";
}
```

这时要使用 http://localhost:8080/springmvc_demo_war_exploded/user.form?id=1001 访问这个方法，在控制器方法中可以获取从这个 URL 地址中传来的"id=10001"，然后根据 id 获取用户。

9.4.5　基于 Spring MVC 框架的注解开发示例

Spring MVC 框架支持通过 Java 代码加注解的形式来创建配置文件，使用方法如下。

（1）在 src 文件夹下的 org.example.config 包中创建前端控制器配置类 DispatcherServlet-Config，需要继承 Spring MVC 框架提供的一个 AbstractAnnotationConfigDispatcherServlet-Initializer 抽象类。在 getRootConfigClasses()方法中添加要加载 Spring 框架的配置类，在

getServletConfigClasses()方法中添加要加载 Spring MVC 框架的配置类，在 getServletMappings() 方法中配置前端控制器要拦截的路径，如例 9-8 所示。

例 9-8　前端控制器配置类（相当于 web.xml 配置文件）。

```java
public class DispatcherServletConfig extends
AbstractAnnotationConfigDispatcherServletInitializer {
    @Override
    protected Class<?>[] getRootConfigClasses() {
        return new Class<?>[]{SpringConfig.class}; //加载Spring框架的配置类
    }

    @Override
    protected Class<?>[] getServletConfigClasses() {
        return new Class<?>[]{SpringmvcConfig.class}; //加载Spring MVC框架的
                                                      配置类
    }

    @Override
    protected String[] getServletMappings() {
        return new String[]{"/"};  //前端控制器拦截的路径
    }
}
```

（2）在 src 文件夹下的 org.example.config 包中创建 Spring MVC 框架的配置类 SpringmvcConfig，需要继承自 WebMvcConfigurationSupport 类。@Configuration 注解表明 这是一个配置类；@ComponentScan 注解设置 Spring MVC 框架需要扫描的包路径； @EnableWebMvc 注解声明这是一个 Spring MVC 框架的配置类。然后在配置类中配置视图 解析器，并将其装配到 Spring IoC 容器中，如例 9-9 所示。

例 9-9 Spring MVC 框架的配置类（dispatcher-servlet.xml 配置文件）。

```java
@Configuration
@ComponentScan(basePackages = "org.example.controller")
@EnableWebMvc
public class SpringmvcConfig extends WebMvcConfigurationSupport {
    @Bean
    public ViewResolver viewResolver(){
        //配置视图解析器
        InternalResourceViewResolver resolver =
                                    new InternalResourceViewResolver();
        resolver.setPrefix("/views/");
        resolver.setSuffix(".jsp");
        resolver.setExposeContextBeansAsAttributes(true);
        return resolver;
    }
}
```

（3）在 src 文件夹下的 org.example.config 包中创建 Spring 框架的配置类 SpringConfig， 这里暂时无须对 Spring 框架进行配置，保持为空即可，如例 9-10 所示。

例 9-10 Spring 框架的配置类（appliactionContext.xml 配置文件）。

```java
@Configuration
public class SpringConfig {

}
```

（4）上述相关配置编写完成后，WEB-INF 文件夹可以直接删除。控制器和视图的编写同例 9-3 和例 9-4。最终完整的目录结构如图 9-11 所示。

图 9-11　最终完整的目录结构

（5）项目部署完成后，便可以正常访问相应的控制器方法了。

9.5　请求处理方法的返回类型

9.5.1　Model 类型的使用

Model 类型的使用步骤如下。

（1）首先使用 Model 类型作为控制器方法的参数，其次将需要的数据添加到 model 对象中，如例 9-11 所示。

例 9-11 在控制器方法中，将需要的数据添加到 model 对象中。

```
@RequestMapping(value = "/detail",method = RequestMethod.GET)
public String UserDetail(Model model) {
    User user = new User("张三", 18);
    // 向model对象中添加数据，第一个参数为key，第二个参数为要添加的数据
    model.addAttribute("user",user);
    // 返回userDetail.jsp视图页面
    return "userDetail";
}
```

（2）在视图页面中通过${key.属性}形式获取 model 对象中的数据，如例 9-12 所示。由于将 user 对象存入 model 对象时设置的 key 为"user"，所以${user.name}获取到的是 user 对象的 name 字段的值，${user.age}获取到的是 user 对象的 age 字段的值。

例 9-12 在视图页面 userDetail.jsp 中，获取 model 对象的数据。

```
<%@ page contentType="text/html;charset=UTF-8" language="java" %>
<html>
    <head>
        <title>$Title$</title>
    </head>
    <body>
        <h1>用户详情页面</h1>
```

```
    <p>姓名: ${user.name}</p>
    <p>年龄: ${user.age}</p>
  </body>
</html>
```

（3）启动项目，用浏览器访问 Controller 类，model 对象的数据渲染后返回的视图页面如图 9-12 所示。

图 9-12　model 对象的数据渲染后返回的视图页面

9.5.2　ModelAndView 类的使用

ModelAndView 类的使用步骤如下。

（1）首先在控制器方法中创建一个 modelAndView 对象，使用 setViewName()方法设置要返回的视图名称，使用 addObject()方法设置要返回的模型数据，如例 9-13 所示。

例 9-13　在控制器方法中，添加数据到 modelAndView 对象中，并返回该对象。

```
@RequestMapping(value = "/detail2",method = RequestMethod.GET)
public ModelAndView UserDetail2() {
    User user = new User("李四", 28);
    ModelAndView modelAndView = new ModelAndView();
    // 设置要返回的视图页面名称
    modelAndView.setViewName("userDetail");
    // 设置要返回的模型数据
    modelAndView.addObject("user",user);
    return modelAndView;
}
```

（2）在视图页面中通过${key.属性}形式获取 model 对象中的数据，同例 9-12。

（3）启动项目，用浏览器访问 Controller 类，model 对象的数据渲染后返回的视图页面如图 9-13 所示。

图 9-13　model 对象的数据渲染后返回的视图页面

9.5.3　返回类型为 String 类型

在控制器方法中返回 String 类型有以下几种情况。

（1）返回的 String 类型为视图名称，这时 Spring MVC 框架会通过视图解析器找到视图页面。

（2）返回的 String 类型为 Redirect 重定向字符串，这时又分两种情况：①用"redirect:/user/detail"形式可以重定向到其他控制器方法；②用"redirect:/index.jsp"形式可以重定向到视图页面。

例 9-14 返回的 String 类型为 Redirect 重定向字符串。

```
// 重定向到UserController控制器的Detail处理器
@RequestMapping(value = "/list", method = RequestMethod.GET)
public String userList() {
    return "redirect:/user/detail";
}


//重定向到index.jsp视图页面
@RequestMapping(value = "/list", method = RequestMethod.GET)
public String userList() {
    return "redirect:/index.jsp";
}
```

（3）返回的 String 类型为转发的 forward 字符串，例如，"forward:/user/detail"可以转发到其他控制器方法中，如例 9-15 所示。

例 9-15 返回的 String 类型为转发的 forward 字符串。

```
//转发到UserController控制器的Detail处理器
@RequestMapping(value = "/list", method = RequestMethod.GET)
public String userList() {
    return "forward:/user/detail";
}
```

转发和重定向的区别如下：转发是 Web 服务器的行为，Web 服务器将这个请求交给其他控制器方法去处理；而重定向是客户端的行为，Web 服务器告诉浏览器还需要再发起一个请求，去请求其他的控制器方法。所以转发时浏览器只发起了 1 次请求，而重定向时浏览器发起了 2 次请求。

9.6　Spring MVC 框架的拦截器

9.6.1　Spring MVC 框架的拦截器使用

Spring MVC 框架的拦截器（Interceptor）采用 AOP 的设计思想，我们在 Spring 框架中曾学习到 AOP 是对某个方法的功能增强，而拦截器是对请求处理器方法的功能增强。与 Servlet 对象中的过滤器（Filter）类似，Spring MVC 框架的拦截器可以用来拦截处理器方法，在处理器方法执行前后添加一些与主业务无关的公共功能，如实现权限控制、日志记录、异常记录、方法执行时间记录、判断用户是否已登录等功能。

通常拦截器类可以通过两种方式来定义：一种是通过实现 HandlerInterceptor 接口或者继承其子类来定义；另一种是通过实现 WebRequestInterceptor 接口或继承其子类来定义。这两种接口都一样提供 preHandle()方法、postHandle()方法及 afterCompletion()方法。

preHandle()方法会在控制器方法调用前执行，其返回值表示是否中断后续操作。当其返回值为 true 时，表示继续向下执行；当其返回值为 false 时，会中断后续所有操作（包括调用下一个拦截器和控制器类中的方法执行等）。

postHandle()方法会在控制器方法调用后，且解析视图前执行。可以通过此方法对请求域中的模型和视图做进一步修改。

afterCompletion()方法在整个请求中完成，即在视图渲染结束后执行。可以通过此方法实现一些资源清理、日志信息记录等工作。

例 9-16 演示了拦截器的基本使用方式：定义了一个拦截器类 UserInterceptor，它实现了 HandlerInterceptor 接口的 preHandle()方法、postHandle()方法及 afterCompletion()方法，这里通过输出一段话来表示特定功能已执行。拦截器类定义完成后需要到 Spring MVC 框架的配置文件中配置这个拦截器，<mvc:interceptors>标签声明这是一系列拦截器配置内容，在该标签内可以添加多个拦截器，每对<mvc:interceptor>标签代表一个拦截器配置内容。在<mvc:interceptor>标签内添加 bean 标签，在 bean 标签上使用 class 属性定义要使用的拦截器类，Spring MVC 框架会创建该拦截器对象，并用该拦截器对象进行请求的拦截处理。

例 9-16 演示拦截器 UserInterceptor 的使用，实现 HandlerInterceptor 接口。

```
public class UserInterceptor implements HandlerInterceptor {
    @Override
    public boolean preHandle(HttpServletRequest request,
HttpServletResponse response, Object handler) throws Exception {
        System.out.println("拦截器preHandle方法...");
        return true;
    }
    @Override
    public void postHandle(HttpServletRequest request,HttpServletResponse
response, Object handler, ModelAndView modelAndView) throws Exception {
        System.out.println("拦截器postHandle方法...");
    }
    @Override
    public void afterCompletion(HttpServletRequest request,
HttpServletResponse response, Object handler, Exception ex) throws Exception {
        System.out.println("拦截器afterCompletion方法...");
    }
}
```

下面进行拦截器的 XML 配置，在 Spring MVC 框架的 XML 配置文件中添加如下配置。

```
<mvc:interceptors>
    <mvc:interceptor>
        <
!-- 配置拦截器要拦截的路径 -->
        <mvc:mapping path="/**" />
        <
!-- 配置不需要拦截器作用的路径 -->
        <mvc:exclude-mapping path="/login" />
        <bean class="org.example.interceptor.UserInterceptor" />
    </mvc:interceptor>
</mvc:interceptors>
```

在例 9-16 中，在 Spring MVC 框架的 XML 配置文件中添加拦截器，同样也可以在 Spring MVC 框架的 Java 配置类上重写 addInterceptors()方法来添加拦截器，代码如下。

```
@Configuration
@ComponentScan(basePackages = "org.example.controller")
@EnableWebMvc
public class SpringmvcConfig extends WebMvcConfigurationSupport {
    @Override
    protected void addInterceptors(InterceptorRegistry registry) {
        // 创建拦截器对象
        UserInterceptor userInterceptor = new UserInterceptor();
        // 添加一个拦截器
        registry.addInterceptor(userInterceptor).addPathPatterns("/**").
                excludePathPatterns("/login");
    }
}
```

9.6.2　Spring MVC 框架拦截器的执行顺序

有个最简单的情况，在 Spring MVC 框架中只配置了单个拦截器。拦截器拦截到请求时会在控制器方法调用前执行 preHandle()方法，在控制器方法调用后执行 postHandle()方法，视图渲染结束后执行 afterCompletion()方法。

当配置了多个拦截器时，多个拦截器的执行顺序如图 9-14 所示。

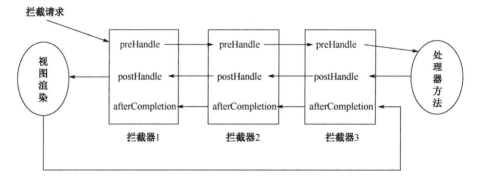

图 9-14　多个拦截器的执行顺序

多个拦截器的执行顺序分 3 个阶段进行说明，说明如下。

（1）处理器方法执行前。

拦截器 1 的 preHandle()方法执行→拦截器 2 的 preHandle()方法执行→拦截器 3 的 preHandle()方法执行。

（2）处理器方法执行后，视图渲染前。

拦截器 3 的 postHandle()方法执行→拦截器 2 的 postHandle()方法执行→拦截器 1 的 postHandle()方法执行。

（3）视图渲染后。

拦截器 3 的 afterCompletion()方法执行→拦截器 2 的 afterCompletion()方法执行→拦截器 1 的 afterCompletion()方法执行。

9.7　Spring MVC 框架的异常处理器

在 Java 代码的开发中我们已经接触过编译时异常和运行时异常。编译时异常是在编译成 class 文件时必须要处理的异常，约束着我们的代码规范。运行时异常是在运行字节码文件时可能出现的异常，可以增强程序的健壮性。

在 Spring MVC 框架的应用开发中，无论是 DAO 层、Service 层还是 Controller 层都有可能抛出异常，Spring MVC 框架提供了异常处理器机制，能将所有类型的异常处理从各处理过程中解耦出来，既保证了相关处理过程的功能较单一，也实现了异常信息的统一处理和维护。

Spring MVC 框架提供了一个名为 HandlerExceptionResolver 的异常处理器接口，该接口可以对控制器方法执行过程中出现的各种异常进行处理。我们需要定义一个异常处理类来实现这个接口，重写 resolveException()方法去编写与异常处理相关的代码。

例 9-17 演示了异常处理器的使用：定义了一个实现 HandlerExceptionResolver 接口的全局异常处理类 GlobalExceptionHandler，在 resolveException()方法中把接收到的异常信息展示到 error.jsp 视图页面中。

例 9-17 演示异常处理器的使用。

首先，定义全局异常处理器，并设置在出现异常后跳转到的 error 视图页面。

```
public class GlobalExceptionHandler implements HandlerExceptionResolver {
    @Override
    public ModelAndView resolveException(HttpServletRequest
            httpServletRequest, HttpServletResponse httpServletResponse,
            Object o, Exception e) {
        ModelAndView modelAndView = new ModelAndView();
        modelAndView.addObject("message",e.getMessage());
        modelAndView.setViewName("error");
        return modelAndView;
    }
}
```

其次，进行异常处理器对象的配置，异常处理器对象作为 bean 被装配到容器中，代码如下。

```
<bean id="handlerExceptionResolver"
    class="org.example.common.GlobalExceptionHandler"/>
```

再次，编写 Controller 类上的测试代码，模拟一个 1/0 异常，并向上抛出异常，代码如下。

```
@Controller
@RequestMapping("/user")
public class UserController {

@RequestMapping(value = "/list", method = RequestMethod.GET)
public String userList() throws Exception {
    // 这里手动模拟一个异常
        try{
            int i=1/0;
        }
        catch (Exception e){
```

```
        throw new Exception(e.getMessage());
    }
    System.out.println("获取用户列表...");
    return "userList";
}
}
```

最后，编写视图页面 error.jsp 的代码，在该页面展示异常信息，代码如下。

```
<%@ page contentType="text/html;charset=UTF-8" language="java" %>
<html>
<head>
    <title>$Title$</title>
</head>
<body>
<p>您的操作出现错误如下: ${message}</p>
</body>
</html>
```

从例 9-17 中可以看到，访问 UserController 控制器的 userList()方法后，测试结果如图 9-15 所示。可见我们定义的异常处理器拦截到了 userList()方法中的 1/0 异常，并将该异常信息输出到了 error.jsp 视图页面。

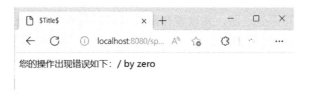

图 9-15　测试结果

例 9-17 是对所有异常的处理，在异常处理器的 resolveException()方法中还可以根据异常的类型进行处理，并将这些异常分发到不同的页面。这里通过 if 分支语句进行异常类型的判断，然后对不同的异常返回不同的视图页面，即可实现不同异常的处理。

9.8　本章小结

本章首先介绍了 MVC 设计模式，学习了 Spring MVC 框架，详细介绍了如何开发一个 Spring MVC 框架的简单应用，还学习了 Spring MVC 框架的工作机制，这些将有助于我们理解 Spring MVC 框架。其次介绍了基于注解的 Spring MVC 框架开发，学习了@Controller、@RequestMapping、@SessionAttributes 等注解的使用，学会这些注解的运用将能极大地提高我们的开发效率。最后详细介绍了请求处理方法的返回类型、Spring MVC 框架的拦截器及异常处理器，这些将帮助我们灵活地处理请求数据和响应数据。

9.9　习题

一、填空题

1. Java EE 经典的三层架构中，每一层各司其职，_____负责接收客户端请求，并向客户端响应结果；_____负责处理业务逻辑，和项目需求息息相关；_____负责和数据库交互，对数据库表进行增删改查。

2．Spring MVC 框架的各组件中：负责分发请求的组件是_____，负责执行处理器方法的组件是_____，负责视图解析的组件是_____。

3．Spring MVC 框架的相关注解中：_____用于获取 URL 中的占位符，并将其绑定到控制器方法的参数。_____用于获取 HTTP 请求消息头上的数据，并将其绑定到控制器的方法参数中。_____用于获取 HTTP 请求的 session 对象中的数据，并将其绑定到控制器的方法参数中。

4．Spring MVC 框架请求处理方法的返回类型有_____、_____、_____。

5．Spring MVC 框架拦截器中提供的方法有_____、_____、_____。

二、单选题

1．下列关于 Spring MVC 框架说法错误的是（　　）。
   A．是 Spring 框架一个非常重要的功能模块
   B．实现了 MVC 结构，便于简单、快速地开发 MVC 结构的 Web 应用程序
   C．提供的 API 封装了 Web 开发中常用的功能，简化了 Web 开发过程
   D．提供了访问数据库的功能

2．在 Spring MVC 框架中，以下描述错误的是（　　）。
   A．在 Spring MVC 框架中，只有实现了 Handler 接口的 JavaBean 才能成为请求处理器
   B．dispatcherServlet 对象是 Spring MVC 框架的前端 Servlet 对象，和任何的 Servlet 对象一样，必须在 web.xml 中配置后，才能起作用
   C．在 web.xml 中，根据 servlet-mapping 的 URL 地址不同，可以配置多个 dispatcher-Servlet 对象
   D．modelAndView 对象中的 view 是逻辑视图名，而非真正的视图对象

3．有关 MVC 的处理过程，描述不正确的是（　　）。
   A．首先控制器接收用户的请求，决定调用哪个模型来进行处理
   B．模型处理用户的请求并返回数据
   C．模型确定调用哪个视图进行数据展示
   D．视图将模型返回的数据呈现给用户

4．Spring MVC 框架中的用户通过浏览器向服务器发送请求，请求会被 Spring MVC 框架的前端控制器（　　）拦截。
   A．HandlerAdapter   B．HandlerMapping
   C．DispatcherServlet   D．ModelAndView

5．注解（　　）用于建立 URL 地址和 Handler（处理器）之间的映射关系，该注解可以标注在方法和类上。
   A．@Controller   B．@RequestMapping
   C．@Service   D．@RequestBody

三、编程题

编写一个基于 Spring MVC 框架的 Web 应用程序。

（1）创建用户类 User，并添加用户名、密码字段。

（2）创建一个简单的注册页面，使用 Spring MVC 框架获取 form 表单提交的数据，并将注册信息保存到 session 对象中。

（3）创建一个用户详情页面，注册完成后跳转到详情页面，返回一个用于登录的 cookie 对象。

（4）创建一个简单的用户登录页面，基于 cookie 对象和 session 对象实现用注册信息登录的功能。

（5）在用户详情页面添加一个退出登录的功能，退出登录后自动跳转到登录页面。

（6）利用拦截器实现在处理器执行前判断用户是否已登录。

（7）创建一个 error 页面，用全局异常处理器将异常引导到 error 页面。

第10章　MyBatis 框架的使用

📰 **学习目标**

- 了解 DAO 层设计的基础知识
- 了解 MyBatis 框架的基础知识
- 掌握 MyBatis 框架中核心对象的使用方法
- 正确编写 MyBatis 框架的配置文件
- 正确编写 MyBatis 框架的映射文件
- 掌握 MyBatis 框架的常用注解

在本章中，我们将学习 DAO 层设计技术和对象关系映射 ORM 的思想，学习 MyBatis 框架的基本知识及其使用方法。通过本章的学习，我们能够理解 DAO 层优秀的设计思想，掌握 MyBatis 框架的基本使用方法，从而更加高效地进行数据库开发。

10.1　DAO 层技术简介

Web 项目大多采用 MVC 模式及多层开发模式，JDBC 技术本应属于模型层（M 层）范畴，但由于 JDBC 技术相对独立，从软件的可重用性、可维护性出发，应该把 JDBC 技术从模型层剥离，单独设立 DAO（Data Access Object）层与 Service 层，如图 10-1 所示。DAO 层设计的主要思想是封装 JDBC，所封装的类主要有两种功能：一是连接管理器，负责连接资源的获得和释放；二是负责管理数据库常用事务处理的类，包括增、删、改、查等操作。

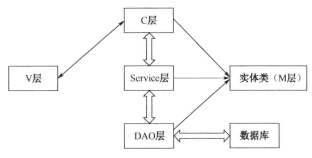

图 10-1　DAO 层与 MVC 模式

在 DAO 层的具体设计过程中，有多种设计思路。一种设计思路是针对每个数据库表设计一个服务类，如针对 user 表设计一个实现增、删、改、查等操作的类（DaoUser 类）。这种设计思路具有简单、有效且与实体类一一对应等优点，但也存在与数据库耦合性强、可重用性不强等缺点。另一种设计思路不针对具体的数据库表，目标对象是整个数据库，对数据库进行操作，以 SQL 语句作为业务逻辑层到 DAO 层进行参数传递。若应用程序需要返回结果集中的各字段名及数据类型，则可用元数据（MetaData）技术实现。

各种 DAO 层框架技术，如 Hibernate 框架、MyBatis 框架出现后，便不再需要使用 JDBC 来操作数据库了，"一表一服务类"的思想成为主流，本章以这一思路进行设计。针对数据库中的 user 表，一个常见的 DAO 层的架构设计示例如图 10-2 所示。

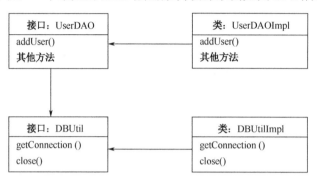

图 10-2　一个常见的 DAO 层的架构设计示例

DAO 层的架构说明如下。

（1）DBUtil 接口与 DBUtilImpl 实现类：主要负责对驱动程序、数据源、数据库连接及连接池的管理。

（2）UserDAO 接口与 UserDAOImpl 实现类：主要负责对用户表的数据库操作。

（3）其他 DAO 接口也体现了"一表一服务"的设计思想。

在 DAO 层中设计了接口。虽然这对于简单的系统实现似乎是多余的，但是对于复杂的系统来说，面向接口与抽象的编程是必要的，有利于系统的维护和扩展。在实际中，接口是不变的，实现的类（对象）则可以变化，这由程序来选择，甚至可以在系统运行中动态装配所需对象。读者在学习了 Spring 框架后，对此应该有所认识。

10.2　MyBatis 框架概述

MyBatis 框架原本是 Apache 的一个开源项目 iBatis，在 2010 年，这个项目由 Apache Software Foundation 迁移到 Google Code，并且改名为 MyBatis，并于 2013 年 11 月迁移到 GitHub。

MyBatis 框架是一款优秀的持久层框架，它支持自定义 SQL、存储过程及高级映射。MyBatis 框架将 JDBC 进行了封装，避免直接使用 JDBC 操作数据库。MyBatis 框架可以使用简单的 XML 或注解来配置映射类和表之间的关系，将原生类型、接口和 Java 的 POJO（Plain Ordinary Java Object，普通的 Java 对象）映射成数据库中的记录。

10.2.1　ORM 与 MyBatis

MyBatis 框架是对象—关系映射（Object-Relational Mapping，ORM）的一种实现；ORM 则是一种用来解决面向对象程序设计与数据库之间不匹配问题的技术，它通过描述 Java 对象与数据库表之间的映射关系，自动将 Java 应用程序中的对象持久化到关系数据库的表中。

　　ORM 是随着面向对象的软件开发方法的发展而产生的。面向对象的软件开发方法是当今企业级应用开发环境中的主流开发方法，关系型数据库是企业级应用环境中永久存放数据的主流数据存储系统。对象和关系是业务实体的两种表现形式，业务实体在内存中表现为对象，在数据库中表现为关系数据。内存中的对象之间存在关联关系和继承关系，而在数据库中，关系数据无法直接表达多对多关联和继承关系。因此，ORM 系统一般以中间件的形式存在，主要实现程序对象到关系型数据库数据的映射。

　　开发者在开发一个应用程序时若不使用 ORM，则可能需要写 DAO 层的代码，用来实现数据库保存、删除、读取对象信息等功能。通常在数据库编程中会写很多方法以完成对象数据读取、对象状态改变等任务，这些代码不可避免会有大量重复。

　　ORM 解决的主要问题是对象关系的映射。域模型和关系模型都建立在概念模型的基础上。域模型是面向对象的，而关系模型是面向关系的。一般情况下，一个持久化类和一个表对应，类的每个实例对应表中的一条记录，类的每个属性对应表的每个字段。ORM 的工作原理如图 10-3 所示。

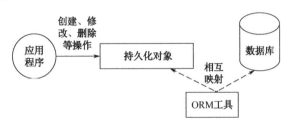

图 10-3　ORM 的工作原理图

ORM 的特点如下。

（1）ORM 能够提高开发效率。由于使用 ORM 技术可以自动对实体对象与数据库中的表进行字段与属性的映射，所以我们不需要一个专用的、庞大的 DAO 层。

（2）ORM 提供了对数据库的映射，开发者不需要使用 SQL 语言编码，就能像操作对象一样从数据库中获取数据。

　　从系统结构上看，采用 ORM 的系统一般都是多层系统，系统的层次多了，效率就会降低。ORM 是一种完全的面向对象的技术，而面向对象这种特点也会对其性能产生一定的影响。

　　当前的 ORM 框架产品有很多，常见的主要有 Hibernate 框架和 MyBatis 框架，这两个框架的对比如下。

（1）Hibernate 框架是全自动的，而 MyBatis 框架是半自动的。

　　Hibernate 框架是对 JDBC 的高度封装，可以自动生成 SQL 语句；而 MyBatis 框架仅有基本的字段映射，仍然需要通过手写 SQL 语句来实现操作和管理，工作量略大，但可以灵活定制 SQL 语句。

（2）Hibernate 框架的数据库移植性远大于 MyBatis 框架。

　　Hibernate 框架通过强大的映射结构和 HQL 语言，大大降低了对象与数据库（Oracle、MySQL 等）的耦合性，而 MyBatis 框架由于需要手写 SQL 语句，移植性也会随之降低很多。

（3）MyBatis 框架入门简单，Hibernate 框架入门较难。

MyBatis 框架入门简单，即学即用。Hibernate 框架学习门槛高，要精通的话门槛更高，而且在如何设计 O/R 映射、如何在性能和对象模型之间取得平衡，以及如何用好 Hibernate 框架方面，对开发者的经验和能力要求很高。

（4）在 SQL 语句的直接优化上，MyBatis 框架要比 Hibernate 框架方便很多。

由于 MyBatis 框架的 SQL 语句都是写在 XML 映射文件中的，所以使用 MyBatis 框架优化 SQL 语句比使用 Hibernate 框架方便很多；而 Hibernate 框架的 SQL 语句很多都是自动生成的，无法直接进行维护。另外，在编写 SQL 语句的灵活度上，Hibernate 框架不及 MyBatis 框架。

总体来说，MyBatis 框架是持久层的轻量级框架，其灵活、轻巧的特点使其在持久层的应用中较为广泛。

10.2.2　MyBatis 框架的开发环境搭建

在 Web 应用项目中，我们必须为 MyBatis 框架搭建合适的环境。Mybatis 框架在 GitHub 上有多种下载版本，下面以版本 mybatis-3.5.11 为例（见图 10-4），我们在下载该版本后，需要将其中的 mybatis-3.5.11.jar 文件复制到工程的 lib 目录下，同时不能忘记添加 MySQL 的数据库驱动程序。此处，我们添加的驱动程序是 mysql-connector-java-5.1.40-bin.jar。除了 GitHub，MyBatis 技术网站也对开发者有一定帮助。这个网站为开发者提供了最新的 MyBatis 相关技术文档，同时提供了学习 MyBatis 框架所需的一些基本知识，网站共提供了 5 种语言，包括简体中文，方便用户查阅。

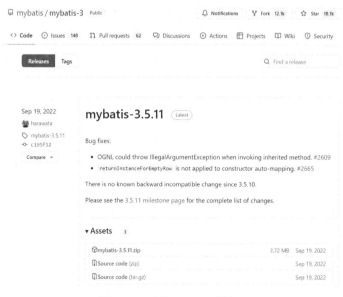

图 10-4　下载 MyBatis 框架

10.3　MyBatis 框架的工作原理

在 JDBC 中共有以下 4 个核心接口和类。

（1）DriverManager 类：用于注册数据库连接，包括驱动程序管理等。

（2）Connection 接口：指数据库连接对象。

（3）Statement/PrepareStatement 接口：指操作数据库 SQL 语句的对象。

（4）ResultSet 类：指结果集或一张虚拟表。

在 MyBatis 框架中也有以下 4 个核心对象。

（1）sqlSession 对象：类似于 JDBC 中的 connection 对象。

（2）executor 对象：它根据 sqlSession 对象传递的参数动态地生成需要执行的 SQL 语句，同时负责查询缓存的维护，类似于 JDBC 中的 Statement/PrepareStatement 接口。

（3）mappedStatement 对象：该对象是对映射 SQL 的封装，用于存储要映射的 SQL 语句的 id、参数等信息。

（4）resultHandler 对象：用于对返回的结果进行处理，最终得到用户程序想要的数据格式或类型，可以自定义返回类型，发挥类似对象组装器的作用。

MyBatis 框架的工作流程如图 10-5 所示。

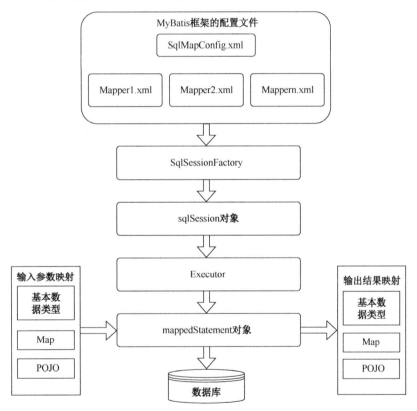

图 10-5　MyBatis 框架的工作流程

（1）读 MyBatis 框架的全局配置文件 mybatis-config.xml，用于配置数据源、连接池等信息。

（2）加载映射文件，映射文件即 SQL 的 Mapper（映射文件），这些文件中配置了操作数据库的 SQL 语句，也可用注解方法替换映射文件。

（3）构造会话工厂：通过 MyBatis 框架的环境配置信息构建会话工厂 SqlSessionFactory。

（4）创建会话对象：由会话工厂创建 sqlSession 对象，该对象中包含了执行 SQL 语句的所有方法。

（5）启动执行器（Executor）：根据 sqlSession 对象传递的参数动态地生成需要执行的 SQL 语句，并维护查询缓存。

（6）使用 mappedStatement 对象封装 SQL 信息：在 Executor 接口的执行方法中有 MappedStatement 类型的参数，完成对映射信息的封装，包括映射的 SQL 语句的 id、参数等信息。

（7）输入参数映射：输入参数类型可以是基本数据类型和 Map、List 等集合类型，也可以是 POJO 类型。类似于 JDBC 对 prepareStatement 对象设置具体参数。

（8）输出结果映射：输出结果类型可以是基本数据类型和 Map、List 等集合类型，也可以是 POJO 类型。

sqlSession 对象是 MyBatis 框架的关键对象，是执行持久化操作的对象，类似于 JDBC 中的 Connection 接口。它是应用程序与持久层之间执行交互操作的一个单线程对象，也是 MyBatis 框架执行持久化操作的关键对象。sqlSession 对象包含数据库中所有执行 SQL 操作的方法，对 JDBC 操作数据库的方法进行了封装，可以用 SqlSession 实例来直接执行被映射的 SQL 语句。

在 sqlSession 对象中有超过 20 种方法，常用的方法如表 10-1 所示。

表 10-1　SqlSession 对象的常用方法

方法定义	方法描述
\<T\> T selectOne(String statement, Object parameter)	查询方法，查询结果是一个泛型对象或为 null
\<E\> List\<E\> selectList(String statement, Object parameter)	查询方法，查询结果可以是 0 到多个泛型对象的集合，也可以为 null
\<K,V\> Map\<K,V\> selectMap(String statement, Object parameter, String mapKey)	查询方法，查询结果是一个 Map 集合
int insert(String statement, Object parameter)	更新方法，执行插入表中记录操作
int update(String statement, Object parameter)	更新方法，执行更新表中记录操作
int delete(String statement, Object parameter)	更新方法，执行删除表中记录操作
void commit()	事务提交
void rollback()	事务回滚
void close()	关闭 sqlSession 对象
\<T\> T getMapper(Class\<T\> type)	获取映射器类接口，通过使用映射器类执行映射语句
Connection getConnection()	获取数据库连接对象的方法

上述方法中的参数 statement 是映射文件中相对应的元素的 id，parameter 参数是执行 SQL 语句需要绑定的动态参数。selectOne()方法和 selectList()方法的区别是 selectOne()方法必须返回一个对象或 null 值，如果返回值多于一个，那么就会抛出异常。因此，如果我们无法确定返回对象的数量，那么就使用 selectList()方法；如果需要查看返回对象是否存在，那么一个好的办法是返回一个值（0 或 1）。selectMap()方法将返回的对象的其中一个属性作为 key，将对象作为 value，从而将多结果集转为 Map 类型值。

10.4　MyBatis 框架的配置与映射开发

10.4.1　MyBatis 框架的配置文件

MyBatis 框架的配置文件是 MyBatis 框架的必备文件，包含了影响 MyBatis 框架行为的设置信息和属性信息。配置文档的顶层结构如下。

```
<? xml version="1.0" encoding= "UTF-8"?>
<! DOCTYPE configuration PUBLIC "-//mybatis.org//DTD Config 3.0//EN"
    "http://mybatis.org/dtd/mybatis-3-config.dtd">
<configuration>
    <properties />
    <settings />
    <typeAliases />
    <typeHandlers />
    <plugins />
    <environments />
        <environment>
            <transactionManager />
            <datasource />
        </environment>
    </environments>
    <databaseIdProvider />
    <mappers />
</configuration>
```

这是配置文件的基本结构，文档中各元素的次序不能颠倒，如果次序错误，那么在 MyBatis 框架的启动阶段就会发生异常，导致程序无法运行。

例 10-1 一个典型的 mybatis-config.xml 配置文件的示例。

```
<?xml version="1.0" encoding= "UTF-8"?>
 <!DOCTYPE configuration PUBLIC "-//mybatis.org//DTD Config 3.0//EN"3.
"http://mybatis.org/dtd/mybatis-3-config.dtd">
<configuration>
<!--1.配置环境,默认的环境id为mysql-->
<environments default= "mysql">
<!--1.2.配置id为mysql的数据库环境-->
<environment id= "mysql">
<!--使用JDBC的事务管理-->
<transactionManager type= "JDBC"/>
<!--数据库连接池-->
<dataSource type= "POOLED">
<property name= "driver" value= "com.mysql.jdbc. Driver" />
<property name = "url"
value="jdbc:mysql://localhost:3306/mybatis"/>
<property name= "username" value= "root"/>
<property name- "password" value= "root"/>
</dataSource>
</environment>
</environments>
<!--2.配置Mapper的位置-->
<mappers>
```

```
<mapper resource= "com/mapper/CustomerMapper.xml"/>
</mappers>
</configuration>
```

10.4.2　配置文件中的常用元素

下面对 MyBatis 框架的配置文件中的常用元素进行详细介绍。

1.　<properties>元素

<properties>元素是一个配置属性的元素，该元素通常用于将内部的配置外在化，即通过外部的配置文件动态地替换内部定义的属性。例如，数据库的连接等常用属性，就可以通过典型的 Java 属性文件中的配置来替换。下面我们给出数据库配置的示例。

例 10-2　演示 db.properties 配置文件的使用。

（1）在 src 目录下创建名为 db.properties 的配置文件，文件内容如下。

```
jdbc.driver= com.mysal.jdbc.Driver
jdbc.url=jdbc:mysql://localhost:3306/mydb
jdbc.username=root
jdbc.password=root
```

（2）在 MyBatis 配置文件 mybatis-config.xml 中，通过<properties>元素的 resource 属性引入 db.properties 文件。

```
<properties resource= "db.properties" />
```

（3）导入 db.properties 属性文件后，便可修改配置文件中连接数据库的信息了，代码如下。

```
<dataSource type= "POOLED">
<!--数据库驱动-->
<property name= " driver" value= "${jdbc.driver}"/>
<!--连接数据库的url -->
<property name= "url" value= "${jdbc.url}"/>
<!--连接数据库的用户名-->
<property name= "username" value="${jdbc.username}" />
<!--连接数据库的密码-->
<property name= "password" value= "${jdbc.password}"/>
</dataSource>
```

配置数据源的 dataSource 元素有 4 个属性，分别是 driver、url、username 和 password，之前这些与数据库连接相关的信息是直接写在配置文件中的，但现在由属性文件 db.properties 替换了，这样就将数据库配置信息与 MyBatis 框架的配置信息分离开了，在修改数据库配置信息时就不会影响其他配置信息，便于系统维护。

2.　<mappers>元素

在 MyBatis 框架中开发者需要自己编写 SQL 语句，这些 SQL 语句保存在映射文件中。在配置文件中，<mappers>元素用于指定映射文件的位置。MyBatis 框架提供了 4 种引入映射文件的方式。

（1）使用类路径引入映射文件的方式如下。

```
<mappers><mapper resource= "com/mapper/UserInfo.xml"/></mappers>
```

（2）使用本地文件绝对路径引入映射文件的方式如下。

```
<mappers><mapper url="file://e:/com/mapper/UserInfo.xml"/></mappers>
```

（3）使用接口类引入映射文件的方式如下。

`<mappers><mapper class= "com/mapper/UserInfoMapper"/></mappers>`

（4）使用包名引入映射文件的方式如下。

`<mappers><package name= "com.mapper"/></mappers>`

在配置文件中有了这些配置信息后，MyBatis 框架在启动时就能自动加载这些映射文件了。

映射器是 MyBatis 框架最复杂且最重要的部分，它由一个接口与一个 XML 映射文件（或者注解）组成。在映射器中，我们可以配置各种参数、SQL 语句、存储过程、缓存和级联等复杂的内容。在映射文件中，我们能够通过定义将映射规则映射到指定的 POJO 或其他对象上，映射器能有效减少 JDBC 底层烦琐的代码。

映射器有两种实现方式，分别为通过 XML 映射文件实现和通过注解映射实现。这两种映射器实现方式各有所长，读者都应该掌握。

10.5　XML 映射文件

10.5.1　常用元素

在映射文件中，`<mapper>`元素是映射文件的根元素，其他元素都是它的子元素，这些子元素如表 10-2 所示。

表 10-2　`<mapper>`元素的子元素

元素名称	描述	备注
select	SQL 查询语句	可自定义参数，返回结果集
insert	插入语句	执行后返回一个整数，代表插入记录数
update	更新语句	执行后返回一个整数，代表更新记录数
delete	删除语句	执行后返回一个整数，代表删除记录数
sql	定义一个 SQL 片段	这个 SQL 片段可以在映射文件的其他地方引用
resultMap	定义查询结果集	这个结果集一般用于关联操作中
cache	给定命名空间的缓存配置	—
Cache-ref	引用已定义的缓存配置	—

10.5.2　`<select>`元素

`<select>`元素是 MyBatis 框架中最常用的元素之一，它可以帮助我们从数据库中读取数据，在多数应用中，查询比修改要频繁和复杂。在进行插入、更新或删除操作时，通常也需要进行查询操作。`<select>`元素的常用属性如表 10-3 所示。

表 10-3　`<select>`元素的常用属性

属性	说明
id	命名空间中唯一的标识符，在其他地方可以通过 id 引用或执行指定的 SQL 语句
parameterType	将会传入当前语句的参数类的完全限定名或别名。该属性是可选的，因为 MyBatis 框架可以通过类型处理器（TypeHandler）推断出具体传入语句的参数，默认值为未设置（unset）

属性	说明
resultType	从 SQL 语句中返回的类的完全限定名或别名。如果返回的是集合，那么应该指定集合中包含的类型，而不是集合本身。可以使用 resultType 或 resultMap，但不能同时使用
resultMap	外部 resultMap 的命名引用。可以使用 resultMap 或 resultType，但不能同时使用
flushCache	将其设置为 true 后，清空本地缓存和二级缓存，默认值为 false
userCache	将其设置为 true 后，本条查询语句的结果被二级缓存缓存起来，默认值为 true
timeout	设置等待数据库返回请求结果的时间，单位为秒
fetchSize	设定查询结果返回的行数
statementType	可以取值 STATEMENT、PREPARED 或 CALLABLE。这会让 MyBatis 框架分别使用 statement 对象、preparedStatement 对象或 callableStatement 对象，默认值为 PREPARED
resultSetType	可以取值为 FORWARD_ONLY（游标允许向前访问）、SCROLL_SENSITIVE（双向流动，但不及时更新）、SCROLL_INSENSITIVE（双向流动，并及时跟踪数据库的更新）、DEFAULT（依赖驱动）
resultSets	适合多个结果集的情况，它将列出执行后返回的结果集中每个结果集的名称，名称之间用逗号分隔

例 10-3 在数据库 mydb 中有表 userinfo(userid,username,password,role,status)，利用 MyBatis 框架中的<select>元素，根据 userid 查询用户信息。具体步骤如下。

（1）在 src 目录下新建包 org.po，在该包下新建 User.java 文件，内容如下。

```
package org.po;
public class User {
    private int userId;
    private String userName;
    private String password;
    private int role;
    private boolean status;
    //Getter方法与Setter方法略
    //toString()方法略
}
```

（2）在 src 目录下新建包 org.mapper，在该包下新建 UserMapper.xml 文件，内容如下。

```
<?xml version="1.0" encoding="UTF-8"?>
<!DOCTYPE mapper
  PUBLIC "-//mybatis.org//DTD Mapper 3.0//EN"
  "http://mybatis.org/dtd/mybatis-3-mapper.dtd">
<mapper namespace="org.mapper.UserMapper">
<select id="selectUserById" resultType="org.po.User">
    select * from userinfo where userid = #{userId}
</select>
</mapper>
```

（3）参照例 10-2，在 src 文件夹下创建 MyBatis 框架的配置文件 mybatis-config.xml，<mapper>元素的部分配置如下。

```
<mappers>
    <mapper resource="org/mapper/UserMapper.xml" />
</mappers>
```

注意，在 resource 中使用文件结构形式。

（4）在 src 目录下新建包 org.utils，创建一个工具类。

```
package org.utils;
import java.io.Reader;
import org.apache.ibatis.io.Resources;
import org.apache.ibatis.session.SqlSession;
import org.apache.ibatis.session.SqlSessionFactory;
import org.apache.ibatis.session.SqlSessionFactoryBuilder;
public class MybatisUtils {
    private static SqlSessionFactory sqlSessionFactory = null;
    // 初始化sqlSessionFactory对象
    static {
        try {
            // 使用MyBatis框架提供的Resources类加载MyBatis框架的配置文件
            Reader reader =Resources.getResourceAsReader("mybatis-config.
                                                    xml");
            // 构建sqlSessionFactory
            sqlSessionFactory = new SqlSessionFactoryBuilder().build
                                (reader);
        } catch (Exception e) {
            e.printStackTrace();
        }
    }
    // 获取sqlSession对象的静态方法
    public static SqlSession getSession() {
        return sqlSessionFactory.openSession();
    }
}
```

（5）在 src 目录下新建包 org.test，在包下新建一个 JUnit 的测试用例 UserTest.java。

```
package org.test;
import org.apache.ibatis.session.SqlSession;
import org.junit.jupiter.api.Test;
import org.po.User;
import utils.MybatisUtils;

public class UserTest {
// 根据id名查询信息
    @Test
    void selectUserByIdTest() {
        SqlSession sqlSession = null;
        sqlSession = MybatisUtils.getSession();
        User user = sqlSession.selectOne("org.mapper.UserMapper.
                    selectUserById",1);
        System.out.println(user);
    }
}
```

（6）运行测试用例，在控制台中显示的查询结果如图 10-6 所示。

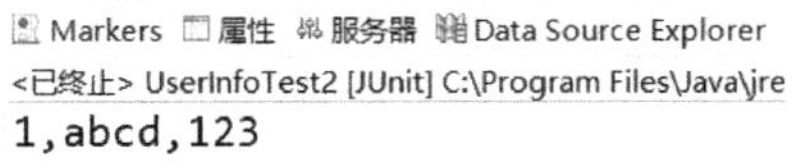

Markers　属性　服务器　Data Source Explorer
<已终止> UserInfoTest2 [JUnit] C:\Program Files\Java\jre
1,abcd,123

图 10-6　在控制台中显示的查询结果

10.5.3 <insert>元素

<insert>元素用于映射插入语句，在执行完映射插入语句后会返回一个整数，表示插入记录数。<insert>元素的属性及功能如表 10-4 所示。

表 10-4 <insert>元素的属性及功能

属性	描述
id	命名空间中的唯一标识符，可用来代表指定的 SQL 语句
parameterType	将要传入语句的参数的完全限定类名或别名。这个属性是可选的，因为 MyBatis 框架可以通过类型处理器推断出具体传入语句的参数，默认值为未设置（unset）
statementType	可以取值 STATEMENT、PREPARED 或 CALLABLE。这会让 MyBatis 框架分别使用 statement 对象、preparedStatement 对象或 callableStatement 对象，默认值为 PREPARED
userGeneratedKeys	让 MyBatis 框架使用 JDBC 的 getGeneratedKeys()方法取出数据库内部生成的主键（仅对 <insert>元素和<update>元素有用），如 MySQL、SQL Server 等关系型数据库管理系统的自动递增字段，默认值为 false
keyProperty	唯一标记一个属性（仅对 <insert>元素和 <update>元素有用），MyBatis 框架会通过 getGeneratedKeys()方法的返回值或者通过 insert 语句的 selectKey 子元素设置其键值，默认值为未设置（unset）。如果我们希望得到多个生成的列，那么也可以通过逗号分隔属性名称列表
keyColumn	通过生成的键值设置表中的列名（仅对<insert>元素和<update>元素有用），这个设置仅在某些数据库（如 PostgreSQL）中是必须的，当主键列不是表中的第一列时需要设置。如果我们希望使用多个生成的列，那么也可以通过逗号分隔属性名称列表

表 10-4 的属性中最常用的属性是 parameterType 和 userGeneratedKeys。parameterType 属性用于执行插入操作时传入的参数，一般是要插入表对应的 PO 类的实例。在使用 userGeneratedKeys 属性执行插入操作时，如果希望立即得到插入记录后的主键的值，并且主键是由数据库自动生成的，那么此时可以将此属性设置为 true。下面是映射文件中使用 <insert>元素映射插入语句的代码片段。

例 10-4 演示<insert>元素的使用。

```
<insert id="addUserInfo" parameterType="org.po.User" keyProperty="userId"
    useGeneratedKeys="true">
    insert into userinfo(username,password,role,status)
values(#{userName},#{password},#{role},#{status})
</insert>
```

为了验证插入语句的正确性，我们创建以下测试用例。

```
// 测试插入方法
    @Test
    void insertUserTest() {
        SqlSession sqlSession = null;
        try {
            sqlSession = MybatisUtils.getSession();
            User user = new UserInfo();
            user.setUserName("张三");
            user.setPassword("123");
            user.setRole(1);
            user.setStatus(false);
            int r = sqlSession.insert("org.mapper.UserMapper.addUserInfo",
                                        user);
```

```
            sqlSession.commit();
        } catch (Exception e) {
            e.printStackTrace();
            sqlSession.rollback();
        } finally {
            sqlSession.close();
        }
    }
```

10.5.4 <update>元素和<delete>元素

<update>元素和<delete>元素的使用相对比较简单，它们的属性配置也基本相同，在映射文件中使用这两个元素完成更新和删除的示例如下。

```
<update id="modifyUser" parameterType="org.po.User">
    update userinfo set username=#{userName},
                        password=#{password},
                        role=#{role},
    status=#{status} where userid=#{userId}
</update>
<delete id="removeUser" parameterType="Integer">
    delete from userinfo where userid=#{userId}
</delete>
```

这两条映射语句的测试用例如下。

```
@Test // 测试修改方法
void modifyUserTest() {
    SqlSession sqlSession = null;
    try {
        sqlSession = MybatisUtils.getSession();
        User user = new User();
        user.setUserId(2);
        user.setUserName("李四");
        int result = sqlSession.update("org.mapper.UserMapper.
                                       modifyUser", user);
        sqlSession.commit();
    } catch (Exception e) {
        e.printStackTrace();
        sqlSession.rollback();
    } finally {
        sqlSession.close();
    }
}
@Test  // 测试删除方法
void deleteUserTest() {
    SqlSession sqlSession = null;
    try {
        sqlSession = MybatisUtils.getSession();
        int result = sqlSession.delete("org.mapper.UserMapper.
                                       removeUser", 2);
        sqlSession.commit();
    } catch (Exception e) {
        e.printStackTrace();
```

```
            sqlSession.rollback();
        } finally {
            sqlSession.close();
        }
    }
```

10.5.5　\<sql>元素

\<sql>元素可以被用来定义可重用的 SQL 代码片段，可以包含在其他语句中，也可以（在加载时）被静态地设置参数。在不同的包含语句中可以设置不同的值到参数占位符上，举例如下。

```
<sql id="userColumns">
    ${alias}.id,${alias}.username,${alias}.password </sql>
```

这个 SQL 片段可以被包含在其他语句中，举例如下。

```
<select id="selectUsers" resultType="map">
  select
  <include refid="userColumns"><property name="alias" value="t1"/>
</include>
  <include refid="userColumns"><property name="alias" value="t2"/>
</include>
  from  table1 t1  cross join table2 t2
</select>
```

如果映射文件中经常有重复的 SQL 片段，那么采用\<sql>元素可避免编写重复的代码，提高代码的可重用率。

10.5.6　\<resultMap>元素

在编写实体类时，一般实体类的属性和数据表的列名都是一一对应的，但难免有不对应的情况，这时就需要配置\<resultMap>元素，使得实体类的属性和数据表的列名能够对应起来，让 MyBatis 框架完成封装。还有一种情况就是多表关联操作。此时多表关联查询的结果集会非常复杂，包含多个表的字段和表达式，此时只能用\<resultMap>元素在外部重新定义一个结果映射。

MyBatis 框架对查询的结果具备一定的自动识别功能，如果查询的结果是一个集合，那么它会将结果自动映射为一个 List 或一个 Map，如以下 SQL 查询语句片段。

```
<select id="selectAllUser" resultType="org.po.User">
    select * from userinfo
</select>
```

这个查询的结果可能为空，也可能为多个结果的集合，虽然在此我们给出的是 resultType="User"，但实际上返回的结果是一个 List\<User>的泛型。测试用例的代码如下。

```
// 查询表中的所有user对象
    @Test
    void selectAllUserTest() {
        SqlSession sqlSession = null;
        sqlSession = MybatisUtils.getSession();
        List<User> users=sqlSession.selectList("org.mapper.UserMapper.
                                        selectAllUser");
```

```
            users.forEach(user->System.out.println(user));
      }
```

在控制台上运行的结果如图 10-7 所示。

```
🖿 Markers 🗌 属性 🐇 服务器 🖽 Data Source Explorer 🖹 片段 🗏 控制台 🕱 🖙 进度 🌿 JUnit
<已终止> UserInfoTest2 [JUnit] C:\Program Files\Java\jre1.8.0_202\bin\javaw.exe  (2023-4-9 9:31:52)  (2023-4-9 9:31:52 –
User[userId=1, userName=abc, password=123, role=1, status=true]
User[userId=11, userName=admin, password=123, role=1, status=false]
User[userId=12, userName=jack, password=1234, role=0, status=false]
```

图 10-7　在控制台上运行的结果

通过运行结果可知，MyBatis 框架已经成功将查询结果映射成 List 集合，其元素为 User 类的对象。

在实际项目中，我们经常会遇到表的字段与 POJO 类的属性不一致，或者查询结果非常复杂特别是多表关联查询的情况，这时需要通过<resultMap>元素定义一个结果集，这样可以简化查询结果的复杂性。<resultMap>元素的结构如下。

```
<!--column不做限制,可以为任意表的字段,而property须为type定义的 pojo属性-->
<resultMap id= "唯一标识" type="映射的pojo对象">
<id column="表的主键字段,或者可以为查询语句中的别名字段"jdbcType="字段类型"
property="映射pojo对象的主键属性"/>
<result column="表的一个字段" jdbcType="字段类型" property="映射到pojo对象的一
个属性(须为type定义的pojo对象中的一个属性)"/>
<association property="pojo的一个对象属性"javaType="pojo关联的pojo对象">
<id column="关联pojo对象对应表的主键字段 "jdbcType="字段类型" property="关联
pojo对象的唯一标识属性"/>
<result column="表的字段"jdbcType="字段类型" property="关联pojo对象的属性"/>
</association>
<!--集合中的property须为ofType定义的pojo对象的属性-->
<collection property= "pojo对象的集合属性" ofType= "集合中的 pojo对象>
<id column="集合中pojo对象对应的表的主键字段" jdbcType="字段类型"property="集合
中pojo对象的唯一标识属性"/>
<result column="可以为任意表的字段" jdbcType="字段类型"property="集合中的 pojo
对象的属性"/>
</collection>
</resultMap>
```

下面我们给出一个使用<resultMap>元素的简单示例。

现有一个表 department(dept_id,dept_name)，编号列 dept_id 为 int 型的主键，名称列 dept_name 为 varchar(20)，针对表 department 编写映射文件，返回结果用<resultMap>元素定义一个结果映射。

已有的 Department 类定义如下。

```
public class Department {
    private int id;
    private String name;
    //Getter方法与Setter方法略
}
```

创建映射文件 DepartmentMapper.xml，文件内容如下。

```
<?xml version="1.0" encoding="UTF-8" ?>
<mapper namespace="mapper.DepartmentMapper">
    <resultMap type="org.po.Department"  id="deptResultMap ">
```

```
            <id property="id" column="dept_id" />
            <result property="name" column="dept_name" />
        </resultMap>
        <select id=" selectAllDept" resultMap="deptResultMap">
            select * from department
        </select>
</mapper>
```

在 mybatis-config.xml 文件中修改映射方式如下。

```
<mappers>
        <mapper resource="org/mapper/UserMapper.xml" />
        <mapper resource="org/mapper/DepartmentMapper.xml"/>
        </mappers>
```

创建测试用例，测试用例设计如下。

```
void selectAllDeptTest() {
        SqlSession sqlSession = MybatisUtils.getSession();
        List<Department> depts = sqlSession.selectList
                                ("mapper.DepartmentMapper.selectAllDept");
        System.out.println(depts);
        }
```

10.6 注解映射

在 MyBatis 框架中共有两种映射器实现方式，一种是 10.5 节介绍的基于 XML 映射文件的实现方式，还有一种是基于注解映射的实现方式。这两种实现方式各有优劣，可根据项目开发的需要进行选择。

10.6.1 常用注解

MyBatis 框架的常用注解如表 10-5 所示。

表 10-5　MyBatis 框架的常用注解

注解	返回值的数据类型	对应的 SQL 语句	备注
@Insert	Integer（int）、Long 和 Boolean	INSERT INTO tb_user (column1, column2,column3,...) VALUES (value1,value2,value3,...)	—
@Select	Integer（int）、Long 和 自定义类型的 Bean	SELECT * FROM table_name	返回值 不能为 Boolean 类型的值
@Update	Integer（int）、Long 和 Boolean	UPDATE tb_user SET column1= value1, column2=value2,... WHERE some_column=some_value	—
@Delete	Integer（int）、Long 和 Boolean	DELETE FROM tb_user WHERE some_column=some_value	—

基本注解主要包括 CURD 操作，注解的语法格式与 SQL 的语法格式基本相似，返回类型与原生 JDBC 相关，比如@Select 注解不能返回 Boolean 类型的值，因为 Select 查询语句返回的是结果集数据，可以是 null，但不能是 Boolean 类型的值。高版本 MyBatis 框架的

@Update 注解支持返回 Boolean 类型的值。

MyBatis 框架的其他注解如表 10-6 所示。

表 10-6　MyBatis 框架的其他注解

注解	作用	属性描述
@SelectKey	返回新插入记录的 ID。对应<SelectKey>标签的 XML 元素	statement 为要执行的 SQL 字符串数组； keyProperty 为更新的参数对象的属性值； resultType 为 keyProperty 的 Java 类型； before 属性指明 SQL 语句在插入语句之前还是之后执行，值为 true 或 false
@Results	设置结果集合。 对应<resultMap>标签的 XML 元素	value 为@Result 注解的数组
@Result	在实体类属性和数据表字段之间建立的结果映射。 对应<result>标签的 XML 元素	包括 id、column、property、javaType、jdbcType、type Handler、one、many 属性。 one 属性用来表示一对一的关联，与<association>标签相似，而 many 属性是相对集合而言的，和<collection>标签相似
@One	复杂类型的单独属性值映射。 对应<association>标签	select 为已映射语句（映射器方法）的完全限定名，可以加载合适类型的实例
@Many	复杂类型的集合属性映射。 对应<collection>标签	select 为映射器方法的完全限定名，可以加载一组合适类型的实例

@Options	映射语句的属性，该注解提供额外的配置选项，它们通常在映射语句上作为属性出现	useCache=true;
		flushCache=false;
		resultSetType=FORWARD_ONLY;
		statementType=PREPARED;
		fetchSize= -1;
		timeout=-1;
		useGeneratedKeys=false;
		keyProperty="id";

@Param	方法参数	当映射器方法需要多个参数时，这个注解可以被应用于映射器方法，为每个参数起一个名字；否则，多参数将会以它们的顺序位置来被命名。例如，#{1}、#{2}等，这是默认的命名方式。 使用@Param("person")时，SQL 语句中的参数应该被命名为#{person}

下面给出一些实际使用的示例。

（1）使用@Insert 注解。

从数据层生成一个值，并用这个值作为主键的值。

```
@Insert("insert into userinfo (username,password) values (#{username},
#{password})")
@SelectKey(statement = "select UNIX_TIMESTAMP(NOW())", keyColumn = "userid",
keyProperty = "userId", resultType = Integer.class, before = true)
int addUserSelectKey(UserInfo user);
```

（2）使用@Results 注解。

当数据库字段名与实体类对应的属性名不一致时，可以使用@Results 注解将其对应起来。column 为数据库字段名，property 为实体类属性名，jdbcType 为数据库字段数据类型，

id 表示该字段是否为主键（值为 true 或 false）。

```
@select( "select username as name, password as pwd from userinfo")
@Results({
@Result(column="name", property="userName",jdbcType=JdbcType.VARCHAR),
@Result(column="pwd", property= "password",jdbcType=JdbcType.VARCHAR)
})
List< UserInfo> selectAll();
```

该方法以 List 返回所有的用户信息。如果 user 的相关字段名为 name 和 pwd，那么数据库字段名与实体类属性名就通过这种方式建立了映射关系。两者名字若相同，则不需要加该注解。

（3）使用@Param 注解。

DAO 层方法的输入参数映射如图 10-5 所示。若是实体对象（如 UserInfo 或 Map），则通过对象的属性名与表的字段名匹配注入 SQL 语句；若只是单个基本数据参数，则对应注入 SQL 语句；若是多个基本数据，则需要用@Param 注解说明方法中的形参与 SQL 语句中的变量位置的关系，或在#{}注解中标明顺序号（0、1、2 等）。

例如，在用户登录方法中，可用顺序号，也可用@Param 注解来传入参数。

```
@select("select * from userinfo where username=#{0} and password=# {1}")
UserInfo findUserByNameAndPass (String name, String pass) ;
```

若没有@Param 注解，则可用 0、1、2 等数字表示形参传入的顺序号，但这种用法与 MyBatis 框架的版本相关，因此不提倡使用，建议采用以下方法。

```
@select ("select * from userinfo where usename=#{name} and
                                       password= #{pass}")
UserInfo findUserByNameAndPass (@Param("name") String str1, @Param("pass")
String str2);
```

传入 SQL 语句的形参必须是@Param 注解中的值，而且在有注解时，不能用顺序号 #{0}、#{1}等方式说明形参顺序。使用@Param 注解声明参数时，可以采用#{}或${}的方式；不使用@Param 注解声明参数时，则必须采用#{}的方式。采用#{}方式传入值时，SQL 解析相当于设置 PreparedStatement 预处理语句中的?占位符；而采用${}方式传入值时，SQL 解析会原样输出形参变量的值。${}无法防止 SQL 注入的问题，在实际应用中应尽可能地使用#{}号占位符。下面举例说明利用模糊查询方式查询记录的操作。

```
@Select("SELECT * FROM userinfo WHERE username like '%${name}%'")
//SELECT * FROM userinfo WHERE usernamelike CONCAT('%',#{name},'%')
List< UserInfo> findUserByName(@Param("name")String username);
```

10.6.2　一个基于注解的示例

使用 MyBatis 框架能够简化数据库的开发，而使用注解还能进一步简化数据库的开发，减少 XML 映射文件的书写。对于基本的 CRUD，使用注解就可以实现。下面给出一个使用注解实现数据表 CRUD 的开发示例。

例 10-5 利用注解实现 userinfo 表的 CRUD。

（1）在 po 包下创建实体类。

```
public class UserInfo {
    private int userId;
    private String userName;
    private String password;
```

```
    private int role;
    private boolean status;
    //Getter方法与Setter方法略
}
```

（2）创建 mapper 包，并在 mapper 包下创建 UserInfoMapper 接口。

```
package mapper;
import java.util.List;
import org.apache.ibatis.annotations.Delete;
import org.apache.ibatis.annotations.Insert;
import org.apache.ibatis.annotations.Options;
import org.apache.ibatis.annotations.Param;
import org.apache.ibatis.annotations.Result;
import org.apache.ibatis.annotations.Results;
import org.apache.ibatis.annotations.Select;
import org.apache.ibatis.annotations.Update;
import po.UserInfo;
public interface UserInfoMapper {
    //添加记录
    @Insert("insert into userinfo(username,password,role,status)
        values(#{userName},#{password},#{role},#{status})")
    @Options(useGeneratedKeys=true,keyProperty="userId")
    int addUserInfo(UserInfo user);
    //根据ID删除记录
    @Delete("delete from userinfo where userid=#{userId}")
    int removeUser(@Param("userId") Integer userId);
    //根据ID更新记录
    @Update("update userinfo set username=#{userName},
                                password=#{password},
                                role=#{role},
                                status=#{status} where userid=#{userId}")
    int modifyUser(UserInfo user);
    //根据ID查询记录
    @Select("select * from userinfo where userid=#{userId}")
    //userinfo表中字段与UserInfo类中的属性映射
    @Results({
        @Result(id=true,column="userId",property="userId"),
        @Result(column="username" ,property="userName")
    })
    UserInfo selectUserInfoById(Integer id);
    //查询表中的所有记录
    @Select("select * from UserInfo")
    List<UserInfo> selectAllUserInfo();
}
```

（3）在 mybatis-config.xml 文件中填写如下配置。

```
<mappers>
        <mapper class="mapper.UserInfoMapper" />
<mappers>
```

注意，在 class 值中填写完全限定类名。

（4）添加如下测试用例。

```
public class UserInfoTest {
```

```
    // 查询表中的所有user
    @Test
    void selectAllUserTest() {
        SqlSession sqlSession = null;
        sqlSession = MybatisUtils.getSession();
        UserInfoMapper userMapper = sqlSession.getMapper(UserInfoMapper.class);
        List<UserInfo> users = userMapper.selectAllUserInfo();
        System.out.println(users);
    }
    // 测试插入方法
    @Test
    void insertUserTest() {
        SqlSession sqlSession = null;
        try {
            sqlSession = MybatisUtils.getSession();
            UserInfo user = new UserInfo();
            user.setUserName("王五");
            user.setPassword("123");
            user.setRole(1);
            user.setStatus(false);
            UserInfoMapper userMapper = sqlSession.getMapper(UserInfoMapper.
                                                             class);
            int result = userMapper.addUserInfo(user);
            sqlSession.commit();
            assertEquals(result, 1);
        } catch (Exception e) {
            e.printStackTrace();
            sqlSession.rollback();
        } finally {
            sqlSession.close();
        }
    }
    // 测试删除方法
    @Test
    void deleteUserTest() {
        SqlSession sqlSession = null;
        try {
            sqlSession = MybatisUtils.getSession();
            UserInfoMapper userMapper = sqlSession.getMapper(UserInfoMapper.
                                                             class);
            int result = userMapper.removeUser(2);
            sqlSession.commit();
            assertEquals(result, 1);
        } catch (Exception e) {
            e.printStackTrace();
            sqlSession.rollback();
        } finally {
            sqlSession.close();
        }
    }
    // 测试修改方法
```

```
@Test
void modifyUserTest() {
    SqlSession sqlSession = null;
    try {
        sqlSession = MybatisUtils.getSession();
        UserInfo user = new UserInfo();
        user.setUserId(12);
        user.setUserName("王五");
        UserInfoMapper userMapper = sqlSession.getMapper(UserInfoMapper.
                                                        class);
        int result = userMapper.modifyUser(user);
        sqlSession.commit();
    } catch (Exception e) {
        e.printStackTrace();
        sqlSession.rollback();
    } finally {
        sqlSession.close();
    }
}
// 测试根据ID查询信息
@Test
void selectUserByIdTest() {
    SqlSession sqlSession = null;
    sqlSession = MybatisUtils.getSession();
    UserInfoMapper userMapper = sqlSession.getMapper(UserInfoMapper.class);
    UserInfo user = userMapper.selectUserInfoById(1);
    System.out.println(user);
}
}
```

10.7　本章小结

本章结合 DAO 层的设计思想，将 MyBatis 框架技术应用于数据持久化设计中。主要包括 MyBatis 框架概述、MyBatis 框架的工作原理、MyBatis 框架的配置与映射开发，以及 XML 映射文件、注解映射。在本章的学习中，读者应仔细体会 DAO 分层设计思想的精髓。

10.8　习题

1．简述 MyBatis 框架的工作流程。
2．简述 MyBatis 框架的映射文件中的主要元素及其作用。
3．#{}与${}的区别是什么？
4．什么时候需要使用<resultMap>标签？
5．实验设计：
（1）创建数据库 studb，创建 Student 表，字段有编号（id、Integer 类型、主键、自动增长）、学号（stu_no, varchar (12)类型）、姓名（stu_name, varchar (20)类型），年龄（age, Integer 类型）。

（2）创建针对 Student 表的 PO 类和映射文件，在映射文件中利用<insert>、<delete>、<update>和<select>4 个元素实现表的增、删、改、查操作。

（3）创建 jUnit 测试类，分别测试映射文件中 4 个元素对应的 SQL 语句，完成该表的增、删、改、查操作。

操作步骤提示：

（1）创建一个 Web 工程，添加所需的 jar 包，规划包的结构；

（2）导入 mybatis 框架的 jar 包；

（3）创建属性文件 db.properties，存放数据连接信息；

（4）在 src 目录下创建 MyBatis 框架的配置文件 mybatis-config.xml；

（5）在 PO 包中创建 Student 类；

（6）创建 mapper 包，在 mapper 包中创建 StudentMapper.xml 映射文件；

（7）创建 utils 包，在 utils 包中创建工具类 MybatisUtils；

（8）创建 test 包，在 test 包中创建 jUnit 测试类 StudentTest，并添加相应的测试方法。

第 11 章　SSM 整合应用案例

📰 **学习目标**

- 了解系统架构和项目组织结构
- 掌握 Maven 项目管理工具的使用
- 熟悉系统环境搭建与配置文件管理
- 掌握 SSM 框架整合方式
- 掌握登录模板与客户管理模块的编写调试
- 掌握图片文件的上传与显示

通过前面章节的学习，我们已经掌握了 Spring 框架、Spring MVC 框架及 MyBatis 框架的使用，这三大框架简称为 SSM 框架。在实际项目开发中，这三大框架通常会整合在一起使用。这三大框架的合理整合，不仅可以大幅提高系统的开发效率，而且能提高系统的稳定性、健壮性与安全性。在本章中，我们将通过 Maven 进行配置管理，综合前面各章所学知识，使用 Spring、Spring MVC、MyBatis、MySQL、JSP、JSTL 等技术来设计一个简易的客户管理系统，整合 SSM 框架，实现系统登录与客户信息管理的功能。

11.1　系统概述

11.1.1　系统功能设计

本项目是一个简易的客户管理系统，系统要求合法的用户登录后进行访问，主要包含客户管理模块和客户类别管理模块。客户管理模块提供了查看、搜索、新增、修改和删除客户的功能，并能够上传和修改客户的图片。客户类别管理模块包含查看、新增、修改和删除客户类别的功能。客户和客户类别之间是多对一的关系，当新增和修改客户时，可以通过下拉框选择对应的客户类别；当搜索时，可以按多个关键字进行搜索，也可以通过下拉框选择某个客户类别进行搜索。当删除客户类别时，要将客户表对应的客户类别关联字段的数据置空。系统功能结构如图 11-1 所示，包括用户登录模块、客户管理模块和客户类别管理模块。

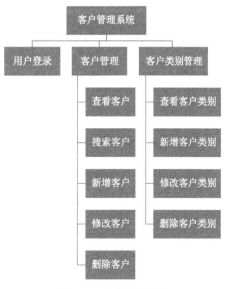

图 11-1　系统功能结构

11.1.2　数据库设计

在数据库设计中，设计的数据实体为客户表（Customer）与客户类别表（Type），二者是多对一的关系。此外，还设计了一个用户表 User 来维护登录的用户信息。

在 MySQL 中设计一个名为 crmdb 的数据库，并创建 Customer 表、Type 表和 User 表，这 3 张表的表结构分别如表 11-1、表 11-2 和表 11-3 所示。

表 11-1　Customer 表

字段名	类型	长度	是否为空	说明
id	int	11	否	指自动编号，为主键
number	int	11	是	指客户编号
name	varchar	20	是	指客户名称
gender	varchar	2	是	指性别
age	int	11	是	指年龄
phone	varchar	20	是	指联系电话
filename	varchar	50	是	指照片文件名称
type_id	int	11	是	指客户类别编号

表 11-2　Type 表

字段名	类型	长度	是否为空	说明
id	int	11	否	指自动编号，为主键
name	varchar	20	是	指客户类别名称
number	int	11	是	指客户类别编号
rate	Decimal	10	是	指折扣率，保留两位小数

表 11-3　User 表

字段名	类型	长度	是否为空	说明
userId	int	11	否	指用户编号，为主键
username	varchar	20	是	指用户名
password	varchar	20	是	指密码
role	int	11	是	指角色
status	bit	1	是	指状态，其中值为 1 表示正常状态，值为 0 表示禁用状态

11.1.3　实体类设计

数据库设计完成后，可以根据数据库表建立对应的实体类。在面向对象的设计中，建立 Customer 类与 Type 类之间的多对一关系，是在"多"的一方（Customer）加入"一"的一方（Type）的属性关联。

Customer 实体类的代码如下。

```
public class Customer {
    private Integer id;
    private Integer number;
    private String name;
```

```
    private String gender;
    private Integer age;
    private String filename;
    private String phone;
    private Type type;
    //省略Getter方法与Setter方法
}
```

Type 实体类的代码如下。

```
public class Type {
    private Integer id;
    private String name;
    private Integer number;
    private Double rate;
    //省略Getter方法与Setter方法
}
```

User 实体类的代码如下。

```
public class User {
    private int userId;
    private String userName;
    private String password;
    private int role;
    private boolean status;
    //省略Getter方法与Setter方法
}
```

11.2　项目构建工具 Maven 与 SSM 项目创建

在传统的软件项目开发、管理与维护中，软件项目用到的组件与相关的依赖包多达几十个，那么如何找到这些包呢？组件之间的匹配度和依赖程度又是如何？组件是否有版本冲突的问题？要如何配置和管理这些组件与包？这些问题时常困扰着开发者。

Maven 就是一个包含了项目对象模型（Project Object Model，POM）的软件项目管理工具，可以通过配置描述信息来管理项目的构建、创建报告和文档。该工具可以帮助程序员从烦琐的项目配置工作中解放出来，轻松地进行工程构建、jar 包管理、代码编译，自动运行单元测试、打包、生成报表，甚至还能部署项目、生成 Web 站点。

11.2.1　Maven 的使用

1.　下载 Maven

从官网上下载最新版本的 Maven，以 Maven 3.9.0 版本为例，下载完成后，将压缩包解压到计算机某一目录下，假设解压到 "E:\Lib\apache-maven-3.9.0" 目录下，Maven 的目录结构如图 11-2 所示。

2.　在 IDEA 中配置 Maven

在 IDEA 中配置 Maven 非常简单。首先打开 IDEA，在菜单栏中单击 "File" 选项；其次单击 "Settings" 选项，弹出一个设置窗口，在窗口的左侧树形菜单中选择 "Build, Execution,

Deployment"→"Build Tools"→"Maven"选项，这时会出现如图 11-3 所示的 Maven 配置区域。单击"Maven home path"右侧的"..."按钮，打开文件选择器。在文件选择器中，选择本机的 Maven 安装目录，这时 User settings file 和 Local repository 的值会自动关联本机 Maven 的配置文件和在配置文件中指定的本地仓库。

名称	修改日期	类型	大小
bin	2023/2/8 12:11	文件夹	
boot	2023/2/8 12:11	文件夹	
conf	2023/2/8 12:11	文件夹	
lib	2023/2/8 12:11	文件夹	
LICENSE	2023/1/31 9:57	文件	19 KB
NOTICE	2023/1/31 9:57	文件	5 KB
README.txt	2023/1/31 9:57	文本文档	3 KB

图 11-2　Maven 的目录结构

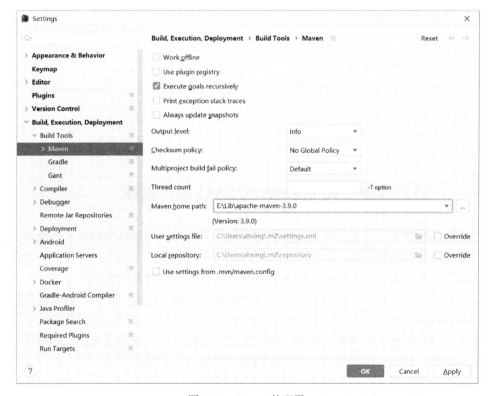

图 11-3　Maven 的配置

3．设置 Maven 参数

（1）修改本地仓库路径。

Maven 在使用时会优先从本地获取依赖的库文件；如果没有，那么会从远程仓库中下载库文件并保存到本地仓库中。因此，必须配置本地仓库地址。配置方法很简单，打开安装路径下的"/conf/settings.xml"文件，对<settings>标签下的<localRepository>标签内容进行如下设置。

```
<!-- localRepository
|The path to the local repository Maven will use to store artifacts.
```

```
|Default: ${user.home }/.m2/repository
-->
<localRepository>E:\Lib\mavenRepository</localRepository>
```
其中"E:\Lib\mavenRepository"是用户的本地仓库路径。

（2）修改下载镜像地址。

默认情况下，项目依赖的包的下载速度会非常慢，此时可以配置 Maven 的镜像以加快项目构建时下载依赖包的速度。此处选择阿里云的 Maven 镜像来加速。打开 Maven 目录下的"/conf/settings.xml"，找到<mirrors>标签，添加的<mirror>标签如下。

```
<mirror>
<id>alimaven</id>
<mirrorOf>central</mirrorOf>
<name>aliyun maven</name>
<url> https://maven.aliyun.com/nexus/content/repositories/central/</url>
</mirror>
<mirror>
    <id>alimaven</id>
    <mirrorOf>public</mirrorOf>
    <name>aliyun maven</name>
    <url>https://maven.aliyun.com/nexus/content/groups/public/</url>
</mirror>
```

11.2.2　利用 Maven 创建 SSM 项目

在 IDEA 中新建项目，在窗口的左侧列表先选择"Maven"选项，出现如图 11-4 所示的窗口。此时在右区域上方会自动选中本机所配置的 JDK，然后选中"Create from archetype"，archetype 是 Maven 为不同类型的 Java 项目提供的结构化模板，这里选择 maven-archetype-webapp 模板，然后单击"Next"按钮。

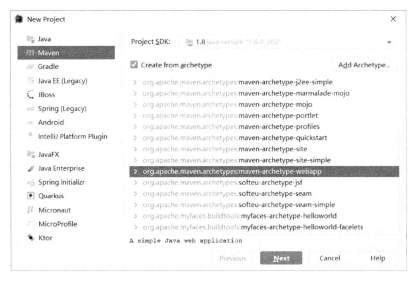

图 11-4　新建 Maven 项目

如图 11-5 所示，输入项目的 Name 和选择保存位置 Location，设置 Maven 项目的 GroupId、ArtifactId 和 Version，其他可以保持默认设置。这里将 Name 设置为 crmPrj，单

击 "Next" 按钮。

此时窗口切换到设置 Maven 本地仓库的界面,如图 11-6 所示,因为在之前已经实现了在 IDEA 中集成 Maven,所以在此不需要做修改,单击 "Finish" 按钮完成 Module 的创建。

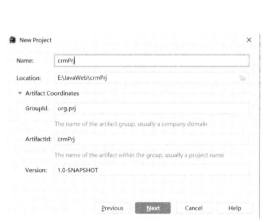

图 11-5　项目设置　　　　　　　　图 11-6　Maven 选择

创建 Maven 项目后,虽然在 main 目录下有存放 Web 资源的 webapp 目录,但没有存放 Java 文件和配置文件的目录。这时需要将 java 目录和 resources 目录设置为存放 Java 代码和配置文件的根目录。右击 java 目录,选择 Make Directory as→Sources Root,即可设置该目录为代码根目录。根据以上操作将 resources 目录设置为 "Resources Root",即设置该目录为源代码配置文件的根目录。此时 SSM 框架项目创建完毕,其设置的目录结构如图 11-7 所示。

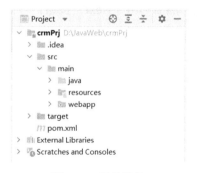

图 11-7　目录结构

11.2.3　配置 SSM 依赖

项目创建完成后,需要在 pom.xml 文件中配置 SSM 的依赖。SSM 框架主要使用 Spring、Spring MVC、MyBatis、MySQL、JSP、JSTL 等技术,而每项技术都包含多个依赖,共计需要几十个依赖,需要手动下载并引入 jar 包,如果这些依赖的版本选择不合适,可能会出现版本冲突的问题,这就是引入 Maven 项目管理工具的原因。

pom.xml 文件是 Maven 的核心文件,由该文件实现项目构建与项目管理等任务。用户根据 pom.xml 文件指定的目录结构,定义项目需要的各类组件及其他信息,Maven 根据 pom.xml 文件中的内容,自动下载依赖库(包),并导入到项目中,从而完成项目的构建。

pom.xml 文件结构及相关说明如下。

```xml
<properties>
  <project.build.sourceEncoding>UTF-8 </project.build.sourceEncoding>
  <maven.compiler.source>1.7</maven.compiler.source>
  <maven.compiler.target>1.7</maven.compiler.target>
  <spring.version>5.0.2.RELEASE</spring.version>
  <slf4j.version>1.6.6</slf4j.version>
  <log4j.version>1.2.12</log4j.version>
  <mysql.version>5.1.40</mysql.version>
  <mybatis.version>3.5.2</mybatis.version>
  <jackson.version>2.9.4</jackson.version>
</properties>
<!--项目需要的依赖定义，由多个<dependency>元素组成，由Maven自动寻找、下载和导入-->
<dependencies>
    <!--Spring核心-->
    <dependency>
      <groupId>org.springframework</groupId>
      <artifactId>spring-aop</artifactId>
      <version>${spring.version}</version>
    </dependency>
    <!--Spring应用上下文-->
<dependency>
    <groupId>org.springframework</groupId>
    <artifactId>spring-context</artifactId>
    <version>${spring.version}</version>
    </dependency>
<!--Spring Web框架-->
    <dependency>
      <groupId>org.springframework</groupId>
      <artifactId>spring-web</artifactId>
      <version>${spring.version}</version>
</dependency>
<!--Spring MVC框架-->
    <dependency>
      <groupId>org.springframework</groupId>
      <artifactId>spring-webmvc</artifactId>
      <version>${spring.version}</version>
    </dependency>
    <dependency>
      <groupId>org.springframework</groupId>
      <artifactId>spring-test</artifactId>
      <version>${spring.version}</version>
</dependency>
<!--Spring事务-->
    <dependency>
      <groupId>org.springframework</groupId>
      <artifactId>spring-tx</artifactId>
      <version>${spring.version}</version>
    </dependency>
    <dependency>
      <groupId>org.springframework</groupId>
```

```xml
        <artifactId>spring-jdbc</artifactId>
        <version>${spring.version}</version>
    </dependency>
    <!--在Spring框架中使用Aspectj注解-->
    <dependency>
        <groupId>org.aspectj</groupId>
        <artifactId>aspectjweaver</artifactId>
        <version>1.8.7</version>
    </dependency>
    <!--集成单元测试工具junit-->
    <dependency>
        <groupId>junit</groupId>
        <artifactId>junit</artifactId>
        <version>4.12</version>
        <scope>test</scope>
    </dependency>
    <dependency>
        <groupId>mysql</groupId>
        <artifactId>mysql-connector-java</artifactId>
        <version>${mysql.version}</version>
    </dependency>
    <!--JSP使用-->
    <dependency>
        <groupId>javax.servlet</groupId>
        <artifactId>servlet-api</artifactId>
        <version>2.5</version>
        <scope>provided</scope>
    </dependency>
    <dependency>
        <groupId>javax.servlet.jsp</groupId>
        <artifactId>jsp-api</artifactId>
        <version>2.0</version>
        <scope>provided</scope>
    </dependency>
    <!--JSTL使用-->
<dependency>
        <groupId>jstl</groupId>
        <artifactId>jstl</artifactId>
        <version>1.2</version>
    </dependency>
    <!--log start-->
    <dependency>
        <groupId>log4j</groupId>
        <artifactId>log4j</artifactId>
        <version>${log4j.version}</version>
    </dependency>
    <dependency>
        <groupId>org.slf4j</groupId>
        <artifactId>slf4j-api</artifactId>
        <version>${slf4j.version}</version>
    </dependency>
```

```xml
<dependency>
  <groupId>org.slf4j</groupId>
  <artifactId>slf4j-log4j12</artifactId>
  <version>${slf4j.version}</version>
</dependency>
<!-- log end-->
<!-- MyBatis框架的使用-->
<dependency>
  <groupId>org.mybatis</groupId>
  <artifactId>mybatis</artifactId>
  <version>${mybatis.version}</version>
</dependency>
<!-- 集成MyBatis框架与Spring框架-->
<dependency>
  <groupId>org.mybatis</groupId>
  <artifactId>mybatis-spring</artifactId>
  <version>1.3.0</version>
</dependency>
<!-- DBCP数据库连接池，SSM框架一般搭配DBCP连接池 -->
<dependency>
  <groupId>commons-dbcp</groupId>
  <artifactId>commons-dbcp</artifactId>
  <version>1.4</version>
</dependency>
<dependency>
  <groupId>org.mybatis.generator</groupId>
  <artifactId>mybatis-generator-core</artifactId>
  <version>1.3.5</version>
</dependency>
<!-- 集成JSON转换组件: jackson-->
<dependency>
  <groupId>com.fasterxml.jackson.core</groupId>
  <artifactId>jackson-core</artifactId>
  <version>${jackson.version}</version>
</dependency>
<dependency>
  <groupId>com.fasterxml.jackson.core</groupId>
  <artifactId>jackson-databind</artifactId>
  <version>${jackson.version}</version>
</dependency>
<dependency>
  <groupId>cn.hutool</groupId>
  <artifactId>hutool-all</artifactId>
  <version>5.2.3</version>
</dependency>
<dependency>
  <groupId>org.thymeleaf</groupId>
  <artifactId>thymeleaf-spring4</artifactId>
  <version>3.0.9.RELEASE</version>
</dependency>
<!--文件上传 -->
```

```
    <dependency>
      <groupId>commons-fileupload</groupId>
      <artifactId>commons-fileupload</artifactId>
      <version>1.3.3</version>
    </dependency>
    <dependency>
      <groupId>commons-io</groupId>
      <artifactId>commons-io</artifactId>
      <version>1.4</version>
    </dependency>
  </dependencies>
```

11.3　SSM 框架整合

在 SSM 框架中，Spring MVC 负责 Controller 层，MyBatis 框架负责数据持久层，Spring 框架负责使用 DI 和 AOP 解耦合、集成 DAO 层。要让它们协调工作，首先需要设计合适的 Java 包结构，其次使用配置文件整合 SSM。

11.3.1　规划项目结构

使用三层架构模式对 Java 包的结构进行设计。在 com.ssm 包下创建子包，包的名称如表 11-4 所示，结构如图 11-8 所示。

表 11-4　包结构描述

包名	描述
entity	封装各实体类
controller	控制器包，即 Spring MVC 类存放的位置
service	业务逻辑接口包，对一个或多个 DAO 层进行再次封装
service.impl	业务逻辑实现类包，调用 DAO 层的操作，将其封装成一个服务
dao	数据库访问接口包，即 MyBatis 接口存放的位置
interceptor	自定义拦截器
util	工具包，处理日志

项目使用 Maven 工具管理，统一项目目录，使不同 IDEA 创建的 Maven 项目可以通用。将 SSM 项目涉及的多个配置文件统一放到 resources 文件夹下，其文件/文件夹描述如表 11-5 所示，结构如图 11-9 所示。

表 11-5　resources 文件夹下的文件/文件夹描述

文件/文件夹	描述
mapper 文件夹	用于存放 MyBatis 映射文件
applicationContext.xml	Spring 核心配置文件
db.properties	数据库链接信息配置文件
springmvc.xml	Spring MVC 配置文件

webapp 文件夹存放 Web 资源，如 HTML（Htyper Text Markup Language，超文本标记语

言）、CSS（Cascading Style Sheet，层叠样式表）、JavaScript 等静态文件及 JSP 文件。在 MVC 架构思想下，由于所有请求都要经过控制器才能转发到视图，因此 JSP 文件一般要放到 WFB-INF 文件夹下，这样可防止他人通过浏览器直接访问，webapp 文件夹的目录结构如图 11-10 所示。

图 11-8　com.ssm 子包结构　　　图 11-9　resources 文件夹　　图 11-10　webapp 文件夹的目录结构

11.3.2　编写配置文件

web.xml 文件是 Java Web 项目的核心配置文件，主要包括以下 3 个配置。

（1）配置 Spring 框架的监听器 ContenxtLoaderListener，自动装配 ApplicationContext，启动 Spring IoC 容器。

（2）配置 Spring MVC 前端总控制器，处理 URL 请求与映射。

（3）配置由 Spring MVC 提供的防止中文乱码的过滤器。

web.xml 文件的主要内容如下。

```xml
<context-param>
  <param-name>contextConfigLocation</param-name>
  <param-value>classpath:applicationContext.xml</param-value>
</context-param>
<listener>
  <listener-class>org.springframework.web.context.ContextLoaderListener</listener-class>
</listener>
<servlet>
  <servlet-name>SpringMVC</servlet-name>
  <servlet-class>org.springframework.web.servlet.DispatcherServlet</servlet-class>
  <init-param>
    <param-name>contextConfigLocation</param-name>
    <param-value>classpath:springmvc.xml</param-value>
  </init-param>
</servlet>
```

```
<servlet-mapping>
  <servlet-name>SpringMVC</servlet-name>
  <url-pattern>/</url-pattern>
</servlet-mapping>
<filter>
  <filter-name>characterEncodingFilter</filter-name>
  <filter-class>org.springframework.web.filter.CharacterEncodingFilter
</filter-class>
  <init-param>
    <param-name>encoding</param-name>
    <param-value>UTF-8</param-value>
  </init param>
  <init-param>
    <param-name>forceEncoding</param-name>
    <param-value>true</param-value>
  </init-param>
</filter>
<filter-mapping>
  <filter-name>characterEncodingFilter</filter-name>
  <url-pattern>/*</url-pattern>
</filter-mapping>
```

db.properties 文件是一个简单的键值对文件，用于保存数据库的连接信息。另外，Spring 框架提供了读取 properties 文件中属性值的技术，可以在 Spring 框架的配置文件中读取。

```
jdbc.driver=com.mysql.jdbc.Driver
jdbc.url=jdbc:mysql://localhost:3306/mydb?characterEncoding=utf-8
jdbc.username=root
jdbc.password=sasasa
```

springmvc.xml 文件主要配置和扫描使用@Controller 注解的类、配置视图解析器和文件上传解析器等，配置的内容如下。

```
<beans default-lazy-init="true"
  xmlns="http://www.springframework.org/schema/beans"
  xmlns:xsi="http://www.w3.org/2001/XMLSchema-instance"
  xmlns:context= "http://www.springframework.org/schema/context"
  xmlns:mvc="http://www.springframework.org/schema/mvc"
  xsi:schemaLocation="
    http://www.springframework.org/schema/beans
    http://www.springframework.org/schema/beans/spring-beans-3.0.xsd
    http://www.springframework.org/schema/mvc
    http://www.springframework.org/schema/mvc/spring-mvc-3.0.xsd
    http://www.springframework.org/schema/context
    http://www.springframework.org/schema/context/spring-context-3.0.xsd">
  <!-- 扫描带注解的包下的类，注册Bean-->
  <context:component-scan base-package="com.ssm.controller" />
  <!-- 通过注解，把URL映射到Controller上，该标签默认注册
DefaultAnnotationHandlerMapping和AnnotationMethodHandlerAdapter -->
  <mvc:annotation-driven />
  <!-- 视图解析器 -->
  <bean id="viewResolver" class="org.springframework.web.servlet.view.
InternalResourceViewResolver">
    <property name="viewClass"
```

```
                value="org.springframework.web.servlet.view.JstlView" />
        <property name="prefix" value="/WEB-INF/" />
        <property name="suffix" value=".jsp"></property>
    </bean>
    <!-- 定义文件上传解析器 -->
    <bean id="multipartResolver" class="org.springframework.web.multipart.
commons.CommonsMultipartResolver">
        <property name="defaultEncoding" value="UTF-8"></property>
        <!-- 设定文件上传的最大值5MB，即5*1024*1024 -->
        <property name="maxUploadSize" value="5242880"></property>
    </bean>
</beans>
```

applicationContext.xml 文件是 Spring 框架的配置文件，该文件用来配置 DI（依赖注入）所需搜索的包和读取数据库的连接信息，配置数据库连接池的数据源和集成 MyBatis 框架，并对 SqlSession 进行管理，同时还对事务做声明式配置。因为 Spring 框架负责管理持久层框架，所以在 applicationContex.xml 文件中整合了 MyBatis 框架的配置，这样就不必再单独创建 MyBatis 框架的配置文件。applicationContext.xml 文件的具体配置如下。

```
<beans xmlns="http://www.springframework.org/schema/beans"
    xmlns:xsi="http://www.w3.org/2001/XMLSchema-instance"
    xmlns:context="http://www.springframework.org/schema/context"
    xmlns:aop="http://www.springframework.org/schema/aop"
    xmlns:tx="http://www.springframework.org/schema/tx"
    xsi:schemaLocation="http://www.springframework.org/schema/beans
    http://www.springframework.org/schema/beans/spring-beans-3.2.xsd
    http://www.springframework.org/schema/context
    http://www.springframework.org/schema/context/spring-context- 3.2.xsd
    http://www.springframework.org/schema/aop
    http://www.springframework.org/schema/aop/spring-aop-3.2.xsd
    http://www.springframework.org/schema/tx
    http://www.springframework.org/schema/tx/spring-tx-3.2.xsd ">
    <!-一读取db.properties-->
    <context:property-placeholder location="classpath:db.properties" />
    <!-- 扫描包，将标注Spring注解的类自动转化为对象，同时完成Bean的注入 -->
    <context:component-scan base-package="com.ssm"/>
     <!-- 启动对@AspectJ注解的支持 -->
     <aop:aspectj-autoproxy></aop:aspectj-autoproxy>
     <!-- 配置数据源，使用DBCP数据库连接池 -->
    <bean id="dataSource" class="org.apache.commons.dbcp.BasicDataSource"
        destroy-method="close">
        <property name="driverClassName" value="${jdbc.driver}" />
        <property name="url" value="${jdbc.url}" />
        <property name="username" value="${jdbc.username}" />
        <property name="password" value="${jdbc.password}" />
        <property name="maxActive" value="30" />
        <property name="maxIdle" value="20" />
    </bean>
    <!--配置sqlSessionFactory -->
    <bean id="sqlSessionFactory" class="org.mybatis.spring.
                                         SqlSessionFactoryBean">
        <property name="dataSource" ref="dataSource" />
```

```
            <property name="mapperLocations" value="classpath:mapper/ *.xml">
</property>
     </bean>
     <!--设置DAO层接口扫描器 -->
     <bean class="org.mybatis.spring.mapper.MapperScannerConfigurer">
        <property name="basePackage" value="com.ssm.dao"></property>
        <property name="sqlSessionFactoryBeanName" value="sqlSessionFactory" />
     </bean>
     <!-- 事务管理器对MyBatis框架操作数据库事务控制，使用JDBC的事务控制类 -->
     <bean id="transactionManager"
        class="org.springframework.jdbc.datasource.
              DataSourceTransactionManager">
        <property name="dataSource" ref="dataSource" />
     </bean>
     <!-- 通知 -->
     <tx:advice id="txAdvice" transaction-manager="transactionManager">
        <tx:attributes>
           <!-- 传播行为 -->
           <tx:method name=" add*" propagation="REQUIRED" />
           <tx:method name="delete*" propagation="REQUIRED" />
           <tx:method name="update*" propagation="REQUIRED" />
           <tx:method name="find*" propagation="SUPPORTS" read-only="true" />
           <tx:method name="get*" propagation="SUPPORTS" read-only="true" />
           <tx:method name="select*" propagation="SUPPORTS" read-only= "true" />
           <tx:method name="search*" propagation="SUPPORTS" read-only= "true" />
        </tx:attributes>
     </tx:advice>
     <!-- AOP -->
     <aop:config>
        <aop:advisor advice-ref="txAdvice"
           pointcut="execution(* com.ssm.service.impl.*.*(..))" />
     </aop:config>
</beans>
```

11.4 MyBatis 框架整合

MyBatis 框架是一个优秀的持久层框架，它封装了 JDBC 操作的很多细节，使开发者只关心 SQL 语句的开发。它会根据 SQL 语句执行的结果，组装返回 Java 对象类型的数据。MyBatis 框架功能简单、易学易用，能满足大部分的业务场景，并且易于维护，成为互联网项目流行的持久层框架。相比于 Hibernate 框架，MyBatis 框架是一个不完全的 ORM（对象关系映射）框架，需要程序员自己编写 SQL 语句，根据映射对数据库访问的结果生成相应的对象。

MyBatis 框架提供了两种 DAO 层设计的方式。

（1）使用 SqlSession 提供的 insert()、updatc()、dclctc()、sclcct()等方法访问数据库。

（2）使用 Mapper 方式访问数据库，即将 DAO 层接口搭建在 XML 映射文件或注解中来书写 SQL 语句。

尽管 MyBatis 3 提供了基于注解的配置，但定义在 XML 映射文件中的 Mapper 方式更为灵活，其中 Java 接口与方法只表示功能名，而 SQL 语句能够完成具体数据库的功能实现，在屏蔽了 JDBC 烦琐的建立连接、设置实体对象和关闭连接的模板型代码后，开发者只需要关注业务方法的定义和 SQL 语句的书写即可，做到 Java 代码与 SQL 语句的分离，从而解耦合。

在使用 MyBatis 框架的 Mapper 方式时一般会使用 Java 接口和 XML 映射来实现。因为相较于定义在 Java 方法之上的注解，XML 映射文件和 Java 文件可以做到更彻底的解耦合，这也是设计 MyBatis Mapper 技术的初衷。

11.4.1　解耦合

软件设计中注重模块的高内聚、低耦合，而 MyBatis Mapper 技术解决的正是 Java 与 SQL 耦合在一起的问题。下面通过对比使用 JDBC 和 MyBatis 框架完成相同的 Customer 实体的查询功能，体会 MyBatis 框架解耦合的优势。

JDBC 的示例代码如下。

```java
public List<Customer> search() {
    //省略建立连接等代码
    //定义存放数据的List
    List<Customer> list = new ArrayList<Customer>();//定义SQL语句
    String sql = "select * from Customer" ;//执行SQL语句
    ResultSet rs = stat.executeQuery(sql);
    //处理返回结果集的rs对象，将其转换成list对象
    while (rs.next()){
        Customer cus= new Customer();
        cus.setId(rs.getInt("id"));
        cus.setNumber(rs.getInt("number"));
        cus.setName(rs.getString("name"));
        cus.setGender(rs.getString("gender"));
        cus.setAge(rs.getInt("age"));
        list.add(cus);
    }
    return list;
}
```

通过以上代码可以看出两个问题：①SQL 语句和 Java 代码混合在一起；②需要首先通过 statement 对象执行 executeQuery()方法，其次将 SQL 语句发送到数据库执行，最后得到结果集 ResultSet。这就需要开发者使用循环语句，遍历结果来编写逻辑，先将数据组装到新建的 Customer 类型的对象中，然后将此对象添加到泛型 List<Customer>容器中，而这些代码除了 SQL 语句，其他的都是模板型代码，类似这样重复的代码应避免出现在项目中。

如果使用 MyBatis 框架做同样的开发工作，那么只需要创建一个 CustomerDao 接口，在接口中定义方法，通过返回类型和方法名来定义功能描述，即查询 Customer 表中的数据并返回 List<Customer>类型的对象，示例如下。

```java
public interface CustomerrDao{
List<Customer> search();}
```

在 XML 映射文件中定义 SQL 语句，并将其和类中定义的方法进行绑定。在 resources 目录下新建 mapper 目录，在该目录下新建 CustomerDao.xml 文件，在其中添加如下代码。

```xml
<select id="search" resultType="com.ssm.entity.Customer">
```

```
    Select * from Customer
    </select>
```

MyBatis 框架会根据命名空间、id 值与对应的类和方法进行绑定，当调用 DAO 层的方法时，会自动执行对应的 SQL 语句，将查询结果根据<select>标签中 resultType 属性定义的实体类型，进行对象的组装，并可以根据定义方法的返回值类型（List 或 Customer）灵活地进行数据组装。

MyBatis 框架提供了<select>、<insert>、<update>、<delete>四种标签，开发者使用它们对增删改查的操作进行描述，达到简化开发的目的。

通过以上对 MyBatis 框架和 JDBC 的代码分析对比，可以看出 MyBatis 框架更加简单方便，能够让程序的耦合度更低。但是正是因为 Java 代码和 SQL 语句分离了，SQL 语句就无法再像在 Java 环境下使用 String 类提供的方法一样进行灵活的拼接、截取等操作，从而引发参数传递、关联关系、动态语句等问题。下面就这些问题进一步分析。

11.4.2　参数传递

在 MyBatis 框架中，使用 OGNL 表达式进行参数值的传递。MyBatis 参数一般分为 4 种：单个基本类型参数、多个基本类型参数、单个 JavaBean 类型参数和多个混合类型参数。

1. 单个基本类型参数

若传递的是单个基本类型参数，则在映射文件中可以随意命名参数。因为只有一个参数，所以在 MyBatis 框架内部处理时不会关心参数名称。

例如，在 CustomerDao 中有一个根据 id 查找客户记录的方法，代码如下。

```
searchById(int id)
```

在对应的 XML 映射文件中可以使用#{id}的形式接收 Java 方法传递的参数。其中#{} 中的 id 可以改为任意字符串，但为了命名有意义，一般会直接使用 Java 方法的参数名来命名，代码如下。

```
<select id="searchById" resultType="com.ssm.entity.Customer">
select * from Customer where id=#{id}
</select>
```

2. 多个基本类型参数

若传递的是多个基本类型参数，则在 XML 映射文件中要使用#{0}、#{1}、#{2}等数字索引形式（注意索引从 0 开始），或#{param1}、#{param2}、#{param3}等的 param 索引形式（注意索引从 1 开始）。

例如，在 CustomerDao 中有一个根据性别和年龄查找客户记录的方法，代码如下。

```
List<Customer> searchByCondition(String gender,int age);
```

在对应的 XML 映射文件中可以使用数字索引形式，代码如下。

```
<select id="searchByCondition" resultType="com.ssm.entity.Customer">
select * from Customer where gender=#{0} and age=#{1}
</select>
```

也可以使用 param 索引形式，代码如下。

```
<select id="searchByCondition" resultType="com.ssm.entity.Customer">
select * from Customer where gender=#{param1} and age=#{param2}
</select>
```

当参数过多时，这样的命名显然不容易使用。MyBatis 框架便提供了给参数加注解的方式，即在 Java 方法中使用@Param 注解给在 XML 映射文件中使用的参数命名，这时方法中的参数名可作调整。代码如下。

```
List<Customer> searchByCondition(@Param("gender")String str,
@Param("age")int age);
```

这样，在 XML 映射文件中，便可以使用@Param 注解中的 value 属性值进行操作，代码如下。

```
<select id="searchByCondition" resultType="com.ssm.entity.Customer">
select * from Customer where gender=#{gender} and age=#{age}
</select>
```

3. 单个 JavaBean 类型参数

以 JavaBean 充当参数的一般是实体类，这类参数也被称为实体类型参数。在接口中有如下方法。

```
int add(Customer cus);
```

在 XML 映射文件中接收参数时，可以直接将其在 Customer 类中的属性名作为参数名，代码如下。

```
<insert id="add">
insert into customer(number, name, gender, age,type_id) values
(#{number},#{name},#{gender},#{age},#{type.id})
</insert>
```

若 Customer 类中包含 Type 类型的对象 type，则可以使用 type 中的 id，也可以直接用面向对象的“.”操作符进行操作。

若已经给 JavaBean 类型参数加了注解，则只能通过“注解 value 值.属性名”的形式访问参数。比如，在 add(@Param("cus")Customer cus)映射文件中，就需要通过 cus 来访问该参数。代码如下。

```
<insert id="add">
insert into Customer (number, name, gender, age, type_id) values
(#{cus.number},#{cus.name},#{cus.gender},#{cus.age},#{cus.type.id})
</insert>
```

4. 多个混合类型参数

多个混合类型参数可能是多个 JavaBean 类型参数，也可能是 JavaBean 类型参数和基本类型参数的混合，这时只能通过对 Java 方法加@Param 注解的方式，为 XML 映射文件中的参数命名。

比如，若项目中有多条件查询和分页处理功能，则方法参数为：携带查询条件数据的客户对象、页码开始的索引位置和每页显示的记录数，示例如下。

```
searchByCondition(@Param("cus") Customer cus, @Param("begin") int begin,
@Param("size")int size)
```

这时，在 XML 映射文件中访问参数，只能通过@Param 注解中的 value 值来操作，代码如下。

```
<select id="search" resultType="">
select * Customer where name=#{cus.name} and gender=#{cus.gender}
and age=#{cus.age} limit #{begin}, #{size}
</select>
```

5. $和#

以上都是使用#{}作为参数的占位符，类似于 JDBC 的 PrepareStatementr 的?占位符。若参数值是字符串类型，则会自动拼接前后的单引号。还会在赋值时进行转义操作，能有效防止 SQL 注入。

MyBatis 框架还提供$占位符，用来拼接 SQL 字符串。当进行模糊查询时，若使用如下#{}形式：

```
Select * from Customer where name like '%#{mes}'
```

则其转换后的 SQL 语句为“select * from Customer where name like ‘%’mes‘%’”，这会引发 SQL 语法错误，此时可以使用 concat()数据库函数进行字符串拼接，也可以使用${}占位符，如下。

```
select * from Customer where name like '%${mes}%'
```

因为$占位符只会简单拼接字符串，不会添加前后的单引号，所以不会产生 SQL 语法错误。

11.4.3 关联关系

MyBatis 框架的关联关系也被称为高级结果映射，本质上来说是多个表的联合查询过程。当实体与实体之间存在多对一、一对多、多对多三种关系时，MyBatis 框架提供了多种方法将查询结果组装到实体对象中。

1. 多对一

以 Customer 类和 Type 类为例，由于 Customer 类中有一个 Type 类型的属性，则它和 Type 类构成了多对一的关系。当在 CustomerDao 类中设计 search()方法时，要查询所有的 customer 对象和每个对象包含的 type 对象，这时可以使用别名或者定义 ResultMap()方法。

别名是对查询的列设置别名，查询的结果集如图 11-11 所示，MyBatis 框架会将“type.id”对应的值组装到 customer 对象的 type_id 属性上。

```
<select id="search" resultType="com.ssm.entity.Customer">
select c.*,t.id as 'type.id', t.number as 'type.number', t.name as
'type.name'
from Customer as c left join Type as t on c.type_id=t.id
</select>
```

id	number	name	gender	age	type_id	phone	filename	type.id	type.number	type.name
1	101	ahxing	男	10	2	1331255	upload/c7ec8b	2	11	普通客户
2	102	李静	女	26	(Null)	(Null)	(Null)	(Null)	(Null)	(Null)
4	103	李静3	女	35	2	(Null)	(Null)	2	11	普通客户
6	104	张三	男	22	2	(Null)	upload/t2.jpg	2	11	普通客户
7	105	李四	男	21	(Null)	(Null)	(Null)	(Null)	(Null)	(Null)
16	11	王五	男	11	3	(Null)	(Null)	3	12	VIP客户
17	12	小张	男	12	3	(Null)	(Null)	3	12	VIP客户
18	13	小王	男	21	2	(Null)	upload/c47848	2	11	普通客户

图 11-11　Customer 表与 Type 表关联查询

以上方式虽然方便，但是可读性不强。MyBatis 框架提供了自定义结果集<resultMap>标签和多对一<association>标签搭配使用的方法，提供了更加完善的关联配置。示例代码如下。

```
<select id="search" resultMap=" CusAndType">
select c.* , t.name as typeName from Customer as c left join
```

```
        Type as t on c.type_id=t.id  order by c.id
    </select>
    <resultMap type="com.ssm.entity.Customer" id="CusAndType">
        <id property="id" column="id"/>
        <result property="number" column="number"/>
        <result property="name" column="name"/>
        <result property="gender" column="gender"/>
        <result property="age" column="age"/>
        <result property="phone" column="phone"/>
        <association property="type" javaType="com.ssm.entity.Type">
            <id property="id" column="type_id"/>
            <result property="number" column="typeNumber" />
            <result property="name" column="typeName"/>
        </association>
    </resultMap>
```

上述方式使用了数据库 SQL 语句中的 join 连接，另外 MyBatis 框架还提供了一种嵌套查询的方法，代码如下。

```
<select id="searchAll" resultMap=" CusAndType">
select * from Customer
</select>
<resultMap type="com.ssm.entity.Customer" id=" CusAndType">
<!--省略基本数据类型属性-->
<association property="type" column="type_id" javaType="com.entity.Type"
select="com.ssm.Dao.TypeDao.SearchById">
</association>
</resultMap>
```

在 TypeDao.xml 文件中应定义 id 为 searchById 的客户类别查询功能。

```
<select id="searchById"  resultType="com.entity.Type >
select  * from Type where id=#{id}
</select>
```

实际上这种方法是对 Customer 类的结果进行循环，在循环中根据 type_id 查询对应的 Type 数据并组装成 Type 类型的对象，再将 Type 类型的对象设置到 customer 对象的 type 属性中。

2. 一对多和多对多

若在实体类 Type 中新定义一个 List<Customer>类型的 customers 属性，则 Type 类和 Customer 类为一对多的关系。

```
public class Type {
//省略其他属性
    private List<Customer> customers;
    //省略Getter方法和Setter方法
}
```

对于一对多的情况，MyBatis 框架提供了<resultMap>标签搭配<collection>标签的解决方案。若现在要查询所有客户类别，并且要关联每个客户类别包含的所有客户，则在 TypeDao.xml 文件中需要定义如下<select>标签和<resultMap>标签。

```
<select id="searchTypeAndCus" resultMap="TypeAndCus">
select c.* , t.number as typeNumber,d.name as typeName from Type as t
left join Customer as c on t.id=c.type_id
```

```
</select>
<resultMap type="com.ssm.entity.Type" id="TypeAndCus">
    <id property="id"column="t_id"/>
    <result property="number" column="typeNumber"/>
    <result property="name" column= "typeName"/>
    <collection property="customers" ofType="com.ssm.entity.Customer">
        <id property="id" column="id"/>
        <result property="number" column="number"/>
        <result property="name" column="name" />
        <result property="gender" column="gender"/>
        <result property="age" column="age"/>
</collection>
</resultMap>
```

除了使用 JOIN 语句，也可以使用子查询的方式。多对多关系在面向对象的实体中，就是在各方都有对方泛型的集合，从任意一方来看对方都是一对多的关系，因此多对多关系的处理方法同样可以看作使用一对多关系的处理方法。

11.4.4 动态 SQL 标签

动态 SQL 标签是 MyBatis 框架的一大特色，通过使用动态 SQL 标签可以完成一些较复杂的操作并简化开发。动态 SQL 标签主要包括以下标签。

if：用来进行简单的条件判断。

choose：相当于 Java 语言中的 switch，与 JSTL 中的 choose 类似。

trim：对包含的内容加上 prefix 或 suffix，即前缀或后缀。

where：简化 SQL 语句中 where 条件的判断。

set：用于设置更新的字段。

foreach：一般在构建子查询的 SQL 语句时使用。

if 标签典型的应用场景就是做多条件查询，如客户的编号、姓名、性别、年龄都可以作为条件组合查询，对应的 Java 方法如下。

```
List<Customer> search(Customer condition);
```

对应的 CustomerDao.xml 文件如下。

```
<select id="search" resultType="CusAndType">
  select * from Customer  where 1=1
      <if test="number!=null">
         and e.number=#{number}
      </if>
      <if test="name!=null and name!=''">
         and e.name like '%${name}%'
      </if>
      <if test="gender!=null and gender!=''">
         and e.gender=#{gender}
      </if>
      <if test="age!=null">
         and e.age=#{agc}
      </if>
 </select>
```

11.4.5 DAO 层设计

完成映射文件设计之后，进行 CustomerDao 和 TypeDao 两个接口模块的开发。下面仅列举客户管理模块的核心代码，读者可以自行完成类别管理模块的开发。

CustomerDao.java 文件的代码如下。

```java
public interface CustomerDao {
    List<Customer> search(Customer condition);
    Customer searchById(int id);
    int add(Customer cus);
    int update(Customer cus);
    int delete(int id);
    int updateByType(int typeId);
}
```

CustomerDao.xml 文件的核心代码如下。

```xml
<mapper namespace="com.ssm.dao.CustomerDao">
    <select id="search" resultMap="CusAndType">
        select c.*,d.name as typeName from
        Customer as c left join Type as t on c.type_id=t.id
        order by c.id
    </select>
    <select id="searchById" resultMap="CusAndType">
        select c.*,d.name as typeName,d.number as typeNumber from
        Customer as c left join Type as t on c.type_id=t.id where
        c.id=#{id}
    </select>
    <resultMap type="com.ssm.entity.Customer" id="CusAndType">
        <id property="id" column="id" />
        <result property="number" column="number" />
        <result property="name" column="name" />
        <result property="gender" column="gender" />
        <result property="age" column="age" />
        <association property="type" javaType="com.ssm.entity.Type">
            <id property="id" column="type_id" />
            <result property="number" column="typeNumber" />
            <result property="name" column="typeName" />
        </association>
    </resultMap>
    <insert id="add">
        insert into customer(number,name,gender,age,type_id)values
(#{number},#{number},#{name},#{gender},#{age},#{type.id})
    </insert>
    <update id="update">
        updatecustomer set number=#{number},name=#{name},gender= #{gender},
                        age=#{age},type_id=#{type.id} where id=#{id}
    </update>
    <delete id="delete">
        delete from customer where id=#{id}
    </delete>
    <update id="updateByType">
        update customer set type_id=null where type_id=#{typeId}
```

```
        </update>
</mapper>
```

11.5 Spring 整合

狭义的 Spring 框架是指 Spring Framework Core，即 Spring 框架核心，是 Spring 框架最原始、最基础的框架，提供了 DI、AOP，以及对 DAO 层和 Service 层的支持等服务，实现了应用层面的解耦合。广义上的 Spring 框架泛指以 Spring Framework 为核心的 Spring 技术栈。

11.5.1　DI

IoC（Inversion of Control，控制反转）和 DI（Dependency Injection，依赖注入）其实解决的是同一个问题，即使用 Spring 框架来管理接口对应的实现类，并为声明的接口类型变量生成和装配对象，避免使用 new 语句创建对象和使用大量的 set 语句为对象属性赋值。

IoC 强调的是如果 A 类要使用 B 类，那么 A 类就要有生成 B 类对象的控制权，但是因为现在这个控制权交给了 Spring IoC 容器进行管理，所以就认为是控制反转了，由于"反转"这个词体现不出容器的控制性，所以在编程大师 Martin Fowler 的建议下，将控制反转改为依赖注入。DI 强调的是如何找到接口对应的实现类，将实现类的对象装配给此接口类型的属性。

举个例子，A 类若要使用 B 类，则在配置文件中定义如下的 Bean。

```
<bean id="b" class="包名.B"></bean>
```

通过字面量"b"获得 B 类的对象。当需求改变时，用户增加 B1 类，并修改配置文件，如下。

```
<bean id="b" class="包名.B1"></bean>
```

依赖方 A 类的对象只与字面量"b"发生联系，而与类或接口无关；且在需要的时候，与"b"绑定的对象被自动注入。

在 Spring 框架中使用 XML 配置方式或使用注解方式实现 DI。其实现原理是当加载 Spring 框架时，解析 XML 映射文件或扫描包（找到以@Component、@Controller、@Service 和@Repository 注解的类），通过"反射机制"生成对象，将类型或名称作为 key 放到 Map 容器中。在使用时，要根据类型（Type）或名称（Name）到容器中搜索，将找到的对象实例通过构造方法和 Setter 方法赋值，或者直接给@Autowired 注解标注的属性赋值。

11.5.2　AOP

AOP 是面向切面编程，能够让我们在不影响原有功能的前提下，为软件横向扩展功能，如日志、事务等。Spring 框架当前的 AOP 是由动态代理机制实现的，具体是使用 JDK 自带的动态代理类或 CGLib 库提供的动态代理工具实现的。如果认为动态代理技术可能会影响运行速度，那么可以在编译阶段使用 AspectJ 实现代码织入。

下面通过在项目中实现简单的日志输出功能来体现 AOP 的优越性，若不使用 AOP 技术，则每个方法都需要在其开始和结束时加入处理日志信息的功能代码，代码如下。

```
@override
public List<Type> search() {
    System.out.println("方法开始了");
    List<Type> list = cusDao.search ();
    System.out.println("方法结束了");
    return list;
}
@Override
public Type searchById(Integer id){
    System.out.println("方法开始了");
    Type type = typeDao.searchById(id);
    System.out.println("方法结束了");
    return type;
}
```

使用 Spring AOP 实现日志程序，先要确保在 applicationContext.xml 文件中添加一行配置：<aop:aspecti-autoproxy></aop:aspectj-autoproxy>，即启用@AspectJ 注解。

```
@Component
@Aspect
public class LogPrint {
    @Before("execution(* com.ssm.service.impl.*.*(..))")
    public void methodBegin(JoinPoint joinPoint){
        System.out.println("方法开始了");
    }
    @After("execution(* com.ssm.service.impl.*.*(..))")
    public void methodEnd(){
        System.out.println("方法结束了");
    }
}
```

若要打印目标方法和类的名称，则可以使用 Spring 框架提供的 JoinPoint 参数，其提供了获取目标方法名、类名和参数名的方法。

```
@Before("execution(* com.ssm.service.impl.*.*(..))")
public void methodBegin1(JoinPoint joinPoint){
    System.out.println(joinPoint.getTarget()+"  " +
    joinPoint.getSignature().getName()+"方法开始了");
}
```

11.5.3　对 DAO 层和 Service 层支持

Spring 框架对 DAO 层的支持主要体现在集成持久层框架上。使用 Spring 框架可以配置数据源，参见之前的 applicationContext.xml 文件。首先通过<bean id="dataSource">配置一个使用 DBCP 数据库连接池的数据源；其次使用<bean id="sqlSessionFactory">标签配置 MyBatis 框架的 SqISessionFactory，并指定数据源和 Mapper 映射文件的存放路径；最后指定 MyBatis 框架的 Mapper 类所在的位置，即 DAO 层的完整路径。以上步骤可将 MyBatis 框架和 Spring 框架集成，由 Spring 框架管理生成的 sqlSession 对象并负责提交工作。

Spring 框架对 Service 层的支持主要体现在事务管理上，在 applicationContext.xml 代码中，使用<bean id="transactionManager">标签来定义一个事务管理器，并通过<tx:method>标签设计具体的事务，标签中的 name 属性指定生效的方法，propagation 属性确定事务传播策略。

propagation 有以下取值。

（1）REQUIRED：若有事务则加入，若无则新建一个并加入。

（2）NOT_SUPPORTED：不为当前方法开启事务。

（3）REQUIRES_NEW：无论是否存在事务，都会创建一个新的事务，并将原来的事务挂起，当新事务执行完毕后继续执行原事务。

（4）MANDATORY：必须在一个已有的事务中执行，否则抛出异常。

（5）NEVER：必须在没有事务中执行，否则抛出异常。

（6）SUPPORTS：若调用者本身在事务中，则加入该事务；否则当前方法不需要事务。

使用<aop:advisor>标签指定切点，代码如下。

```
execution (*com.ssm.service.impl.*.*(..))
```

这里使用 execution 表达式表示项目 service.impl 下的所有类。execution 表达式中的第一个*表示匹配所有返回值类型，impl 后的第一个*表示匹配该包所有的类，第二个*表示匹配该类中的所有方法，(..)表示匹配所有参数类型。

11.5.4　Service 层设计

在 Service 层中，调用一个或多个 DAO 层中的功能点组合成为业务逻辑，需要调度多个DAO层的方法进行事务控制，因此需要在applicationContext.xml文件中对方法配置事务。这在 Java 代码层面是要求一个模块建立一个接口和一个实现类，将接口与实现类相分离。

CustomerService 接口的代码如下。

```
public interface CustomerService {
    List<Customer> search(Customer condition);
    Customer searchById(Integer id);
    boolean add(Customer cus);
    boolean update(Customer cus);
    boolean delete(Integer id);
}
```

CustomerServiceImpl 实现类的代码如下。

```
@Service
public class CustomerServiceImpl implements CustomerService {
    @Autowired
    CustomerDao cusDao;
    @Override
    public List<Customer> search(Customer condition) {
        List<Customer> list = cusDao.search(condition);
        return list;
    }
//其他方法略
}
```

11.6　Spring MVC 使用

Spring MVC 是基于 Servlet 封装的用于实现 MVC 控制的框架，实现前端和服务器端的交互。Spring MVC 的优势是简单、侵入性小，而且由于是 Spring 自己的产品，可以方便地利用 Spring 提供的其他功能。Spring MVC 也是 Spring Boot 推荐使用的 Web 开发框架。

Spring MVC 通过提供 DispatcherServlet 的 Servlet 作为网站入口，所有请求都会经过 DispatcherServlet 进行分发和指派，将具体的 URL 请求映射到 Controller 层的方法并进行调用。其配置请参见 11.3.2 节中 web.xml 文件的配置。

11.6.1　URL 映射

利用 Servlet 可以将一个 URL 映射到一个类，但无法将 URL 映射到类中的一个具体方法。要想在一个 Servlet 类中实现多个方法的操作，可以在 URL 中引入方法操作的参数 action，根据参数值进行相应方法的调用。例如，如果要在 CustomerController 类中实现增删改查，那么可以在使用@WebServlet("/cus")注解将 URL 映射到 CustomerController 类后，在 doGet()方法或 doPost()方法中，先用 request.getParameter("action")读取前端传来的 action 参数，其值可以是 "add" "delete" "update" "search" 等，然后根据 action 的取值通过 if-else if 多重分支选择语句调用相应的方法，代码如下。

```
@WebServlet("/cus")
public class CustomerController extends HttpServlet {
public void doGet (HttpServletRequest request,HttpServletResponse response) {
    String action= request.getParameter("action");
    if((action == null) ||action.equals("add")){
        add(request, response);
    } else if (action.equals("delete")){
        delete(request, response);
    }else if(action.equals("update")){
        update(request, response);
    } else if(action.equals("search")){
        search(request, response);
    }
//其他方法略
}
}
```

在程序中书写大量的 else if 会让代码变得臃肿，而且每增加一个对外操作的方法就要追加一个 else if，使得代码不易修改和维护。这时可以使用反射机制来消除 if-else if 语句，即使前端传递来的 action 值和方法名保持一致也可使用。

```
public void doGet (HttpServletRequest request,HttpServletResponse
response){
//省略异常处理
String action = request.getParameter("action");
Class clazz =this.getClass();
Method method = clazz.getDeclaredMethod(action, HttpServletRequest.
                                  class,HttpServletResponse.
                                  class);
method.invoke(this, request, response);
}
```

使用 Spring MVC 提供的@RequestMapping 注解就可以将一个 URL 映射到一个类或一个方法，其在内部使用反射机制来实现。以下代码可以让前端发来的 "cus/search" 路径请求调用 CustomerController 类中的 search()方法。

```
@Controller
@RequestMapping("cus")// 一级映射
public class CustomerController {
@RequestMapping("search") // 二级映射
public ModelAndvView search(){
    ModelAndView mv = new ModelAndView("cus/show");
    //其他代码略
}
}
```

@RequestMapping 注解还有一个 method 属性，可以指定 HTTP 请求方式，取值是枚举类型 RequestMethod。该枚举类型包含 HTTP 协议请求方式的所有取值：GET、HEAD、POST、PUT、PATCH、DELETE、OPTIONS、TRACE。

例如，以下代码定义的 update()方法只允许 POST 请求和 PUT 请求访问，若使用其他方式请求访问，则会返回 405 响应状态码，并报提示：Request method 'GET' not supported。

```
@RequestMapping(value="update",method = (RequestMethod.POST,
                                        RequestMethod.PUT))
public String update(Customer cus) {}
```

11.6.2　接收参数

Servlet 接收前端通过 HTTP 协议发来的参数时，需要使用 request 对象的 getParamter()方法，该方法返回的是 String 类型值。

```
private void add (HttpServletRequest request,HttpServletResponse response){
    //获取前端发送的参数，根据需要进行类型转换
    int number =Integer.parseInt(request.getParameter("age"));
    String name = request.getParameter("name");
    String gender = request.getParameter("gender");
    int age = Integer.parseInt (request.getParameter("age"));
    //用new语句创建客户对象，通过setter()方法赋值到客户对象的属性中
    Customer cus =new Customer();
    cus.setNumber(number);
    cus.setName (name);
    cus.setGender(gender);
    cus.setAge (age);
    //调用Service层方法，并将客户对象传递给对应的方法
    CustomerService cusService = new CustomerService ();
    boolean flag = cusService.add(cus);
    //其他代码略
}
```

request.getParameter()方法的返回值是 String 类型。对于内容为整数的字符串，需要使用 Integer.parseInt()方法将字符串转换为 Integer 类型，得到整数值。

若使用 Spring MVC，则可以直接使用方法接收前端传来的参数值，只要保证方法的参数名和前端传来的参数名一致即可。

```
@RequestMapping("add")
public String add(int number,String name, String gender, int age){
    Customer cus = new Customer();
    cus.setNumber(number);
    cus.setName(name) ;
```

```
        cus.setGender(gender);
        cus.setAge(age);
        boolean flag = cusService.add(cus) ;
        //其他代码略
}
```

若这两个参数名不一致，则可以通过设置参数别名的方式解决，比如传来的是
customerName，方法的参数名是 name，就可以进行加注解命名，代码如下。

```
@RequestParam("customerName") String name
```

在实际使用 Spring MVC 接收多个参数的过程中，我们习惯使用 JavaBean 参数接收数
据。比如在 add()方法中可以改成使用 JavaBean 接收参数，只要确保前端传来的参数名和
JavaBean 中的属性名一致，Spring MVC 便可以根据方法参数类型，组装对应类型的对象，
并根据前端传来的数据对该对象进行属性的赋值。

当这一系列的 Spring MVC 内部操作完成后，该对象就已经完成装配，可以直接传递给
Service 层的方法调用，这样就消除了创建对象和设置对象各个属性值的模板型代码，代码
如下。

```
@RequestMapping("add")
public String add(Customer cus){
    boolean flag =cusservice.add (cus);
    //其他代码略
}
```

11.6.3　转发、重定向、响应 JSON

1. 转发

转发是指 Controller 处理完请求后跳转到 JSP 页面,因为这个过程是在服务器内部进行
的，所以浏览器的地址不变。使用 Servlet 转发要通过 request.getRequestDispatcher
("WEB-INF/ main.jsp").forward(request, response)方式进行，若想实现转发到 JSP 页面时携带
数据到 JSP 页面使用，则在转发前要使用 request.setAttribute("key",value)。

若要使用 Spring MVC 进行视图转发，则要先配置视图解析器。Spring MVC 支持多种
视图解析器，可以参见 11.3.2 节的 springmvc.xml 文件，其中<bean id="viewResolver">标签
配置了 JSTL View 视图解析器，该解析器可以解析 JSP 和 JSTL。

若要找到视图，则可以使用默认方法名、返回字符串视图名和 ModelAndView 的方法。
使用以下方法可找到视图名为"showAdd"的页面。

```
@RequestMapping("showAdd ")
public void showAdd() {
}
```

一般而言，方法名和视图名未必一致，这时可以通过 Java 代码的 return 关键字返回视
图名字符串的方式找到名为 add 的视图。若要携带数据到 JSP，则可以在方法形式参数上
加上 Model 类型的参数，用它来携带参数。

```
@RequestMapping ("showAdd")
public String showAdd() {
return "add";
}
```

此外，可以使用 ModelAndView 方式，即先在 ModelAndView 的构造方法中传入要传

递的视图名，或者通过 setViewName 方法设置视图名，然后通过 addobject("属性名",属性值)方法设置要携带的数据到视图。

```
@RequestMapping ("showAdd")
public ModelAndview showAdd(){
    ModelAndview mv = new ModelAndView("add");
    List<Type> typeList = typeService.search();
    mv.addobject("typeList",typeList);
    return mv;
}
```

在 JSP 或 JSTL 的视图中获得数据的方法和传统方法完全一样，即 JSP 使用 request.getAttribute("typeList")方法，JSTL 则可以直接使用 EL 表达式${typeList}。

2. 重定向

重定向是向浏览器响应一个 302 状态码，在响应 header（头部文件信息）的 Location 属性上指定要重新定向的 URL，此时浏览器会自动发起一个新的请求访问新的 URL，浏览器地址发生变化。在 Servlet 中，使用 response.sendRedirect("search")语句可以重定向到某个新的路径下，而 Spring MVC 是在方法的返回值上使用"redirect:路径名"方式实现重定向的，代码如下。

```
return "redirect:search";
```

3. 响应 JSON

在频繁使用 AJAX 编程时，会有响应普通字符串或 JSON 字符串的需求。若想返回普通字符串，则在 Servlet 中要使用 PrintWriter 类型的对象，代码如下。

```
PrintWriter out = response.getwriter();
out.print("Hello!");
```

若想要 Spring MVC 响应一个字符串，则只需要在该方法上使用@ResponseBody 注解，这样就标注了这个方法返回的字符串不再是要转发的 JSP 文件的名称，而是要响应给浏览器的字符串内容。

```
@ResponseBody
public String hello(){
return "Hello! ";
}
```

若想使用 Servlet 返回 JSON 数据，又不想自己写代码拼接 JSON 字符串，则可以通过 GSON、fastjson 等开源工具进行转换，而 Spring MVC 集成了 Jackson，可以方便地返回 JSON 数据。当方法的返回类型是 JavaBean 或集合时，@ResponseBody 注解会调用 Jackson，将对象转换为 JSON 数据。

```
@ResponseBody
public List<Customer> query(){
    List<Customer> list=cusService.search();
    return list;
}
```

随着前后端分离的架构技术的使用，通过后端转发和重定向的操作会越来越少，因为绝大多数的前后端交互是通过 AJAX 异步请求完成的。由于 AJAX 是局部刷新的，所以它不适用于接收后端返回一个页面的场景，而适用于返回 JSON 数据的场景。为了简便，Spring MVC 提供了@RestController 注解，在类上使用该注解，其内部的方法便不必再加

@ResponseBody 注解，就可以直接返回字符串或 JSON 数据。@RestController 注解与 RESTful 设计风格有关，读者可自行查阅。

11.6.4　Controller 的设计

这里以 CustomerController 类为例，设计增、删、改、查的方法，图片文件上传方法，以及显示新增页面、修改页面的方法，并将访问的 URL 请求映射到各个方法，示例代码如下。

```
@Controller
@RequestMapping("cus")
public class CustomerController {
@Autowired
CustomerService cusService;
@Autowired
TypeService typeService;
//查询操作
@RequestMapping("search")
    public ModelAndView search(Customer condition) {
        ModelAndView mv = new ModelAndView("cus/show");
        List<Customer> list = cusService.search(condition);
        List<Type> typeList=typeService.search();
        mv.addObject("list", list);
        mv.addObject("typeList",typeList);
        mv.addObject("c", condition);
        return mv;
    }
//新增页面操作
@RequestMapping("showAdd")
public ModelAndView showAdd() {
    ModelAndView mv = new ModelAndView("cus/add");
    List<Type> typeList = typeService.search();
    mv.addObject("typeList", typeList);
    return mv;
    }
//增加操作
@RequestMapping("add")
public String add(Customer cus,@RequestParam("photo") MultipartFile photo,
                HttpServletRequest request) {
    if(!photo.isEmpty()) {
        try {
            //使用UUID给图片重命名，并去掉四个 "-"
            String name = UUID.randomUUID().toString().replaceAll("-", "");
            //获取文件扩展名
            String ext = FilenameUtils.getExtension(photo.
                                                getOriginalFilename());
            //设置图片上传路径
            String dir = request.getSession().getServletContext().
                    getRealPath("/upload/");
            File filepath = new File(dir);
            if (!filepath.exists()) filepath.mkdirs();
            //以绝对路径保存重命名后的图片
```

```
            photo.transferTo(new File(dir + "/" + name + "." + ext));
            //将图片储存路径保存到数据库
            cus.setFilename("upload/" + name + "." + ext);
            } catch (Exception ex) {
            ex.printStackTrace();
            }
        }
        boolean flag = cusService.add(cus);
        return "redirect:search";
    }
    //修改页面操作
    @RequestMapping("showUpdate")
    public ModelAndView showUpdate(Integer id) {
        Customer cus = cusService.searchById(id);
        List<Type> typeList = typeService.search();
        ModelAndView mv = new ModelAndView("cus/update");
        mv.addObject("cus", cus);
        mv.addObject("typeList", typeList);
        return mv;
    }
    //修改操作
    @RequestMapping(value="update")
    public String update(Customer cus, @RequestParam("photo") MultipartFile
                        photo, HttpServletRequest request) {
        if(!photo.isEmpty()) {
            try {
            //使用UUID给图片重命名，并去掉四个 "-"
            String name = UUID.randomUUID().toString().replaceAll("-", "");
            //获取文件扩展名
            String ext = FilenameUtils.getExtension(photo.
                                                getOriginalFilename());
            //设置图片上传路径
            String dir = request.getSession().getServletContext().
                        getRealPath("/upload/");
            //以绝对路径保存重命名后的图片
            photo.transferTo(new File(dir + "/" + name + "." + ext));
            //将图片储存路径保存到数据库
            cus.setFilename("upload/" + name + "." + ext);
        } catch (Exception ex) {
            ex.printStackTrace();
        }
        }
        boolean flag = cusService.update(cus);
        return "redirect:search";
    }
    //删除操作
    @RequestMapping("delete")
    public String delete(Integer id) {
        boolean flag = cusService.delete(id);
        return "redirect:search";
    }
}
```

11.6.5　拦截器的使用

在 com.ssm.interceptor 包中，创建拦截器类 UserInterceptor，代码如下。

```java
package com.ssm.interceptor;
import com.ssm.entity.User;
import org.springframework.lang.Nullable;
import org.springframework.web.servlet.HandlerInterceptor;
import org.springframework.web.servlet.ModelAndView;
import javax.servlet.http.HttpServletRequest;
import javax.servlet.http.HttpServletResponse;
import javax.servlet.http.HttpSession;

public class UserInterceptor implements HandlerInterceptor {
    @Override
    public boolean preHandle(HttpServletRequest request,
                             HttpServletResponse response,
                             Object handler) throws Exception {
        String url=request.getRequestURI();
        if(url.indexOf("/login")>=0){//除了login.jsp可以公开访问,其他URL都拦截
            return  true;
        }
        HttpSession session=request.getSession();
        User user= (User) session.getAttribute("User");
        if(user!=null){return  true;}
        else{
            request.setAttribute("error","你还没有登录，请先登录! ");
            request.getRequestDispatcher("/WEB-INF/login.jsp").forward
                                        (request,response);
            return  false;
        }
    }
    @Override
    public void postHandle(HttpServletRequest request, HttpServletResponse
response, Object handler, @Nullable ModelAndView modelAndView) throws Exception {
    }
    @Override
    public void afterCompletion(HttpServletRequest request,
                                HttpServletResponse response,
                                Object handler, @Nullable Exception ex)
                                throws Exception {
    }
}
```

此后，还需要在配置文件 springmvc.xml 中加入自定义的登录拦截信息，代码如下。

```xml
<mvc:interceptors>
        <mvc:interceptor>
            <mvc:mapping path="/**"/>
            <mvc:exclude-mapping path="/loign"/>
            <bean class="com.ssm.interceptor.UserInterceptor"></bean>
        </mvc:interceptor>
</mvc:interceptors>
```

相关的用户登录 Controller 类设计如下。

```
@Controller
public class UserController {
    @Autowired
    private UserService userService;

    @RequestMapping(value = "/login",method = RequestMethod.GET)
    public  String login(){
        return "login";
    }
    @RequestMapping(value = "/login",method = RequestMethod.POST)
                                                        //只允许POST请求
    public  String login(String username, @RequestParam("userpass") String
                        password, Model model, HttpSession session){
        User user= userService.findUser(username,password);
        System.out.println(username+","+password);
        System.out.println(user);
        if(user!=null){
            session.setAttribute("User",user);
            return "redirect:cus/search";
        }
        model.addAttribute("error","登录失败! ");
        return "login";//相对位置
    }
    @RequestMapping(value = "/logout")
        public  String logout(HttpSession session){
            session.invalidate();
            return "redirect:login";
    }
}
```

11.7 JSP 界面设计

结合本书前面讲述的 JSP 技术，使用 JSTL 和 EL 开发视图。本节会使用少量的 HTML、CSS、JSTL 技术，以及 EL 表达式设计开发能够展示数据的简单页面。

首先在 WEB-INF 文件夹下创建 cus 文件夹，用来放置关于客户管理模块的 JSP 文件。其次新建 show.jsp 作为展示客户页面，add.jsp 作为添加客户页面，update.jsp 作为修改客户页面。

JSTL 提供了很多标签库，如核心标签库、数字时间格式化标签库、EL 函数标签库等。在使用 JSTL 时，使用 JSP 的 tablib 指令引入 JSTL 的标签库，一般只需要引入包含选择分支、循环的核心标签库，就可以满足绝大多数的开发需求。

系统默认首页主要实现了一个转发功能，在访问时跳转到登录页面。在 webapp 目录中新建 index.jsp 文件，代码如下。

```
<html>
<body>
<jsp:forward page="WEB-INF/login.jsp"></jsp:forward>
</body>
</html>
```

在WEB-INF下新建登录页面login.jsp，主要包含一个登录表单：

```
<%@ page contentType="text/html;charset=UTF-8" language="java" %>
<html>
<head>
    <title>login</title>
    <style>
        #container {
            width: 600px;
            margin: 10px auto;
            background: lightcyan;
        }
    </style>
</head>
<body>
<div id="container">
<form action="login" method="post">
    <label>用户名: </label><input type="text" name="username"/><br/>
    <label>密　码: </label><input type="password" name="userpass"/><br/>
    <input type="submit" value="登录"/><br>
    ${error}
</form>
</div>
</body>
</html>
```

在 WEB-INF/cus/下新建 show.jsp 页面、add.jsp 页面和 update.jsp 页面，实现客户列表的显示、新增和修改功能。

show.jsp 页面的代码如下。

```
<%@ page language="java" contentType="text/html; charset=utf-8"
pageEncoding=
    "utf-8" %>
<%@ taglib uri="http://java.sun.com/jsp/jstl/core" prefix="c" %>
<html>
<head>
    <title>客户信息</title>
    <style>
        #container {
            width: 700px;
            margin: 10px auto;
        }
        #container #search{
            overflow: hidden;
        }
        #container #search .align{
            float:left;
            margin-right:8px;
        }
        #container #search input{
            width:160px;
        }
        #container #data {
```

```
            clear: both;
            width: 700px;
            margin:10px 0;
        }
    </style>
</head>
<body>
<div id="container">
    <form id="search" action="search" method="post">
        <div class="align">
            <input type="text" name="number"
                    placeholder="编号" value=${c.number}>
        </div>
        <div class="align">
            <input type="text" name="name"
                    placeholder="姓名" value=${c.name}>
        </div>
        <div class="align">
            <select name="gender">
                <option value="">性别</option>
                <option value="男" <c:if test="${c.gender =='男'}"> selected
                </c:if>>男</option>
                <option value="女" <c:if test="${c.gender =='女'}"> selected
                </c:if>>女</option>
            </select>
        </div>
        <div class="align">
            <input type="text" name="age" placeholder="年龄"
                    value=${c.age!=null?c.age:''}>
        </div>
        <div class="align">
            <select name="type.id">
                <option value="">类别</option>
                <c:forEach items="${typeList}" var="type">
                    <option value="${type.id }"
                            <c:if test="${type.id ==c.type.id}"> selected</c:if> >
                            ${type.name }</option>
                </c:forEach>
            </select>
        </div>
        <div class="align">
            <button type="submit">搜索</button>
        </div>
    </form>
    <table id="data" border-"1" >
        <tr>
            <th>编号</th>
            <th>名字</th>
            <th>性别</th>
```

```
            <th>年龄</th>
            <th>分类</th>
            <th>联系电话</th>
            <th>操作</th>
        </tr>
        <c:forEach items="${list}" var="data">
            <tr>
                <td><a ref="${pageContext.request.contextPath}/cus/
                        showUpdate?id=${data.id}"> ${data.number }</a></td>
                <td>${data.name }</td>
                <td>${data.gender }</td>
                <td>${data.age }</td>
                <td>${data.type.name }</td>
                <td>${data.phone }</td>
                <td><a href="${pageContext.request.contextPath}/cus/
                        showUpdate?id=${data.id}">编辑</a>|
                    <a href="${pageContext.request.contextPath}/cus/
delete?id=${data.id}" onclick="return confirm('提示:确定删除此记录? ')" >删除</a>
                </td>
            </tr>
        </c:forEach>
    </table>
    <button type="button" id="add" onclick="javascript:window.location.href=
    '${pageContext.request.contextPath}/cus/showAdd'">新增</button>
    <a href="${pageContext.request.contextPath}/type/search">类别管理</a>
    <button type="button" id="update">修改</button>
    <button type="button" id="delete">删除</button-->
</div>
</body>
</html>
```

add.jsp 页面的代码如下。

```
<%@ page language="java" contentType="text/html; charset=utf-8"
pageEncoding="utf-8" %>
<%@ taglib uri="http://java.sun.com/jsp/jstl/core" prefix="c" %>
<html>
<head>
    <title>新增客户</title>
    <style>
        #container {
            width: 700px;
            margin: 10px auto;
        }
        #container form .align {
            margin: 8px 0;
        }
    </style>
</head>
<body>
<div id="container">
```

```
    <form action="add" enctype="multipart/form-data" method="post">
        <div class="align">
            <label>编号</label>
            <input type="text" placeholder="请输入编号"
                    name="number">
        </div>
        <div class="align">
            <label>名字</label>
            <input type="text" placeholder="请输入名字" name="name">
        </div>
        <div class="align">
            <label>性别</label>
            <input type="radio" value="男" name="gender"/>男
            <input type="radio" value="女" name="gender"/>女
        </div>
        <div class="align">
            <label>年龄</label>
            <input type="text" placeholder="请输入年龄" name="age">
        </div>
        <div class="align">
            <label>类别</label>
            <select name="type.id">
                <c:forEach var="type" items="${typeList }">
                    <option value="${type.id }">${type.name }</option>
                </c:forEach>
            </select>
        </div>
        <div class="align">
            <label>联系电话</label>
            <input type="text" placeholder="请输入联系电话" name="phone">
        </div>
        <div class="align">
            <label>照片</label>
            <input type="file" id="photo"
                    name="photo" onchange= "readfile()">
            <div id="imgDiv"></div>
        </div>
        <div class="align">
            <button type="submit">保存</button>
        </div>
    </form>
</div>
</body>
<script>
    function readfile(){
        var file = document.getElementById("photo");
        var imgDiv = document.getElementById("imgDiv");
        if (file.files.length>0) {
            let reader = new FileReader();
```

```
            var file1 = file.files[0];
            reader.readAsDataURL (file1);
            reader.onload = function (result) {
                imgDiv.innerHTML = '<img src="' + reader.result + '"
width="150px" height="210px" alt=""/>'
            }
        }
    }
</script>
</html>
```

update.jsp 页面在结构上和 add.jsp 页面完全一致，不同的是它需要在 form 中设计一个隐藏域，隐藏当前要修改客户的 id 值，根据 id 值来修改客户记录，代码如下。

```
<input type="hidden" name="id" value="${cus.id}"/>
```

对于编号、姓名、年龄等文本框，可以直接使用 EL 表达式对 value 属性绑定值，代码如下。

```
<input type="text" name="number" value="${cus.number}"/>
```

对于性别这种单选按钮，需要先使用 JSTL 的 if 标签判断对象的值，然后根据值来决定选中哪个选项，代码如下。

```
<input type="radio" value="男" name="gender"<c:if test="$ {cus.gender=='
男')">
checked</c:if>/>男
<input type="radio" value="女" name="gender"<c:if test="$ (cus.gender= '
女')">
checked</c:if>/>女
```

对于客户类别这种下拉框选项，需要在 forEach 循环中使用 if 判断。

```
<select name="type.id">
<c:forEach var= "type" items="$ {typeList}">
<option value="${type.id}" <c:if test="${cus.type.id=type.id}">
selected</c:if>
    >${type.name}</option>
</c:forEach>
</select>
```

11.8　部署项目

项目开发完成后，需要部署到 Servlet 容器中才能运行。常用的 Web 容器有 Tomcat、Jetty、WebLogic 等，其中 Tomcat 容器是初学者最常使用的，应用也较为广泛。

11.8.1　配置 Tomcat 容器

单击右上角的 Tomcat 容器配置，如图 11-12 所示。

图 11-12　打开 Tomcat 容器配置

打开配置窗口，按图 11-13 所示配置。

![图 11-13 Tomcat 容器的配置窗口]

图 11-13　Tomcat 容器的配置窗口

单击 Deployment 选项卡，选择要添加项目的 ArtifactId，可以选择 exploded 形式的 war 包，方便开发调试。

之后，配置 Web 站点的图片上传目录。在 Deployment 选项卡配置图片上传目录，单击 "+"，选择外部资源。弹出文件选择框，找到上传图片的文件路径，选择后界面显示如图 11-14 所示。

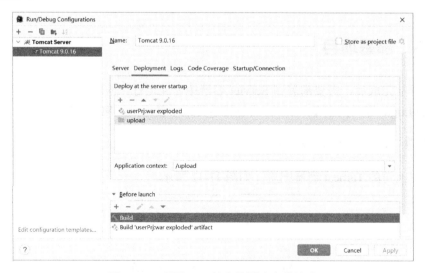

图 11-14　配置 Web 站点的图片上传目录

11.8.2 运行访问

配置完成后，单击“运行”按钮，即可启动 Tomcat 容器。当项目正常启动时，会在默认的浏览器中自动打开登录页面，如图 11-15 所示。

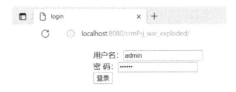

图 11-15 登录页面

用户登录后，打开客户展示页面 show.jsp，如图 11-16 所示，可以实现客户信息的增删改查操作。

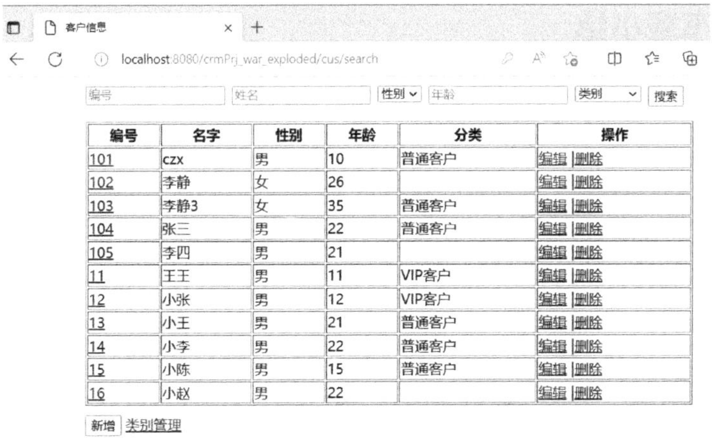

编号	名字	性别	年龄	分类	操作
101	czx	男	10	普通客户	编辑 |删除
102	李静	女	26		编辑 |删除
103	李静3	女	35	普通客户	编辑 |删除
104	张三	男	22	普通客户	编辑 |删除
105	李四	男	21		编辑 |删除
11	王王	男	11	VIP客户	编辑 |删除
12	小张	男	12	VIP客户	编辑 |删除
13	小王	男	21	普通客户	编辑 |删除
14	小李	男	22	普通客户	编辑 |删除
15	小陈	男	15	普通客户	编辑 |删除
16	小赵	男	22		编辑 |删除

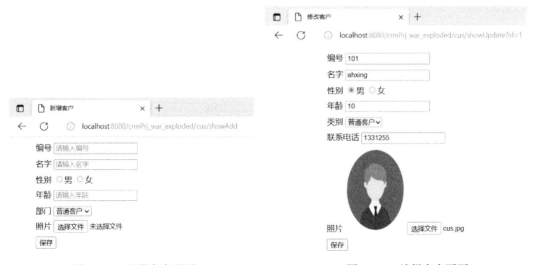

图 11-16 客户展示页面

单击“新增”按钮与“编辑”按钮，出现如图 11-17 和图 11-18 所示的操作界面。

图 11-17 新增客户页面

图 11-18 编辑客户页面

单击图 11-16 底部的"类别管理",打开客户类别展示页面,实现客户类别管理,如图 11-19 所示,可以实现客户类别的增删改查。需要注意,在删除客户类别时,要先将客户表中此类别记录的 type_id 置为空,再删除此条类别记录,因为在 Service 层中已经配置了 Spring 事务,实现了事务控制。

图 11-19　客户类别展示页面

11.9　本章小结

本章通过引入 Maven 项目管理工具构建客户管理系统,演示 SSM 框架的实际使用。首先介绍了系统功能需求、数据库设计和实体类设计;其次介绍了 Maven 项目的创建、SSM 项目依赖;再次利用各个配置文件整合 SSM 框架进行数据访问层、服务层和控制层的设计,最后用"JSP+JSTL"实现视图层的设计。通过本章的学习,读者将能够熟练掌握 SSM 框架的整合使用,灵活实现 MVC 设计方式。在实际项目中,使用 SSM 框架实现 Web 后端的主要功能,在 Web 前端可以进一步采用前端框架技术进行更细致的设计。

11.10　习题

1. 简述 SSM 框架整合的思路。
2. 在 XML 映射文件中,如何为客户列表实现分页功能,每页显示 10 条记录?